永远跟党走

我听亲人讲"四史"

中共北京市委教育工作委员会
我听亲人讲"四史"活动组委会 编

旅游教育出版社
·北京·

图书在版编目（CIP）数据

永远跟党走：我听亲人讲"四史" / 中共北京市委教育工作委员会我听亲人讲"四史"活动组委会编. -- 北京：旅游教育出版社，2022.9
ISBN 978-7-5637-4474-9

Ⅰ. ①永… Ⅱ. ①中… Ⅲ. ①家庭道德－中国－通俗读物 Ⅳ. ①B823.1-49

中国版本图书馆CIP数据核字(2022)第163855号

永远跟党走——我听亲人讲"四史"
中共北京市委教育工作委员会
我听亲人讲"四史"活动组委会 编

策　　划	刘彦会
责任编辑	巨瑛梅
出版单位	旅游教育出版社
地　　址	北京市朝阳区定福庄南里1号
邮　　编	100024
发行电话	（010）65778403　65728372　65767462（传真）
本社网址	www.tepcb.com
E - mail	tepfx@163.com
排版单位	北京旅教文化传播有限公司
印刷单位	唐山玺诚印务有限公司
经销单位	新华书店
开　　本	787毫米×1092毫米　1/16
印　　张	16
字　　数	263 千字
版　　次	2022年9月第1版
印　　次	2022年9月第1次印刷
定　　价	79.00元

（图书如有装订差错请与发行部联系）

编委会

主　任：夏林茂

副主任：张　革　　沈千帆　　张　严

成　员：寇红江　　丁贞栋　　杨敬枫　　周连选

　　　　姜　男　　舒　虹　　黄　勇　　郭　玲

　　　　郑天仪　　杨旭伟　　张　鹏　　李荣骏博

前 言

家是最小国,国是最大家。家庭的发展变迁镌刻着时代的厚重印记,亲人的难忘经历承载着国家的磅礴历史。挖掘青年学生身边的红色家风故事,用小故事讲透大道理,对于厚植爱党爱国爱社会主义情感具有重要意义。在中国共产党成立100周年之际,中共北京市委教育工作委员会举办北京高校"我听亲人讲'四史'"系列活动,推动高校将青年学生的红色家风故事转化为生动鲜活的"大思政课"。

此次系列活动广泛组织青年学生利用假期聆听亲人讲述身边的"四史"故事,以学生家庭几代人的家风故事为载体,抒发人民群众对党的感恩、拥戴之情。通过主题征文、系列宣讲等系列活动引导青年学生聆听家人讲述亲身经历的"四史"故事,创作内容真实、感情真挚的征文作品,用亲人讲述的生动鲜活的"小故事"讲透党领导人民走向民族复兴的"大道理",阐释与弘扬将个人发展融入时代发展潮流的价值精神。系列活动开展以来,各高校和广大师生积极参与,引发热烈反响。

为进一步深入学习习近平总书记重要讲话精神,引导学生进一步增强"四个意识",坚定"四个自信",做到"两个维护",我们将百篇优秀故事整理出版,希望广大同学学思践悟,大力弘扬红色家风,使之切实转化为全面建设社会主义现代化国家、实现中华民族伟大复兴的强大力量。

《永远跟党走——我听亲人讲"四史"》编委会

2021年6月16日

目录

平凡老兵，不平凡	王麒弘 /1
听爷爷讲"抗日纸条"的故事	王乐男 /4
战歌嘹亮撼柳江　清匪土改震瑶乡	蓝箫纯 /6
忆往昔	宋雨秋 /9
爷爷"三棒子"和他的诗	王雨琪 /13
博物馆家族	叶筱雪 /16
军装赴江畔　白衣登杏坛	董睿晴 /19
出岛记	赖世文 /21
从五岭之南到北国战场	韩宗轩 /25
此心安处是吾乡："三线移民"的内迁与归属	康宁　吴一凡 /27
西域杨柳青　春风度玉关	麻佳鑫 /30
从家史到"四史"：致敬光辉岁月	翟书一 /32
沙渠河畔的革命记忆	雷宇 /35
同乡名叫黄继光	何厚良 /37
一荤一素一把米　一带相系共征程	王雯慧 /40
岁月不语　一世芳华	罗弘瑞 /43
不同的人生，不变的信仰	李开 /45
对对联	李思铭 /48
爷爷平凡又不平凡的一生	段文砾 /51
历尽坎坷逢盛世	冯天阳 /53
不惮关山远　同袍万里情	吴清扬 /55
梦回吹角连营	王一名 /58
用生命守护着运输线	朱文博 /61

以"四史"为鉴 许我辈风华	蔡黄蓉	/64
不忘来时路 奋斗赴远途	孟令虎	/67
学"四史" 守初心 创未来	柳海越	/70
以"四史"为镜 展时代光芒	李志禧	/73
一位老新闻工作者眼里的巨变	黄飞宇	/76
我听亲人讲"四史"	杨起	/78
马兰花开	郭欣果	/81
"四史"辉煌薪火相传 民族复兴重任在肩	田子娇	/83
家宴	余杭	/86
戈壁滩上盖花园	钱渝昊	/89
雪山阿爸的心声	才仁吉德	/91
风继续吹	徐心瑢	/93
我的姥姥	毛霈宁	/96
小康与我家的两位老乡	刘溢	/99
回眸	刘怡君	/101
窗	李生生	/103
那双鞋子常沾满泥土	米若玉	/105
默默守护的他	王永琪	/107
再见绿皮,再见了绿皮	丁吉雨	/109
家国命运 息息相关	陈诗宇	/111
听爷爷讲述青春岁月	屈岱萱	/114
外公的七十年革命路	陈芊秀	/117
她说,她说	连雯	/119
京华水源头	邓云齐	/121
姥爷的军功章	邵益楠	/124
我父母亲历的改革开放史	田家玮	/126
乔木亭亭倚盖苍 栉风沐雨自担当	马怡婧	/128
爷爷眼里达州的变迁	罗雪萍	/130
牢记历史 砥砺前行	林麒	/132
过往与今朝	姜艺宁	/135

家乡的梨花又要开了	耿茂城 / 137
自行车载过的那段岁月	裴霁雪 / 140
潜伏在特殊战线的"风筝"	李伯新 / 142
我的祖辈与父辈的家国情怀	崔璐 / 144
家国八十年	刘逸涵 / 146
铁路上的青春年华	于子桐 / 149
铭记山河岁月　传承红色基因	金真慧 / 151
我们和我们的祖国	林彦达 / 154
心中有所信　方能向远行	武嘉祎 / 157
终日乾乾初心不改　数年砥砺伟业终成	虎殊格 / 161
追光	董瑞琦 / 163
人间正道是沧桑	郑璐 / 165
三代人的读书梦	初楚 / 167
长征接力有来人	郭帅 / 170
何以立志　何以承志　何以达志	高欣然 / 172
忆峥嵘岁月　赴未来之约	夏若彤 / 175
七十载岁岁安澜　黄河交响奏新篇	张珈畅 / 177
曾共苦　今得甘	辛颖超 / 180
听爷爷讲那过去的事情	李思睿 / 183
学史·惜今·追梦	蔡祎然 / 186
听"四史"　学"四史"	李姝颖 / 189
史话实说	张向燕 / 191
蚁	罗明睿 / 194
以画书理想　漫笔绘家国	赵苏慧 / 197
一个人　一段史	郑琛 / 200
我们这代人最幸福了	尹琦证 / 202
爷爷的出乡之路	吴弈霖 / 204
半生戎马	万秋月 / 206
坚守党员光荣牌　传承爱党赤子心	班昭 / 208
执着，是一条通往远方的路	陈禹哲 / 210

游遍天下，你在我心中最美	李晴	/212
传承盐湖精神　致敬光辉岁月	王艳	/214
后浪	高宇	/216
我听外公讲"四史"	王丹	/218
永远的恩情	安楠	/220
此星	曹琳泉	/222
我听爷爷讲"四史"	钟蔚	/225
爷爷亲历的改革开放40年	高翔	/227
我的青春属于党	彭梦婷	/229
学"四史"　勇担当	江雪莹	/231
让"四史"永流传	王瑜珩	/233
诉说·倾听	苗文越	/235
爱国心·报国情·强国志	李洋	/238
我听奶奶讲"四史"	安丹妮	/240
学"四史"　展精神	赵赛儿	/242

平凡老兵，不平凡

北京航空航天大学　王麒弘

我当初当兵，纯粹是为了活命。但自从我跟了共产党，我的人生就截然不同了。

——六公祖朱德兴

赴台接收台湾岛

1944 年底，我的六公祖（我外婆的六叔）被一名国民党军官半哄半骗进了他的部队，后整编入第六十二军第一五七师四七四团，经过简单训练成了一名炮手。

不久，六公祖所在的六十二军接到命令，前往福建。"好像是 1945 年下半年吧（经考证为 1945 年 11 月 18 日），我们来到海边，坐美国军舰。坐了几天的时间，就到基隆港——我们到了台湾。"六公祖每回忆起这件事，脸上就抹了一层红晕，那种自豪感不言而喻。

六公祖这支部队是来接收台湾的。1945 年 9 月 9 日，侵华日军总司令、日本投降代表冈村宁次签署投降协议，同意归还台湾。但是，驻扎在岛上的部分日军仍是不服，继续实行殖民统治。"可以说，当时我们已经做好进岛开战的准备了。日本人很坏的，当时上了岸，他们一直在闹，不想我们来。"六公祖说。

幸好，预想中的流血事件并未发生，中国政府顺利接收台湾，结束了日本对宝岛近半个世纪的殖民统治。那一年，六公祖十七岁。

大难不死举红旗

1948 年 9 月，辽沈战役爆发后，六十二军远赴东北。在赫赫有名的塔山阻击战中，国民党军队里像六公祖这种新兵还被迫当"活靶子"，在阵地前跑马，吸引解放军的火力。"国民党真的很坏的，我们当时被那些军官的手枪对着后背逼上阵地。上去就是

死,退回来也是死,真的太惨了……"提及此事时,六公祖仍然悸色未退,"还好我聪明啊,一上去就摔下马,接着趴在地上假装被摔晕,就这么逃了三次命……"

辽沈战役结束后,六十二军返回天津,守备津塘地区。11月29日,解放军发动平津战役。为了防守北平,国民党军队主力便离津西进;解放军见到国民党军队果然调兵,便突袭天津,接连胜利。华北"剿总"司令傅作义见形势严峻,又将六十二军调回天津;然而,除了六公祖所属的一五七师,六十二军刚到地方便被解放军全歼。

当六公祖叙述这件事时,还隐隐有些后怕:"当时,我们一五七师也要坐火车去天津,要经过一座大桥。当时我们走到那才发现,大桥被解放军给炸了!结果就折回去了。国民党不把我当人,共产党却救了我一命!"

终于,傅作义在1949年1月22日签订和约,北平和平解放,一五七师改编为解放军。至此,六公祖从一名勉强吃饱的国民党士兵,转变成一名解放军炮兵。这一年,他二十一岁。

解放军人一身胆

1950年5月,海南岛战役胜利结束。为扩大战果,解除国民党对于珠江口的封锁,解放军发动了万山群岛战役。经过两年训练,六公祖也奉命参战。"当时在共产党的部队里,真的,对于我们这些国民党降兵来说,那就是天堂,那就是家。"在回忆加入解放军后的那两年学习生活时,六公祖显得非常激动。

此时六公祖所在部队奉命负责外围解放,同时将执行一项非常危险的任务:从中山走水路穿过国民党军队的封锁圈,参加突袭战役。

"当时我们炮团伪装成渔民,将炮拆成六大块和其他武器一起藏入船舱。女同志头上围一条巾,我们男的就戴着斗笠抓着渔网,只有会讲渔民乡话的人应对国民党士兵和土匪。"六公祖回忆道,"那时,中山那里很多河,很多桥,桥上都是土匪,没有国民党士兵。土匪见到我们,就问:'干什么去?'我们就说:'没什么啦,只是去打鱼啦!''真的?别耍花样!''真的,我骗你干嘛?''滚!'就这样,我们过去了。那时,我们每人身上都有一排手榴弹,随时准备与船上的炮同归于尽。"

2017年,央视纪录片《海岛风云·解放万山群岛》将六公祖及其战友们的事迹搬上了荧幕。在聊天中,六公祖强调:"不是我厉害!我没打过仗,没有共产党和解放军的教育,没有那种家的感觉,我一国民党兵,哪有这种胆子搞突袭?不可能的!"

建设新中国屡获荣誉

新中国成立后,六公祖留在广东,仍然在军中做炮兵兼教官。"一直到1950年后,我才能向我家人寄出一封平安信。当书信到家时,我母亲已经去世了。"六公祖说。对于家庭的亏欠,他用了整个后半生去弥补。

由于自身经历及其娴熟的技术,整个炮团只有他和另一名战友是训练教官;而与此同时,六公祖也是屡屡立功,比如:

1949年,获三等功;

1950年,获功臣证、光荣证……

2015年,这位耄耋老人获得了最高荣誉——中华人民共和国抗战老兵纪念章。

那一年,他八十七岁。

2020年12月10日,六公祖因为突发心肌梗死,在睡眠中安然离世,享年九十二岁。

国之老兵,身虽陨,魂不朽。

廉颇老矣尚能饭

"如果我不是当兵,如果不是共产党,也许我早就死掉了。"六公祖强调,"共产党没忘记我,我也信着共产党。"

长年的军旅生活,使六公祖养成了良好的生活习惯,九十岁时仍中气十足。他喜欢看新闻,将自己年轻时的事当故事讲给客人听。即使离开部队数十载,老人仍然怀念过去。"我这辈子最好的选择就是当兵,当解放军。如果国家需要我,我一定会上。"六公祖说。

三十三年光阴,锻炼出一位老兵。

这是一个平凡的老兵。

这是一个老兵的不凡。

听爷爷讲"抗日纸条"的故事

北京理工大学　王乐男

我的家乡是一个既普通又不寻常的小山村。说它普通，是因为在太行山深处这样的小山村随处可见。说它不寻常，是因为在 70 多年前那个硝烟弥漫的年代，八路军 129 师赋予了它传奇色彩。我的爷爷是一位普普通通的农民。在我小的时候，经常看见爷爷拿着几张焦黄的纸条看来看去，上面是一些看不懂的毛笔字和成片的红色印章，爷爷把它们当成宝贝。等长大后，爷爷告诉我，这些纸条其实就是抗日战争时期八路军 129 师在涉县匡门村领取物品的收条、物品存放的存条、公函以及发票等。今天，爷爷再一次打开了那些弥足珍贵的纸条，向我详细讲述了那一段尘封已久的红色往事。

1939 年，为拯救中华民族，刘伯承、邓小平、徐向前等同志率领八路军 129 师，临危受命，东渡黄河，挺进太行，进驻涉县，在抗日战争中艰难地创建了全国面积最大、最巩固的晋冀鲁豫边区抗日根据地。据爷爷说，匡门村在当时是晋冀鲁豫边区政府的"第三分仓库"。八路军 129 师曾在这里藏有小米、玉米等粮食，被子、鞋等军需物资以及饲料等。后来，鉴于匡门村的隐蔽性，存放及领取单位逐渐拓展到边区军政等多个部门，匡门村也变成了边区军政重要的物资仓储基地。那么匡门村的秘密仓库在哪儿呢？爷爷解释道："其实，匡门村并没有专门的物资储存仓库，真正的仓库其实就是散布在山岭上、庄稼地里的隐蔽地窖……"原来，为了确保抗日物资的安全，当时八路军并没有建立统一的大型仓库，而是选择把它们隐藏在匡门村漫山遍野之中，这是敌人无论如何也找不到的。匡门村属于典型的山地地形，被群山环抱。村落沿山沟而建，山沟最宽处不足三十米，最窄处仅为六七米；房屋依山就势，建于半山腰中。当地人为了获得足够耕地，不得不在山上修建梯田以种植农作物，经过长时间的积淀，山间已是梯田纵横。为了预防盗贼、储存粮食，当地在很早以前就养成了在山上挖地窖的习惯。在地窖里放上可以过冬的红薯、萝卜等，上面盖上一些柴草，具有极强的隐蔽性，有时就连同村村民也难以发现地窖的存在。到了抗战时期，这些地窖就变成了八路军的秘密仓库。包括 129 师在内的多个边区军政部门，把各地送来的粮食、鞋袜等军需物资登记后，分散到群众家里的地窖里藏起来。而爷爷手中的那些纸条就是

八路军收取当地百姓物资的收条以及存放粮食等的凭证。

仔细端详这些陈旧发黄的纸条，大小不一，有的有巴掌大小，有的仅三四指宽。再看这些纸条的内容，有的纸条的抬头名称是"匡门乡"，有的则为"匡门村财政主任"，更多的是"匡门村长"。除个别文字和印章难以辨识外，多数内容完整，字迹和印章也很清晰。但在大多数纸条的落款日期处只有日、月，却没有年份。爷爷向我解释道，具体的年份可以根据纸条的内容获知。例如，很多纸条里都有"八路军地方工作团""扫荡"等内容，而"八路军地方工作团"是抗战初期八路军到太行各地开展工作的军事组织，日伪"扫荡"多在1942年6月之前。此外，爷爷还向我讲道，每张纸条的落款处都有一个公章，代表抗战物资的最终供给去向，盖章的主体就是当时的各个边区军政部门，如"八路军先遣支队地方工作团""八路军先遣游击支队战斗游击队队部""太行军区电信第五分局""抗日村公所"等。所以，这些纸条可以说是抗战时期极其珍贵的红色文物，距今已有将近80年的历史。每张纸条还都有一个经手人的私人印章。爷爷说他的父亲就是这些经手人中的一员。太爷爷1918年出生，1985年去世，曾担任过129师野战供给处的采购员。这些纸条中最多的还是收条，也就是村民们无偿捐献给八路军的抗日物资。

听爷爷讲到这里，我感触颇深。涉县太行山区群山环抱，交通闭塞。正因为如此，刘邓大军选择在这里建立根据地，与日寇展开长达6年的持久战。但也正因为山区，梯田旱地，土地贫瘠，天旱少雨，自然条件恶劣，当地粮食物资本就贫乏，加上日伪军长期封锁，更是雪上加霜。然而老区人民却勒紧裤腰带，宁可自己缺衣少食，也要支援八路军打下去。这些"抗日纸条"就是革命老区人民无私奉献的有力见证。

一张张纸条，引领我走进了那段血雨腥风的革命年代，让我感受到了老一辈的家国情怀，也让我明白了今天幸福生活的来之不易。战争的硝烟早已散去，但先辈艰苦卓绝、保家卫国的精神与天地共存，和日月同辉，值得每一个中国人铭记于心。习近平总书记曾指出："伟大抗战精神是中国人民弥足珍贵的精神财富，将永远激励中国人民克服一切艰难险阻，为实现中华民族伟大复兴而奋斗。"作为新时代的青年，在珍惜这美好生活的同时更要刻苦学习，努力拼搏，充分发挥自己的价值，努力让我们的民族、我们的国家明天更加美好。

战歌嘹亮撼柳江　清匪土改震瑶乡

中国农业大学　蓝旆纯

视死如归多豪气，敢将热血写春秋。
——题记

必须坦白地说，我对爷爷参与革命工作的印象只剩下他佩着一支德制驳壳手枪的一张黑白照片。

照片摄于一九五一年。风华正茂的年纪，小伙子身着土布装，胸前佩奖章，腰别驳壳枪，脚踩胶底鞋，身姿挺拔，双目炯炯。

我曾有过一把爷爷亲手做的小木枪。爷爷就是拿着这把小木枪，一边瞄准，一边神采飞扬地给当时四岁的我讲起了他当年的峥嵘岁月。可我如今又记得多少呢？脑海中只剩那一把神气的枪了，不由得感到羞愧，我头一次这样迫切地想把这些故事写下来，至少给这张照片作一个蹩脚的注解，心里只有一个念头：快去请爷爷讲讲他的光辉岁月！

爷爷大概也最喜欢这张剿匪时期的配枪照片，独独挑选出来，悬在书房。爷爷望着照片，打开了话匣子。

山雨欲来风满楼，革命何须怕杀头

我爷爷十九岁以优异成绩考上宜山县立中学，后竟得学生会会长，在中共地下党的领导下，借此合法身份进行秘密活动。他秘密地给同学们传阅进步书报，宣传解放区的大好形势，启发同学认清时局，鼓励朋辈勇敢投身到解放斗争的行列中去。

一九四九年，宜山县伪政府疯狂镇压学生运动，大肆抓捕地下党员。八月，我爷爷被迫离开宜中，在地下党的指引下，投奔都宜忻游击队去了。

爷爷到游击队后，任政治指导员，奉命带队到柳宜公路上进行阻击战。正当小分队行进时，爷爷在高处发现有数辆国民党军车向宜山方向开来。他当机立断，命令小分队立即在离宜山县城十余里处的龙桥潜伏下来。龙桥位于一个低处拐弯，利用这个地形游击队迅速分成前后两队，分别潜伏于桥的两头高处，准备阻击向西南逃窜的国民党残余势力。当三辆军车驶上大桥时，反动派似乎预感到不妙，说时迟那时快，我爷爷一声令下"打！"，队员们立即向桥上的敌军车辆猛烈开枪射击，前有冲锋枪的猛烈火力，后有步枪的迅猛击打，反动派陷入了进退两难的困窘境地，自知大势已去，只好缴械投降。

在这次龙桥阻击战中，反动派死伤八人、俘虏十余人，而我爷爷带领的小分队无一伤亡，还缴获了大量军用物资和枪支弹药，其中唯一一支德制驳壳枪从此成为我爷爷的配枪。

治国安邦平匪乱，无私岂惧饮弹丸

一九四九年十二月，广西解放。政权尚未巩固，逃窜至柳江地区的国民党残余势力与土匪勾结，企图将新生的红色政权扼杀在襁褓之中。

为保卫新生的革命政权，一九五〇年春，确立"清剿匪特，巩固治安，发动群众"为全省压倒一切的中心任务。在匪患猖獗的形势下，我爷爷带领地工队同志们仍然坚持在农村开展工作，宣传形势，讲解政策，访贫问苦，搜集匪情。

一九五〇年八月十九日夜，我爷爷率领地工队在塘头村魏家大院驻扎，一百多土匪悍然来袭，我爷爷立即组织人员还击。"梁波，轻机枪！守住大门！"同时他掏出驳壳枪来甩手就是一梭火，两个妄图迫近的悍匪刚一露头便被击毙。"覃平、何榕高跟我上楼！"持冲锋枪和步枪的同志各守一方，但地工队同志只有十来人，而土匪依仗人多势众，并不退走，进攻越来越猛。"瞄准了打！"子弹即将告罄，膛机热得炙手，情势十分危急，爷爷按预定计划从天井中向县城方向发射了三颗信号弹求援。黑压压的土匪更近了，爷爷大吼一声："把枪榴弹拿来！"装弹、瞄准、发射！一声巨响把二当家炸了个半死，匪帮顿时乱作一团，为等待救援赢得了宝贵的时间。最终，在地工队和解放军的内外夹击下，土匪们被包了饺子！

这一次可谓死里逃生，地工队荣立集体功，我爷爷荣获一等功，因此获得解放华中南纪念章。至一九五一年四月，广西基本肃清匪患，取得了剿匪斗争的胜利。

地工农干齐奋斗，柳江两岸土改忙

一九五一年秋，我爷爷率领地工队驻扎柳江附近乡村，访贫问苦，扎根串联，整

顿农会，成立贫雇农主席团。地工队不仅召开群众大会，宣传土改政策，而且建立武装民兵，与地主恶霸斗争，没收和分配地主的土地、房屋与财产，做到土改、生产两不误……

说到这里，爷爷唱起了瑶族山歌：

> 昔日农民受熬煎，三座大山苦难言。
> 多亏来了共产党，土地改革到乡村。
> 地主剥削把家发，土改合理又合法。
> 斗垮地主分田产，男女老幼喜连天。
> 如若没有共产党，翻身日子哪里来？
> 庆祝土改大胜利，勤劳致富把家发。

风风雨雨七十载，多少年华，没入时代波涛。曾经握着驳壳枪的手，摩挲着泛黄的照片，手背上爬满了青色的筋与褐色的斑点。岁月是如此沉重！正是一个又一个同我爷爷一样平凡而又伟大的人民英雄用智慧和汗水，甚至鲜血和生命，前赴后继、接续奋斗，越是艰险越向前，在枪林弹雨中彰显出舍生忘死的英雄本色，于时代浪潮中书写了可歌可泣的壮丽篇章。

人无精神不立，国无精神不强。立足时代浪潮，我们应以四史为精神支点，传递英烈血汗铸就的革命接力棒，不断叩问初心，从中汲取力量，传承红色基因，坚定理想信念，厚植爱国情怀，勇挑时代重担，在实现中华民族伟大复兴的伟大征程中绽放青春光彩。

忆往昔

北京科技大学　宋雨秋

三月人间，春风吹皱回忆，忆，往昔。

一

咦？我怎么变透明了？

咦？这是哪儿？

我拍拍身上不存在的灰，望了望四周。

冰雪覆盖，断壁残垣，炮火连天。

几个日本人押着一群年轻人进了牢房，我偷偷跟了过去。

"你们，跟天皇作对，就在这待到死吧！"领头的日本人锁死了牢房，在门口的桌子旁与人聊起了天。

"洪亮兄，我们怎么办？""是啊，杨哥，我们不会死在这吧？"

等等，杨洪亮？这不是我太姥爷吗？

听老妈讲，我太姥爷以前是糖房的小少爷，因为日本人打入中国，青年人一腔报国热血喷涌而出，离家加入了新四军，参加了共产党，一次打鬼子时被俘了。这被我碰上了！

我索性坐在牢房门口观察我这素未谋面的太姥爷，一待便是半月。

牢房里阴黑湿冷，几个人悄无声息地死在牢狱之中，我太姥爷的脚趾也因寒冷硬生生被冻掉。

门口持续多日的枪炮声停了下来，一群新四军冲了进来，救下了仅剩的几个人。

我继续跟着太姥爷，想亲眼看看未来的他。

他又举起了枪，冲向了敌人。他说共产党人是不会害怕的。他听见了国歌在全国奏响。他抱着几岁的小外孙女，手里拿着那本残疾军人证，给她讲着自己的故事。

我看着老妈懵懂的眼睛，我笑了笑，这就是老一辈对党和国家的忠诚。

二

一阵眩晕,好吧,我又到了个新地方。

满眼都是忙碌的人,松土的,运农家肥的,挑水的,砍柴的……

"增禄,大队招民兵放哨呢,咱们一起去啊!"

田里一个年轻人直起腰来快活地回答:"哎!来了来了!"

嚯,我这是跑到我爷爷的青年时代了,正好看看解放后的祖国大地。

我亲爱的爷爷和他的伙伴们站在大队广场上,大队长给他们一人发了一支三八大盖(三八式步枪),一群人雄赳赳气昂昂地上了东南山。

爷爷们白天种田,晚上就趴在山顶的枯草之中,盯着对岸的情况。

我们家住在海边,对岸就是日本,所以公社要求民兵志愿放哨。我爷爷老是和我念叨,那时候的半自动步枪没给他们发,给了隔壁小岛的民兵,因为小岛的战略作用更重要,爷爷说话的语气还酸酸的。

那时候大家生活很苦,三年自然灾害,爷爷连花生壳也吃不到;在公社干活,一年到头都是地瓜就咸菜。可那时的人很朴实,养的猪、鸡下的蛋,毫无保留地送给国家,为这个成长的祖国尽着绵薄之力。

在那个凭票购物的时代,无数的农民用双手撑起了整个国家的未来。

我悄悄地抱了抱睡梦中的爷爷,挥手告别。

三

又是一阵天旋地转,我已经熟悉了这个套路,淡定如山。

"油条豆腐脑!新出炉的,都来尝一尝!"一个中年妇女在一个小三轮上挥舞着汤勺,旁边蹲着一个五六岁的小女孩,宽大的小军服包裹着个瘦小的人儿,真就是穿着大人衣服的孩子。

我凑近了些,心里感叹,老妈那时候乖得很嘛。

"妈妈,我想要一条裙子。"小女孩对着夜色轻声道。

"乖哈,咱以后肯定有小裙子,把我闺女打扮得漂漂亮亮的。"女人推着车,摸了摸女孩的头发,踏进夜幕之中。

我站在她们身后,沉默地按下了快进键。

1990年,改革开放已经遍及大江南北。我看到爷爷和爸爸对着自家分到的土地上种出的庄稼热泪盈眶,我看到马路上的车辆多了起来,我看到各种物品供应票逐渐退出市场，人们的餐桌日益丰富，人们脸上喜气洋洋……

我想去看看老妈。

"乌溜溜的黑眼珠和你的笑脸，怎么也难忘记你容颜的转变……"嚯，这不是《恋曲1990》嘛，谁家小姑娘唱得这么好听？

我好奇地推开门，探进半个脑袋。

几个花季少女在文化馆里唱着歌跳着舞，裙摆随着身体的摆动轻轻摇晃。我一眼就锁定了那个短发的少女——老妈！

老妈穿裙子的样子很漂亮，唱歌的声音也很动听。几个女孩围坐在一起玩着叫嘎拉哈的小玩意，银铃般的笑声荡漾在空中。

"油条豆腐脑！还有新出炉的小吃，都来尝一尝！"姥姥守在一个小店铺前招待着五湖四海的客人。

看着一盏盏通亮的路灯，望着一张张灿烂的笑脸，我漫步在宽阔的街道上，哼起那首《春天的故事》……

尾声

"赶紧起床啦！今天不是要去参观党史纪念馆吗？"老妈的河东狮吼一如既往。

我使劲地揉了揉眼睛，看着和那个妇女几分相似的脸，脱口而出："老板，再来一碗豆腐脑！"

"就知道吃！赶紧穿衣服洗漱吃饭，一会公交车就来了……"

衣柜里的衣服五彩斑斓，桌子上的早餐营养丰富，洗衣机还在嗡嗡地转着，我嬉笑着跑出家门。

"滴，扫码成功。"手机支付让生活更加快速便捷。

"请出示一下您的健康码。"智能出行定位随时保障着我们的安全。

"我们现在正在和老党员进行着视频交流，大家去打个招呼吧。"5G技术的发展缩短了人和人之间的距离。

"大家戴上这个眼镜就能看到两会的全景啦。"VR技术的进步让我们的视野超出了物理屏幕的限制。

……

街上飘来饭菜的香味，不知谁家的小店正在放着歌曲，"灯火里的中国青春婀娜，灯火里的中国胸怀辽阔，灯火灿烂的中国梦，灯火荡漾着心中的歌……"

后记

　　笔落下，心仍忆。

　　记得在厨房里听着老妈讲着她记忆中的太姥爷和那段党领导的抗日征程，感受着那峥嵘岁月；记得爷爷被我拉着在摇椅里回忆自己亲历的新中国建设，感受着新中国的探索和前进；记得老爸老妈激情澎湃地讲述自己的青春岁月，从少年到中年，从改革开放到复兴之路，他们不仅回忆着自己的青春，更为我展示了一段璀璨的改革开放史。想象着他们经历的岁月，看着窗外的车水马龙，看着身边便利的现代化设施，我知道我不仅仅是社会主义发展史的见证者，我更是这段历史的参与者、建设者，我以我力耀中华！

爷爷"三棒子"和他的诗

北京交通大学 王雨琪

我的家乡在东北的一个小县城。我的爷爷是个平凡的普通人,却在那个年代经历了不平凡的故事。爷爷把他的故事写成了一首首小诗,带我从诗里回忆曾经的时光。

小名"三棒子"的由来

爷爷的小名叫"三棒子",故事就是从这里开始的。1947年周岁生日那天,爷爷正在发疟子,土匪抢劫到辽宁锦州附近一个叫老虎沟的地方。爷爷的奶奶刚熬好药,土匪就进了家门抢夺。藏在被子里的爷爷号啕大哭,土匪恼羞成怒,朝被子打了三棒子。幸亏盖的厚,没有打到要害。土匪残暴成性,砸掉了家里的瓶瓶罐罐,正要砸那碗熬好的药时,爷爷的奶奶哭喊着:"孩子发疟子,给留条命吧!"土匪一听屋里有传染病,吓得拿着东西就跑了。爷爷一家这才幸免于难,爷爷的小名也因他在土匪"三棒子"下捡回一条命而来。我听得正紧张,爷爷却一笑说,这样担惊受怕的日子并没有持续很久,1948年辽沈战役解放了东北全境,共产党推翻了"三座大山",那以后的日子就好一些了,爷爷也开始上学接受教育,把童年经历写成小诗记录下来。

"三棒子"和雷锋的故事

爷爷曾与雷锋同志有两面之缘,两人结下了深厚的情谊,这也对爷爷今后的人生产生了巨大影响。两人的初次相遇是在1958年11月。当时爷爷正读小学三年级,作为优秀少先队员代表的他去参观辽沈战役纪念馆,而后又去了鞍山钢铁公司体验。在公司的化工间,一位青年工人把爷爷叫到一旁,说道:"你这么瘦小,一定是穷人家的孩子。"爷爷听了便开始和他互诉童年,得知这位青年原名雷正兴,在这次招工前改名雷锋。那一年爷爷13岁,雷锋19岁。一兄一弟便这样称呼上了,临走时雷锋还送给爷爷一本毛主席的著作《为人民服务》,附带着一条他抄写的毛主席语录:"一个人做

点好事并不难，难的是一辈子做好事，不做坏事，一贯地有益于广大群众，一贯地有益于青年，一贯地有益于革命，艰苦奋斗几十年如一日，这才是最难最难的！"爷爷至今还能一字不差地复述。

爷爷与雷锋同志的第二次相遇是在沈阳火车站。雷锋认出爷爷喊道："三棒子！"爷爷赶紧惊喜地跑过去，得知他从吉林出差回来刚下火车。这次相遇雷锋同志又送给爷爷两本书：《革命烈士诗抄》和《可爱的中国》。那一次相遇雷锋同志对爷爷说，本来咱哥俩应该合张影留念，因这次出差花了不少津贴，还要给三叔家正荣弟交学费，没有照相的钱了，而爷爷身上也只有15元的生活费，最终没有合影。想不到那次相遇竟是两人的最后一面，这也成为爷爷终生的遗憾。八几年爷爷家遭遇洪水，连最后三本书的念想也没有留下，爷爷说到这里停了一下后说道："我永远记得他！"爷爷把对雷锋的怀念写进一首首小诗，在漫长的岁月中一直陪伴他。

"三棒子"的知青岁月

爷爷的父亲是一名火车司机，爷爷1964年中学毕业后想考技校承父业，怎奈体检辨色力不合格（轻度红绿色盲），就在1965年下乡做了知青。知青下乡，什么活都干，白天在生产队干活接受培训，晚上做卫生员在各家奔波。在这期间，爷爷一直秉承雷锋同志的精神，做了很多好事。爷爷坚持给腿脚不好的奶奶送药，在初春清理井里的淤泥等，别人不干的脏活累活他干，危险的事他也往前冲。奶奶说爷爷"虎"，我却听得鼻子发酸。爷爷说最危险的要数治理东辽河时两次下水了。第一次下水是在施工前运送物资时，驮运的大辕马绊倒在水里，零下几十度的低温，几个人就这么下水把物资一袋袋背上岸，上岸后都冻成了冰人。第二次是在施工即将完成时，大家为了赶回家过年便加紧施工，不料辕马因过于劳累摔倒在河中，社员们再次下水抢救车马，然后一口气跑回驻地，发现秋裤外面早已冻上一层厚厚的冰片。

爷爷一直都是一个心善的人。1972年的一个晚上，他值班看守地里的粮食。有一家三兄弟因母亲患病，他们实在无奈来偷苞米秆，爷爷和另一个同伴发现后并没有上报而是瞒下了，因为这是地主家的儿子，如果说出去这三兄弟就会被批斗，爷爷出于同情心，顶着被连累的风险保守秘密多年。

"三棒子"入党梦终实现

1981年，爷爷下乡归来在集体企业当工人，后来任车间主任，一直工作到退休。

日子一天天过去,我也在 2000 年出生,一家人就这样安安稳稳生活。2018 年爷爷奶奶金婚纪念日,爷爷为歌颂新时代写下了纪念性的一首诗《金婚感言》。我是真的在诗中体会到了历经磨难后的爷爷如今是多么喜悦。

现在城市的建设越来越好了,各项设施齐全,爷爷每天都会去图书馆读书,并结识了不少热爱知识的人。爷爷也在此期间实现了他一直以来的入党梦。每年的学雷锋纪念日,爷爷都会作为代表去给青年人讲"三棒子"的经历,我相信爷爷的故事和他的诗蕴含的精神会不断传承下去。

结语

我是听爷爷讲故事长大的,从革命烈士的精神到他自己坚守的本心,这是一代代人的艰苦奋斗史啊。爷爷常说,我生在了一个好时代,但是做人永远不能忘本,要记得向先进学习,珍惜现在的美好生活,多做好事回报社会。爷爷"三棒子"的诗可能写不了很久,但我们党和祖国的故事会在全国人民的共同努力下一直写下去,随着时代发展,伴着人民的美好生活,生生不息!

博物馆家族

北京大学　叶筱雪

又是一年。年初三，叶老馆长坐在博物馆的南山亭里，身后竹海苍翠拂波，盘根错节的气根像苍龙的爪，蛰伏在隆冬冷峻的翟谷。叶老馆长极瘦，一双大手抚过竹叶，青筋和血管暴露在黝黑的皮肤上，他当过兵，身姿挺拔，也像棵破岩而出的竹子，一枝一节记着祁寒暑雨。山下爆竹声一阵一阵，带着硝磺气息的暖风吹过来，竹叶就落满了南山。

叶老馆长是我爷爷，在这里，人人都称他老馆长。他八十五岁，博物馆三十七岁，博物馆于他像孩子。他一年又一年爬上南山看这个孩子，他老了，博物馆却始终怀揣着不朽，如古鉴映照其身。

我爷爷名叫叶兆金，他和他的三个兄弟，名字的尾字组成了"金玉满堂"。我太爷爷一生在温饱线上下挣扎，金玉满堂是他人生幻梦的极致，却从未见过。不仅太爷爷没见过，我爷爷也没见过，他工作的博物馆无金无玉，是个革命军事博物馆。"金寨县革命博物馆为纪念1929年立夏节起义设立，我们金寨走出了十一支主力红军部队、五十九位开国将军。长征的四支部队，有两支主体以金寨为源头……"这段解说词，我爷爷说了无数次了。皑皑雪山救下冻僵的战友，漫漫征途送走新生的子女，刀枪入库资助家乡的贫困学生……听了太多遍革命前辈的故事，我对此也早已烂熟于心。生长于斯的我闭上眼就能勾勒：博物馆入门处是《走工农武装割据的道路》浮雕，左转是廖炳国组织十八"兄弟会"时用过的剑。出主展厅穿杜鹃花田往山上走，是2007年始建的鄂豫皖红军纪念园和2009年落成的洪学智将军纪念馆，彼时爷爷已经退休，这已是他不甚熟悉的场馆了。

我爷爷熟悉的是博物馆院子里的那门62式轻型坦克，它具有良好的武器和装甲，使用维修简便，适于江南丘陵作战。犹如我闭上眼就能描绘出博物馆一样，他闭上眼就可以想见坦克85毫米的线膛炮，辅助7.62毫米机枪、12.7毫米高射机枪，像只优雅的花豹。1959年爷爷参军加入60军185师540团；1975年，又辗转到浙江省军区独立师2团。边区青年只身到了浙江奉化县，翻过山，爷爷第一次见到海。

家里缺了劳动力，金玉满堂自然是奢望。老家岩脉里开地，县里的土地一半石子一半沙，地里只长红芋，以致我爸被童年时的顿顿红芋吃出了"创伤后应激障碍"，至今不吃红芋。我爸爱吃杨梅，杨梅产于江浙，那是我爸童年暑假罕有的与我爷爷团聚时才能吃到的美食。奶奶一人在家挑起生活的担子，一陇一亩种出全家的生计，一针一线都不舍得浪费，直至今日，生活富裕了老人家还是惜旧物，好囤积，我们看到被她堆得满满当当的院子，开玩笑道："金玉满堂，都是文物，不愧是博物馆馆长的家。"

1978年，我爷爷解甲归乡。县里让爷爷分管文化事业，这让他犯了大难。我爷爷，小学文化，博物馆这个场景游离于他当时所有的人生轨迹之外。他不懂博物馆，但他对军事与革命怀有自信与热忱。凭借这种热忱，为建好这个博物馆他像新燕衔泥，到处打听寻找文化人，和会画国画的人做邻居，和会修盆景的人做朋友。为离"文化人儿"更进一步，他随身带着纸和笔，在哪里闲下来坐就在哪里练字。他听说文物不能被阳光照射，发动全家给博物馆缝制窗帘。时年我妈妈新嫁，她在少女时幻想过无数为人新妇的图景，没想到是下班后月下织流黄，自己仿佛嫁进了捣练图似的工笔画——我想那窗帘是如今层台累榭博物馆初生的襁褓。她识得南山上每一片林木。大寒时节，山上光秃秃的，她能记得，这里植蜡梅，转弯是绿萼，山头是红梅。

红梅，三九严寒何所惧，一片丹心向阳开。爷爷大概极喜欢红梅花吧，以至于用它给儿女命名——我爸小名叫红，姑姑叫梅。红梅的年轮记着，当年植下它的这一家人仿佛有聚少离多的传统。两个如今已到中年的孩子，一个赴监察系统，一个在民政系统，从廉政反腐，到驻村扶贫，再到疫情防控，罕有闲暇而聚烹茶赏梅。大部分时间里，我爷爷只能从看到的新闻：从严治党、脱贫攻坚、抗击疫情……猜猜子女在做什么。

我爸扶贫的村子傍水，村中盛产巴掌大的白鱼。村民捕获白鱼后刨开，炭火焙干，鱼肉白细，一瓣瓣十分鲜甜。我爸常买来捎带给爷爷，背一篓鱼出山，像个修行者。父子俩都不善言辞，真个是呼儿烹鲤鱼，得鱼腹中书，上言加餐食，下言长相忆。如今全面脱贫，爷爷说，想念那鱼，只可惜山高路远，得等疫情结束，再吃鱼去。我们在南山上的时候，县里脱贫攻坚先进代表已经到了北京参加全国脱贫攻坚总结表彰大会，不消鱼腹传书，雪中春信，由人民大会堂传万家水井处。

天晚欲雪，新年祈福的檀香味儿飘上南山。爷爷不能久坐，在2018年家乡的雪灾中，他自愿去街道铲雪，不小心摔坏了髋骨。他以为自己还有我出生那年的退伍军人的强壮身子骨——那年天降暴雪，他铲雪迎我从医院回来，途经这竹园，绿竹半含箨，

— 17 —

新梢已出，"筱雪"就这样成了我的名字。新竹高于旧竹枝，搀着他下山去，在北大上学期间我竟又长了个子，比椎骨劳损的他看上去高了。这片竹园，竹根处又已经新生了笋尖。

来年又是新的纪元了，山下亮起街灯，光芒如金似玉。

军装赴江畔　白衣登杏坛

北京大学　董睿晴

"在我们那个年代，能够为党出力，咱心里高兴着呢……"谈起那段往事，83岁高龄的刘淑华奶奶精神矍铄。半倚在沙发中的老人目光洋溢着属于青春的热烈和激情，流转之间令我肃然起敬。随着刘奶奶沙哑的嗓音在耳边回响，一部波澜壮阔的历史徐徐展开。这不仅是一位医生的故事、一个党员的独白，更是一个时代的缩影、一段岁月的定格。身着军装的年轻身影和白衣执教的杏坛医者彼此重合，对党的忠诚与对祖国的热爱始终内化于心，赋予这个形象令人动容的精神力量。

刘淑华奶奶是抗美援朝老战士，作为医疗兵跨过鸭绿江，立下军功后归国，在解放军总医院作为一名医生工作，同时教授医学课程，育人无数。作为一名医学专业的学生，能够采访刘奶奶这位师长前辈，是我莫大的荣幸。

谈起从医的缘起，她说："我那个年代，接受的教育都是党给的。年轻的时候我学得了治伤救人的一些东西，想着一定要回报党，回报国家。我在1949年初参军，也是在那个时候入了党，在军队里是医疗队队员。"

从医不长时间，抗美援朝战争爆发，当时刚满20岁的刘奶奶踌躇满志，为党奉献青春的理想激励着她参与到保家卫国的行动中去。"那是1950年的时候，当时军队里要组织一个医疗队到长春，从那里去朝鲜抗美援朝。我们医疗队里几个党员都觉着这是很光荣的事。当时国家刚刚建立，有需要我们党员的地方，我们必须冲在前面。我是自己主动报名，然后去长春在国内这边救治从前线抬回国的伤员。我现在还记着当初那些前线抬回来的兵，很多都是很重的伤。我们的医疗物资当时也是很不够的。我当时看着他们那个样子，看着战友们的那种痛苦，特别难受。"

讲到这里，刘奶奶的声音低了下去，苍老的手微微颤动，谈话经历了短暂的沉默。"那时候我一直在积极地想要上前线，总待在后方感觉没有真正地为党付出。前线那边肯定是更需要医疗的支持，我就一直在申请去朝鲜那边。后来1952年的时候，我终于被选作优秀医疗代表，随志愿军开到朝鲜去，在前线继续救治伤员。那个时候是很苦的，到了那边物资就更加匮乏，医疗技术也很不够，我们从国内过去这些人在救治伤

员的同时还要教前线的医疗队一些技能,把我们带去的一些方法传授给更多的人,尽可能地为我们党保留更多健康的战士。"

当我向刘奶奶问起立功登报的往事,她平静地说:"我的知识,还有救人的技术都是党教会我的,在部队的时候立功是很光荣的事情,我深深地感谢伟大的党,也感谢那些战友。其实作为一个医疗兵,我实在是微不足道的。立功登报,是我赴朝之前,它给了我更大的勇气去以一名医疗兵的身份战斗。因为整个国家都在看着你。我有一些朋友在战场上牺牲了,也看过很多伤员抬回后方也没救过来。我很感谢被记功,但是那些牺牲的战友才是真正的英雄。"

从朝鲜归国后,刘奶奶一直坚守在医生岗位上,后来开始教课,为祖国医疗事业培育人才。谈起这些年医疗水平的变化,刘奶奶感慨良多:"从参军到离休这些年,我看见国家在飞速发展。退役后我在丹东陆军医院继续从医,后来调到解放军总医院儿科工作。从当年匮乏的医疗状态,到药品和医疗器具物资充足,再到现在拥有先进的医疗技术和仪器,我们为病人提供了更多生存的可能。我在医院教课,常常跟孩子们提起我们当时在战场上的医疗条件。孩子们现在很少有机会体会到面对一个经受苦痛的战友却什么都做不了的无力感。现在的好生活来之不易,要感谢我们党带领着我们走上伟大的道路。只有跟着党走生活才能够越过越好。"

在短短两个小时的讲述里,我仿佛看见风霜渐渐晕染一个扎着麻花辫的军装少女,岁月为她卸下军装挂上奖章,为她披上白衣递出教鞭。她从一个意气风发的医疗兵成长为一位柔和安稳的医生,又蜕变为一位慈祥和蔼的教授。她的生活变化也正是这部轰轰烈烈的共和国发展史的诠释。从抵御侵略到发展工业,从改革开放到科技兴国,在中国共产党的带领下,中国人民一步一个脚印,向着实现伟大中国的梦不断奋进。医疗领域翻天覆地的变化,离不开飞速发展的经济支持和日新月异的科学力量。在这段磨难与荣光并存的历史中,中国医疗行业历经艰难困苦,却总有高尚的医者以爱国之志济世之怀高擎明灯。

作为医学相关专业的学生,我们深知时代重任在肩。在两个一百年交汇的伟大历史节点,聆听前辈讲述"四史",更坚定了我们践行"健康所系,性命相托"誓言的决心与信念。昔日前辈戎装血洒他乡,今日医者白衣逆行出征,可见内化于中国医疗工作者心中的伟大精神薪火相传。习近平总书记在给北京大学援鄂医疗队"90后"党员的回信中说:"青年一代有理想、有本领、有担当,国家就有前途,民族就有希望。"我们愿接过百年传递的接力棒,以青春力量书写新的历史篇章!

出岛记[1]

清华大学　赖世文

我不知道是否能够成功，既然选择了远方，便只顾风雨兼程。

——汪国真诗歌《热爱生命》

笔友

1982年，文昌县南阳小学的英语老师阿明写下人生中第一封英文书信。"Dear friend：My name is Kaiming..."

阿明念到高二就到南阳小学接替了退休父亲的教职——这在当时被称为"接班"。阿明是英语尖子生，中考摘得了全县英语榜眼，因此负责小学的英语教学。困于缺乏英语语言环境，阿明总想方设法寻找更多学习资源。在一期《人民日报》上，阿明看到了征集笔友学英语的广告[2]，从此开启了与国际笔友长达8年的通信。不久，阿明收到了第一封来自美国的笔友回信。那时没有英语词典，阿明和四弟阿尧一起连蒙带猜地读信。外国笔友来信成为兄弟俩最初的"原版英语课外读物"。"我记得有个澳大利亚笔友寄给我很多英语书，还亲自读，录在录音带上寄给我，因为我告诉他我没听过外国人读英语。"兄弟俩还不知道，两年前北京召开了重要的"海南岛问题座谈会"。之后，英国《金融时报》刊登了题为"海南岛向外国投资者开放"的文章。

一封封外国笔友来信仿佛在往日宁静的欧村投下一颗石子，泛起层层涟漪。阿明的集邮册日益色彩斑斓，小山村远方的海滩也渐渐忙碌起来……

---

[1] 本文以20世纪80年代海南改革开放初期为背景，讲述了笔者的父亲和伯伯——阿尧和阿明两个海南青年在信息匮乏的情况下自力更生学英语，走出海岛，一步步探索世界的故事，反映了改革开放初期青年探索和开拓创新的热情，以及海南岛改革开放40年来从封闭落后到开放前沿的社会变迁，揭示了个人成长、家族命运、时代精神、国家发展之间的紧密联系。

[2] 阿明肯定自己是在《人民日报》上看到这则广告，因为当时《人民日报》是唯一可以阅读到的报纸。根据阿明提供的时间线索，笔者翻阅了1981年9月到1983年12月的《人民日报》广告，可惜笔者未找到这则消息。

"过海"

"哥明，我们有外教了！"刚刚成为海南大学83级英语系学生的阿尧兴奋地说。

这是海南岛有史以来的第一个外教，名叫马克，是一个美国人。他的到来可谓轰动全岛，"海南各地的英语老师，都跑来海大听他的课，还用录音机录下来。那时录音机可是奢侈品，学生们省吃俭用也要省出来。"时任海南大学英语系助理何启慎回忆道。

"太羡慕你了。"阿明取出弟弟的收音机。

那时英语学习资料匮乏，这台能收听短波电台的收音机是兄弟俩学英语的"神器"。两人半懂不懂地啃VOA和BBC。阿尧边听边感慨道："要真正接触外国人，才能学到原汁原味的英语啊。"

1983年4月初，著名的"中央11号文件"——《加快海南岛开发建设问题讨论纪要》印发。海南一夜之间成为热门投资考察目的地。在这之后的一个月里，来琼外商多达20批次80多人。而在此之前，平均一年只有四五批次十多人。来来往往的外国人给学子们练英语提供了良机。阿尧工作日在学校研读教材，周末就到外国人下榻的酒店"实战"。随着开放步伐加快，80年代的海口除了早期海口宾馆和华侨大厦，望海楼、泰华酒店、金融大厦等高档宾馆相继拔地而起。囊中羞涩的阿尧鼓起勇气第一次走进华侨大厦宝岛餐厅——海口最早的西餐厅之一，说道："Excuse me, I am a university student majoring in English. Can I practice speaking with you？"

同一时期杭州西湖边上，一个与阿尧年龄相仿的学生也在找外国人练英语，他的名字叫马云。

一天，阿尧回来说："哥明，和你说一个千载难逢的好机会，Thomas找人一起去云南，可以带你过海啊！"

80年代初的海南岛基础设施落后，又饱受台风袭扰，交通闭塞。"过海"，跨过琼州海峡，成为许多海南人遥不可及的奢望。在弟弟的鼓励下，阿明踏上了人生中第一次"过海"的旅途。在海口，他第一次坐轮渡，琼州海峡咸咸的海风扑面而来；在湛江，他第一次坐火车，熙熙攘攘的车厢里听到全国天南地北的方言。当时，国人买机票需要单位开证明。Thomas一行坐飞机从西双版纳回昆明；阿明则一个人坐了三天三夜的大巴，才到达昆明出发前双方口头约定见面的旅馆。我诧异："万一见不到人，你不害怕？"

"不怕啊，一无所有的时候只想着向前冲，什么都不怕！"

洋酒瓶与土茶壶

"开明你好……我想把30年前交换的茶壶寄回你家。我年纪大了，一旦离世将没有人帮我保留这个茶壶和它的故事了……"①

海南岛是我国少有的热带宝地之一。得天独厚的地理条件使海南不仅出产多样的热带农作物，还埋藏着丰富的矿藏资源。为加快对海南油气资源的开发，1985年海南和澳大利亚东方石油公司联合成立了海南联合投资公司。澳方作为技术方派了几位工程师携其家属来海南参与石油勘探工作。Dutler先生就是其中之一。

如今年逾七旬的Dutler先生还记得1986年前初识阿明的情景：那天傍晚候车返程的Dutler先生偶遇在找外国人练英语的阿明。"They spoke quite good English. We had a good general conversation."② 备受鼓舞的阿明此后经常"偶遇"Dutler先生练英语，这些交谈使他如沐春风。受阿明的热情邀请，Dutler先生欣然答应拜访欧村老家。

这周末，母亲早早开始准备这场"国际宴会"的三大佳肴：白切鸡、鸡饭、鸡杂炒粉丝。这是村里的孩子第一次见到小汽车和金发碧眼的外国人。Dutler一家带来一瓶威士忌，我们回赠了珍藏已久的青花茶壶③。"It was the first time we were invited into a local person's home. A very good experience."④

足迹

我的堂哥阿煌是我们世字辈大哥，洋酒瓶和土茶壶都由他保管。Dutler先生来访时他6岁。"这些外国人来我们家，让我潜意识要努力学习，去看看外面精彩的世界。"

1998年，阿煌高考名列海南省文科前五十，被对外经贸大学录取，成为我们家第一个进京的大学生。20年后，我也有幸保送为清华大学研究生。我时常来到食堂海南鸡饭窗口，重温长辈们的足迹：随着经济状况的改善，家里年夜饭的餐桌也渐渐丰富，但奶奶的"文昌鸡三大件"是不变的主角。

对于父辈们而言，出岛，绝不等于离开。怀着梦想出发，总不忘怀着感恩归来。

竹笋破土赖己力，大地律动是春声。每每读到汪国真的《热爱生命》，我就会想到父辈们乘改革开放的大潮一路"过海"的坚毅前行，就会想到我们海南岛40年来从封

---

① Dutler先生来信翻译，为了保持文章叙事连贯，笔者做了一定删节。
② Dutler先生回忆原文。
③ Dutler先生的回忆使用"exchange"一词，认为是礼物交换。据笔者访谈，当时我们家人并没有交换的意识，只是热情好客，看到Dutler喜欢不如就送给他。
④ Dutler先生回忆原文。

闭落后的边陲海岛到成为中国改革开放重要窗口的不懈探索。回望过去,这一路勇往直前、乘风破浪让人振奋激昂,而前进道路上能坚守自我、不忘初心又让人笃定踏实。

阿明的邮票静静躺在老书桌玻璃板下,折射出七彩光辉。立足自贸港建设的新起点,一代"岛上"青年将开启新征程……

附录:

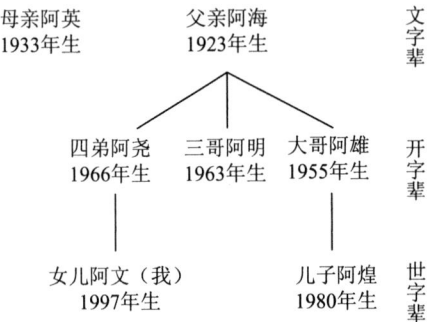

文章人物关系图

从五岭之南到北国战场

北京师范大学　韩宗轩

一九五〇到一九五三年的抗美援朝战争，是新中国史重要的组成部分。经此一战，帝国主义再也不敢作出武力进犯新中国的尝试，新中国的大国地位得到了彰显，世界和平与人类进步事业得到了有力推动。[①] 同时，如笔者姨奶奶这样的志愿军战士也因为这场战争迎来了不一样的人生轨迹。

一九五〇年六月，朝鲜战争爆发；九月，美军在仁川登陆，战局急转直下；十月，美军大批越过三八线。面对美军的步步紧逼，以毛泽东为代表的中共中央在全国人民中开展宣传教育，统一思想，提高觉悟。而在距离朝鲜战场千里之外的广东，作为进步学生的姨奶奶响应号召，决心参军。

姨奶奶参军的决定并不是一时的冲动，而是日积月累的结果。姨奶奶的高中班主任是解放前的地下党员，受其影响姨奶奶思想进步。此外，姨奶奶的父亲已去世，当时参军可使家庭获得优待，作为长女，她认为自己有扛起家庭复兴的责任。最终，在国与家两方面的影响下，姨奶奶在经班主任担保通过政审后，作为文化兵踏上了前往北方的火车。

一九五一年二月，姨奶奶在汉口被编入六十四军政治部秘书科，随后继续北上前往丹东。在丹东，姨奶奶接受了短暂的培训，学习内容包括普通话、部队纪律、防空训练等。二月十七日，六十四军由丹东九连城跨过鸭绿江进入朝鲜，姨奶奶从此奔赴朝鲜战场。

姨奶奶虽然不是一线作战人员，但依然面临生命危险。一九五一年三月十七日清晨，部队行至金川郡以东村庄之际，美机飞临金川郡上空轰炸。由于参谋把军部设在村庄，部队损失较大。据姨奶奶回忆，美军飞机轰炸时先俯冲到极低的位置，然后从下往上进行扫射，因此在躲避时需要往下跑。当时姨奶奶情急之下从二层楼高的悬崖跳了下去才保住生命，即便如此，她的左大腿还是被弹片刮到，腰部因为跳崖永久变

---

① 习近平.在纪念中国人民志愿军抗美援朝出国作战70周年大会上的讲话[N].人民日报，2020-10-24（002）.

形。尽管如此，比起在那次空袭中牺牲的战友，她还是幸运的。

虽然生命安全随时受到威胁，但姨奶奶依旧有条不紊地进行工作，她的工作主要是办报、传送新闻、信件收发等宣传工作。这项工作虽不如前线作战危险，却一样重要。抗美援朝战争初期，由于中美之间国力的巨大差距，相当一部分民众包括部分基层干部出现情绪，而一些过去与美国存在瓜葛的民主党派、知识分子存在较为严重的崇美、亲美、惧美思想。因此，及时对国内民众进行宣传动员，将中央的决策变为全国人民的意志是极其必要的，这一运动有赖于像姨奶奶这样的朝鲜战场宣传人员的辛勤工作。民众引导后爆发出强烈的爱国热情，这种热情又在实际行动中转化为对爱国捐献、爱国公约、增产节约等运动的积极参与，有力地支援了抗美援朝战争。①

除了工作，姨奶奶也在抗美援朝战争中收获了爱情。当时姨爷爷担任通信参谋，经常往返于司令部与政治部之间，工作关系使二人逐渐熟识。随着对彼此认识的加深，姨爷爷被兼有水乡秀气与战场英气的姨奶奶所打动，而姨奶奶也对聪明又富有才华的姨爷爷心动，再加上当时姨爷爷的军龄与军衔都达到结婚条件，因此两人顺理成章地确定了恋爱关系，并在战后结婚。

一九五三年，抗美援朝战争胜利。战后，姨奶奶因工作出色被授予三等功。一九五四年，姨奶奶以排级身份退伍，作为干部转业至沈阳，与姨爷爷结婚生子。不久之后，她感到自己的文化程度无法应对自己的日常工作，决定继续深造。经过一番刻苦学习，一九五六年姨奶奶考上了山东大学俄语系。本来是作为俄语翻译进行培养的，但由于一九五八年中苏关系交恶，姨奶奶被迫转到中文系，最终成为一名中学语文老师。

由于姨奶奶的成分问题，姨爷爷与姨奶奶结婚后，无法继续待在一线部队。不过，领导对这位极具天赋、在一九五五年就被授予少校军衔的下属极为欣赏，把他调入通信学院。这所军校几经搬迁，最终迁到武汉。而姨奶奶也在兜兜转转间，在命运的安排下跟随姨爷爷在这座她入伍的城市定居，度过了她的下半生。

如今姨奶奶已是耄耋老人，在她看来，她这段投笔从戎的经历是她人生中最浓墨重彩的一笔：由于她参军了，广东的三个妹妹顺利地读完中学，并考上中专，使家族得以发展；而她自己亲身参与到了这场改变新中国历史的战争，为新中国在国际上站稳脚跟贡献了自己的一份力量。而正是无数像姨奶奶这样为国无私奉献的人的存在，新中国才能在一次次考验中不断成长，并踏上复兴之路。

---

① 侯松涛.抗美援朝运动与民众社会心态研究[J].中共党史研究，2005（2）:19-28.

此心安处是吾乡:"三线移民"的内迁与归属

北京师范大学　康宁　吴一凡

内迁与初心:好人好马上三线,备战备荒为人民

1964年起,在"备战备荒为人民,好人好马上三线"的号召下,数百万工人、干部、知识分子、解放军官兵和成千上万的民工背井离乡,从沿海发达城市来到中西部的荒野村落,建起了1100多个大中型工矿企业、科研单位和大专院校,为三线地区工业建设和国家安全做出了历史性贡献。

在过往的口述采访中,在被问到为何跨越大半个中国毅然举家远赴川黔时,几乎每位受访者都提到:"毛主席说'三线建设'建不好他睡不好觉,我们拼了命也要把'三线'建设好。"他们慨然表示:"我们多留一滴汗,战士们少流一滴血。"

当我问及姥爷时,他缓缓道:"1969年,我从辽宁来到贵州安顺的一个小山沟里的云马厂工作,与妻儿一年后才团聚。当时是厂里安排,可以自愿选择过不过来,我选择了服从安排来到了贵州,支援祖国三线建设,希望自己在年轻的时候多为祖国做贡献。"

姥爷说:"干活的厂房、居住的楼房、文化宫都是我们来了之后一起干的。那时经常上午上班,下午一起来修文化宫那些建筑,和部队上的官兵一起盖房子。"

如姥爷一般的千万青年,他们抱着"年轻时多为祖国做贡献"的初心,来到"戈壁风暴铸天塔,黔山雨水瀑乌金"的云贵高原,在"没有条件创造条件也要上"的情况下搞建设,有力地支援了国家的国防工业建设。

归心与迷茫:南北千山与万山,轩车谁不思乡关

当我问及"大山深处的军工人"在交通闭塞、通信不便的年代,想念家人怎么办时,姥爷说道:"在厂里,未婚的同志一年一次探亲假,结婚的四年一次探亲假,过年

的假加上平时节假日的调休，一次可以回家待半个月至一个月，不过当年交通不方便，回一趟家至少要花三四天。"

世人皆有"客行悲故乡"的惆怅，但在故乡明月与祖国星途前，他们选择将思乡泪化为建设的汗水。

在问及内迁的遗憾时，姥爷说："最大的遗憾是对亲情，最大的愧疚是对父母。"

"90后"的我很难想象"四年一晤"的爱情，但在采访过程中，姥爷从未使用"后悔"二字。在一心保卫新中国、抵抗帝国主义侵略的年代，个人的情感是让位于国家利益的，"大厂人"在一起比的是谁更能吃苦耐劳，娇气被人看不起，大家与工人、官兵一起大干快上，都觉得是在从事一项崇高的事业。

抉择与归属：试问岭南应不好，却道，此心安处是吾乡

离乡之人总是面对着"来时路"与"归去处"的难题，"三线移民"也常面临归属感的缺失。当我问姥爷认为自己是东北人还是贵州人时，我第一次在他的脸上看到了苦涩："其实，我们经常也会混淆自己的身份，有时说话带点东北口音会和本地人产生距离感，到北方去也因为口音不正宗会和家里人产生距离感。衣食住行也都习惯了南方的习俗，南北混杂着，有时感觉自己哪的人也不是，心里空落落的。"

不只是初代"三线移民"会遇到身份认同难题，父母这样的二代以及同龄的三代也会如此。作为时代的特殊群体，当普通话演化为厂话，在以"三线人"的身份而骄傲，以"大厂人"为集体归属时，也在远离地域认同，在填写表格籍贯时，总是斟酌再三，难以下笔。

随着改革开放的深入，单位制社会开始消解，初代"三线移民"已迈入暮年，他们追忆过往，更面临着自我认同的拷问。但几经抉择，大部分工厂职工选择了坚守于此。正如苏轼在《定风波·南海归赠王定国侍人寓娘》所言："试问岭南应不好，却道，此心安处是吾乡。"而让他们心安的原因，除了几十年在与当地人、故乡人的交往中，逐渐形成的"三线人"身份归属，还有在社会主义现代化强国历程中的逐渐强化的自我认同。

当我问及姥爷对国家未来航空航天事业发展的期待时，他深情地说道："对国家航空航天事业的未来还是很有信心的，看着我们国家的飞机越干越好，我们厂从新高教干到歼九教练机，再干到无人机；我们国家从引进国外技术到自主研发国产大飞机。歼10、歼20等飞机面世，可以看出我们国家航空航天事业产生了巨大的发展。希望我们未来在飞机制造的各项技术上都能逐渐自主化，生产出属于我们中国的骄傲，维护

国家安全和领土完整,不怕任何挑衅。"

在访谈最后,姥爷忽然想起当年的一句口号:航空报国,追求第一,激情进取,志在超越。他说:"希望所有航空航天人都能永远记住这句话,为我国航空航天事业做出贡献,让中国人更有底气。"

言及于此,我对"乡愁"有了更深的理解,我似乎从姥爷对强国的期盼中寻到了"根"。作为航天后代,我觉得荣光,因为我的祖辈曾在这里为共和国的建设奉献了青春与汗水!或许,对于我和姥爷,是骨子里的航天血让我"心安",是脚下的云贵大地成就了"吾乡"。

西域杨柳青　春风度玉关

中国农业大学　麻佳鑫

以吾之笔，写尔之语，记其史事，明德修身。

——题记

火车开动了，看着窗外的风景飞速地倒退，我离开了那个我出生长大的地方。那莽莽苍苍的戈壁滩和上面生长的稀疏却青葱的梭梭，都是从小生活在城市里的我没有见过的景象。远处旋转的白色风车，隐隐约约的天山掠影，都逐渐和那如火的晚霞落日一起，融化在我身后的地平线中。天地间同泼了墨般黑了下来，天幕中撒着星星，若隐若现，弥足珍贵。为什么弥足珍贵？因为在城市不会黑的夜晚，星星的光被那万家灯火湮灭，消失不见。

刚过去的庚子鼠年，疫情席卷了全世界。在国内新闻中，我们听见了新疆生产建设兵团这个跟在三十一省份后面的名字。我的朋友们知道我生长在新疆，就不由得来问我，新疆生产建设兵团究竟是什么？我作为一个出生在兵团城市的第三代兵团人，却被这个问题噎了一下，愧疚万分。于是，从小就听着祖辈父辈给我讲当年他们建设兵团的历史，被兵团精神熏陶的我，决定对此做更加详细的了解。一壶清茶，两把木椅，我听爷爷再将那尘封的故事娓娓道来。

在某个新雪初晴的冬日，我登上一座高层楼顶，俯瞰我生长了二十年的城市：楼房鳞次栉比，街道车水马龙，树木银装素裹，田野一望无际，人民安居乐业。可我清楚地知道，眼前的盛世繁华并不是凭空生成的，而是来源于前辈的筚路蓝缕。半个多世纪乃至更久以前，还是青年人的军垦先辈，放弃了在家乡与亲朋好友一起生活的温馨，响应国家号召，毅然决然地来到寸草不生的大西北，经历了我不曾见过甚至想不到的革命岁月。兵团前辈们凭他们的双手一尺一丈开垦盐碱的荒野，将其打造成为千百亩的良田；用他们的努力一砖一瓦建设落后的村落，最终筑成几十层的高楼；以他们的智慧一笔一画绘制宏伟的蓝图，以此指引几代人的前路。而如今，昔日的青丝早已染上塞北的秋霜，平疆的忠骨或也埋在城南的青山。谈论中，爷爷对我说："我作

为兵团人，一生只做一件事，就是为祖国守边疆。"听罢，我不禁为此动容。

我的家乡石河子市，是诗人艾青笔下那个年轻的城，是从一片铺满石子的河滩拔地而起的城市，是兵团的第八师的每一个兵团人都为之发展做出贡献的家园，也是近年各行业发展齐头并进的一匹黑马，更是位于天山北麓的一颗明珠，同时也是全国文明城市、全国卫生城市之一。有人曾根据新疆的各个城市的特点，把每个城市都画成一个人物。石河子就是一个戴着圆眼镜、穿着军大衣、蹬着大头鞋、手握胡萝卜汁的一脸老干部表情的小男孩，而对他的介绍则是：大大的眼镜展示了深厚的文化底蕴，学习之余不忘保护视力，年纪轻轻却散发着老一代兵团人自带的老干部气息。

带着大家的好奇与探究之心，也夹杂着我自己对家乡的一种类似于近乡情更怯的复杂情感，我几乎跑遍了石河子周边我了如指掌到闻所未闻的能够到达的重要地点。何为重要？何以判断？我难以言明，但我认为它们应当是见证兵团发展轨迹的人物景观。那些景观风光各异，那些故事光怪陆离，那些人物形形色色，那些道路纵横交错，但它们都把兵团精神注入灵魂中，融入基因里，刻在了基石上。

瑞雪兆丰年，长空蔚无边。日照天山雪，光凝玛河冰。这是今天的我眼中冬日的石河子。东南棉田望，西北高楼起。花园蟠桃甜，北泉池鱼肥。这是往日的我心中可爱的石河子。八表安平象，举城爱国意。这是年轻的城在世人眼中的模样。史事不可忘，富贵不能淫。这是兵团的魂在石城人心中的沉淀。

听完爷爷的讲解，我不由得想去探查更多。黑白的老照片记录着开荒者们的生活劳作，土质的地窝子佐证着老一代人的居住环境，生锈的拖拉机诉说着兵团发展的艰辛历程，原始的纺织车表露出手工业者的心灵手巧。在军垦第一连，我看见的不仅仅是一件件陈旧的老房舍与工具，也不只是各色的锈迹斑斑的机床车辆，更多的是一种历史的沉积，就像革命的岩浆在炙烤西北的漠土，之后逐渐凝固在这片土地上，挥发余热，慢慢沉积，最终成就崭新的未来。

天高任鸟飞，海阔凭鱼跃。生长在新时代的我们不只应该秉承老一代兵团人的优良传统，将兵团精神发扬光大，也要以自己之所学，为兵团、为新疆、为祖国的建设做出自己力所能及的贡献。这是我们当代青年人都应当拥有的品质，不忘初心，砥砺前行，也是时代向前发展的重要风向标。以史为镜可以知不足、正衣冠，家乡的老一代的历史是我们珍贵的宝藏，如同阳光下熠熠生辉的钻石，美得活色生香。

新栽杨柳三千里，引得春风度玉关。而如今度玉关的岂止有春风，更有各个时期来自全国各地的援疆人士，我们对此，当心怀感恩，勇往直前。

从家史到"四史":致敬光辉岁月

中国地质大学(北京) 翟书一

党的十八大以来,习近平总书记就学习中共党史、新中国史、改革开放史和社会主义发展史做出一系列重要论述,全面阐述了学习中共党史的重大现实意义。

每一部象征着中华人民共和国逐步走向强大和富强的历史,都承载着一段段或可歌可泣,或情深意满的慷慨悲歌,其间记录着几十年来的风雨兼程和血泪故事,时时刻刻警示着青年大学生的我,生逢其时,亦重任在肩。

1945年,经过长达十四年的艰苦卓绝的斗争后,中国共产党迎来了抗日战争的伟大胜利;在两种命运的抉择间,中国共产党领导人民取得了解放战争的胜利。

中国共产党的历史,是一部血泪史,其间充满着无数感人至深的故事,新中国的诞生,亦离不开那些平凡而伟大的共产党员的奉献。

我的家乡在河北省廊坊市,老家在廊坊市辖内的一个小县城。家乡近些年新修烈士陵园,将原处在闹市区的陵园外迁至一处安静肃穆之地,这里安葬着上百位祖籍在廊坊市的英烈。

我母亲的奶奶,就安葬在这里。

太奶奶名叫苗玉芝,霸州市霸州镇东关五街人,出身于廊坊市霸县中毫家务村的一户佃农家,十八岁嫁到东关,也就是我太爷爷家。

1945年秋天的"反奸清算"运动中,她积极协助工作组展开工作。不久便加入了中国共产党,担任了村妇救会主任。

"她那年三十岁左右,老穿着一身黑。"老人们每每讲起,都是这样形容的。说太奶奶总给自己要好的朋友们讲中国共产党的政策,鼓励妇女解放自己,帮助她们提高思想政治觉悟,积极参与社会活动,一起加入中国共产党。

1947年8月,国民党军进犯大清河北解放区,霸县城内笼罩在白色恐怖之下。太奶奶没有一并转移,而是坚持留下,毅然斗争。

太奶奶苗玉芝成为一名中共地下党,做联络员,主要在霸州东关、刘庄、姜家营一带活动。"她总挎着篮子或是背着枝条编的筐,里面满满装着花线、衬布和花撑子,

最下面放着一把黑色的手枪。"

听家人们讲起的时候，我眼前总能浮现出她的形象：她还年轻，是一个瘦小的妇女，两颊瘦得有些凹陷了；她梳着当时妇女都喜欢梳的盘髻，穿着黑色的普通布衣；她背着筐，走在田间地头的样子有些单薄，但是脊梁背总是笔直的。她可能并不算传统意义上的好看，但是眉眼间都充满了那个年代共产党员特有的坚定。

在她与其他地下党的配合下，八区武工队打过几次胜仗。但每个人都盼着，盼着恐怖的阴霾早点散去。

我家乡的史料上写着："苗玉芝同志1948年5月18日被大乡队抓捕，并对她严刑拷打和逼问，她强忍剧痛，大骂不停。"

这一段历史，在老人们的讲述中无比详细，我母亲再讲给我时，声音都有些颤抖。

那一年，太奶奶的行动被出卖了，东关大乡队的兵把整个东关五街的人都聚集在一起，质问谁是共产党的情报联络员，但没有人说出她的名字，也没有人说出她在哪里。而在威胁之下，为了保全街上的村民，最后她自己站了出来。敌人对她用刑、拷打、逼问，她始终没有透露一丝信息。

恼羞成怒的敌人把刺刀插进她的胸膛，用刺刀挑她的肚子，这个过程持续长达两个多小时。太奶奶过世后，被吊在了城门楼上。

血泪之史，历历在目。太奶奶苗玉芝的故事到这里结束，但并非就画上了句号。对我们而言，这段故事的完结给作为后辈的我们都点上了冒号。后辈们对这段历史口耳相传，填补旁人并不了解的细节，一家的精神就在这家史的讲述里代代相承。

家里将太奶奶的烈士证书放在床头，精心装裱，每日打理，烈士陵园的纪念碑位前亦按时洒扫，家里的每个人时刻铭记这段历史，并以自己的方式纪念先烈。

在中国共产党的光辉历史中，太奶奶的故事只是小小的一个部分，她在生死关头，做出的是所有真正的中国共产党党员都会做出的选择和决定，她的坚持如同数万万革命先烈所做的那般坚定。

我的姥爷从军，亦曾亲历新中国的诞生。他生前时时同我们讲起，那一日热泪盈眶的骄傲与感动。

新中国的建立，离不开无数共产党员的努力和牺牲，改革开放和社会主义的发展为祖国带来的富强和昌盛，同样也离不开共产党员为民族谋复兴的身影。

常言道，多难兴邦。在中国共产党的领导下，今日这世界东方的雄鸡已经崛起和振兴，中华民族逐渐在世界民族之林中屹立不倒。

又逢新年，我同父母回到老家探亲。姥姥家不远处有条小河沟，听说是以前从护城河那边引过来的；老城区的城门楼就在护城河边上，现在已经拆了。

以史明智,以史鉴今,资政育人。

爱国情怀在家族世代中传承,"四史"教育又一次牵动出家族史光辉的一页,也再一次激励着我继续在党组织中承起历史的担当。对家史的一遍遍吸收也让我对"四史"有了更深的理解,新一代年轻人已经成长,我们也将创造属于青春一代的光辉岁月。

沙渠河畔的革命记忆

华北电力大学　雷宇

"我爸和我说的最后一句话是，'娃，爹出去转一圈就回！'"奶奶回忆起外曾祖父，眼睛里总是闪着泪光。时光倒回到1944年，奶奶5岁，舅爷还尚在襁褓之中，一伙人趁夜色冲进家里的土窑带走了外曾祖父，他再也没有回来。那时的奶奶还不懂什么是生死离别，什么是国难深重，什么是民族危亡，她只知道在那乱世之中，她的父亲赵临荣做的是"大事情"。

我的家乡在山西闻喜，背靠中条山脉，一条细长的涑水河穿境而过，向南流去。南边的村子把这条河唤作沙渠河，奶奶就是在这沙渠河畔的苏村长大的。光阴流转，承载奶奶无数童年记忆的沙渠河，现在早已变了模样，成了百亩莲塘，造福梓里。而曾经在这片土地挥洒热血、抗日卫国的外曾祖父却永远地留在了27岁的年纪，留在了奶奶的讲述里……

1937年卢沟桥事变爆发，抗日烽火燃遍中华大地。时年21岁的外曾祖父赵临荣，经稷麓县县长赵宜轩介绍发展成为共产党员，随后担任了苏村首任党支部书记。在那个风雨飘摇的年代，闻喜三区一度出现日伪政权、阎锡山地方政权、我抗日民主政权三种政权并存的局面，百姓流离失所，山河破碎，国运多舛。外曾祖父一家世代为农，他看到村民们苦不堪言，决心在中国共产党的领导下，改变内忧外患的现状，发展抗日救亡运动，"把日本鬼子撵回家！"

听村里老人回忆，外曾祖父经常是白天在地里种庄稼，晚上便深入村民家中，动员发动群众，发展培养党员，吸收先进分子。有时，他会从本村油翁家借来卖油的挑子，扮成卖油郎，走村串户宣传和动员群众参与抗日救国。在县委的号召下，外曾祖父在村里开展减租减息运动，团结和依靠贫苦农民，积极为游击支队筹粮筹款；作为抗日武装力量三区基干队的骨干，他还领导地下党员和苏村人民群众，配合闻喜抗日游击队九支队，打击闻喜县城和铁路沿线的日本侵略军，夜袭土匪贾真一建立的万人"晋南野战军"。村口沙渠河见证了外曾祖父无数次革命行动：在浓浓夜色的掩护下，摸炮楼、拆铁路、炸桥梁，最后披着微微星光回到土窑里。奶奶说，有时候天蒙蒙亮

的时候醒来，抬头看到外曾祖父合眼坐在土炕沿上，便知道昨天的"大事情"一定是干成了。

苏村三面环山，隐蔽性好，八路军的伤员经常隐藏在苏村。外曾祖父赵临荣也就承担起了照顾、隐蔽伤员的任务。一日，日军沿铁路长驱南下，占领闻喜县城，眼看就要逼近苏村，他迅速组织村民，撤退转移到中条山深处。当天晚上，三区基干队派外曾祖父带队，下山过沙渠河到苏村周边进行袭扰，吓得日军只得空打一夜枪炮壮胆。第二天上午，游击队引日军一百多人进攻中条山三区队设伏地点，一举击落骑在马上的日军军官。三区队十几个战士靠着国民党溃军残留的装备和群众捐来的武器打败了装备精良的日军，迫使日军逃到山下，撤离苏村。

在长期的抗日斗争中，三区队这支闻喜唯一的游击队积累了丰富的作战经验。奶奶说，外曾祖父在外边打鬼子，外曾祖母带领妇女们给部队战士做鞋子，给前方战士烙饼子、做饭、救护伤员，夫妻俩配合得十分默契。抗战不断取得胜利，沉重打击了日军的嚣张气焰，鼓舞了广大人民群众的斗志。

转眼，到了1943年，这个冬天好像格外地长了些。

奶奶问外曾祖母过年了什么时候能去沙渠河捉蟹，外曾祖母笑着说："要等到明年夏天，等你爸把鬼子打跑了。"腊月二十三，是奶奶一生都铭记的日子。夜里一阵急促的拍门声把奶奶吓醒了……她不知道自己的父亲为什么会被一伙人带走，留下一句"爹出去转一圈就回"却再也没有回来，没能在来年夏天带她去沙渠河捉蟹。后来长大了些，奶奶知道外曾祖父为了那件"大事情"牺牲在沙渠河下庄村的一孔井里。被叛徒出卖后，外曾祖父面对严刑拷打，坚贞不屈，保守住了党的秘密。

奶奶记忆里的外曾祖父是模糊的片段式的生活具象。比如，他爱笑；他深夜点着煤油灯学习组织上的时政文件和进步书籍；他爱喝玉米糁糊糊汤，能喝好几海碗。更多关于外曾祖父的故事都是听老人们讲的，或是在县委党史书籍里寻到的。外曾祖父永远留在了27岁，为了心中的革命理想献出了年轻的生命。奶奶参加工作后，追随自己的父亲加入了中国共产党，立志为党和国家的事业奉献终身，如今奶奶已经是光荣入党50年的老党员了。

从前每年暑假，和奶奶爷爷回苏村小住，总要去沙渠河边捉蟹，在夏夜听蝉鸣，听奶奶讲过去的事，讲外曾祖母烙饼手艺好，讲外曾祖父英勇善战打跑了鬼子。如今再访沙渠河，心中万千感慨。夏日七月天里的荷花怒放南塬里，留下"错把苏村当江南"的诗篇；沙渠水汩汩流过，如同革命先烈的心跳，永远鲜活强劲。70多年前的战火早已随风而散，而那些英勇无畏、流血牺牲的共产党人的英魂也永远地留在了远处的中条山上。

同乡名叫黄继光

北京林业大学 何厚良

"孙子,看看我这句改得怎么样——'春蚕到死丝不断,留予他人御风寒。'蚕死丝尽,我觉得不好,还是应该留下些东西。"爷爷转过身来面向我,笑容可掬。

爷爷是一名退伍军人,我听着他的故事长大。年幼时我对这些不甚了解,长大后才渐渐拼出他不平凡的经历。爷爷也年轻过,但和我不一样。正是无数个像爷爷那样的青春年华,筑成了我们今天的好时光。

1952年 四川中江

冬雨绵细,冬夜湿寒。十七岁的少年点一盏油灯,慢慢翻看一本教材。书从前翻到后,又从后到前,来来回回,他没读多少。雨不住地落,一只小飞虫绕着摇曳的灯火飞舞,火焰"噗"地旺起来,响起微弱的"噼啪"声。没人知道,此时他心里已然波涛汹涌。

抗美援朝战争打了两年,报纸上的新闻源源不断。他也常听街坊们说谁家的男人立功了,谁家的孩子牺牲了。按理来讲,他快念完了中学,很快就有机会上一所极好的大学,前途清晰而光明。听爷爷说,他从前看过打仗,死去的战士的尸体很难看。

可他总感觉有声音在召唤着,心里无穷的力量,像磁石一般向祖国东北边陲靠近。他知道,那是一种不可逆转的力量。没有任何一个时刻,他如现在这般坚定。

这几天,他认识了一位叫黄继光的同乡,是战斗英雄,在战场上流干了血也要炸毁敌人的地堡。"我们一定要好好宣传英雄的事迹。"一位同学说。少年沉思良久,握紧拳头重重捶在褐色的木桌子上。"我要真正地,到战场上去。"他拿着所有的手续,一个人去报名参军。武装部的领导看了他的资料,说:"你是家中的独子,按政策不允许去,打仗可不是儿戏,一定要考虑好。"他回答道:"这些天我已经想明白了人为什么活着,要怎样活着。我已经决定,出现在国家最需要我的地方。"目光交错的刹那,他眼里已映出战火纷飞。

他被特批入伍，出发的前三天，他想找父母谈谈。

米已成炊，木已成舟。没有预想的情绪迸发，只是沉默，沉默……

父亲先开口说："支持嘛，当然是要支持的，为党为祖国做事，自愿去当兵，牺牲了也绝不能找国家的麻烦。"母亲没有说话，只是在临行前塞给他一个巨大的包裹，里面装了几件衣服，还有所有他爱吃的东西。

火车站来了一批新兵，还有一位特殊的人物，是英雄黄继光的母亲。老人家一袭朴素的黑衣，凝望年轻人们再次远去，时间一下子被拉得无比漫长。

1953 年　朝鲜

他学着其他人的样子，挺了挺胸脯，手指并拢敬个军礼。

火车跨越大半个中国，他第一次知道，冬天竟然可以这样冷。

异国他乡，如果没有战争的话，这应该是一个很美的地方。

时间紧急，服从命令，他被编入温玉成将军率领的四十军。战事在持续，炮弹如雷雨般不断倾泻，每天都有兵员被补充上前线。他得到了属于自己的枪，穿梭于烈火与硝烟之间。

敌机发动新一轮空袭，只听一声巨响，正在构筑工事的他被气浪抛起，又重重摔下，瞬间失去了知觉，弹壳土石将他掩埋。空袭结束后，战友们在弹坑里找到了他，他口鼻流血，已失去了意识。

醒过来后，他不顾伤情，擦掉鲜血，和战友们继续执行任务。这次受伤导致在很长一段时间里，他每天都会头疼。战争结束回到祖国后，他在夜里还会出现抽搐梦魇的情况。经医生鉴定，才知道是那次遭遇空袭留下的后遗症。

但他也算是幸运的，与他一同入伍的六名同乡，最终仅有两人回到祖国。

1976 年　河北唐山

大雨倾盆。

几辆军用卡车满身泥泞，摇摇晃晃驶过湍急的河流，黄色的河水翻涌，发出低沉的吼声。

过了桥，远处开来一辆吉普车，跑下一名小战士，身上已经淋得湿透。他跳下车，迎过去。

小战士递上一张折了几折的纸，只丢下几个字："首长，您的急电。"

打开便笺纸，同样短短几个字："母肺心病危，盼归。"

他愣住了，前方是灾区人民急切盼望解放军的到来，后面是家人的等待。这些年独自在外，极少与家人见面，父亲去世时就没来得及送他最后一程。但是自古忠孝难两全，他压制着悲痛的心情下达命令："加速前进。"

到达灾区以后，连续没日没夜地抢险救灾，他感到自己的身体越来越撑不住，总是觉得乏力。经诊断，竟然是一种血液病。与此同时，他收到了第二封急电——"母病危，盼速归！"

他想到病榻上的母亲，脑中挥之不去的是自己十几岁离家从军时她忧郁的眼神。他面向南方，一字一顿地小声说着："母亲，尽孝不必在身前，孩儿为国，也是为了家，请您原谅。"

一生戎马倥偬，却第一次难抵泪水夺眶而出。

2020年　沈阳

他胸前佩戴着新发的纪念章，在儿孙的陪同下，专程到烈士陵园看望过去的战友们。

黄继光、杨根思、邱少云……这些名字，永远年轻。

曾经的少年，如今已到耄耋之年。

他说这一辈子，没什么后悔的。他把军功章、奖状、照片贴满房子的墙壁，每天都要看一看。他自己说："我的屋子能治百病。"他仍然孜孜不倦地免费为部队、机关、学校讲党课，培养下一代。

天渐冷，巨大的广场上，望见成片青松掩映一排排灰白色的墓碑，不知他眼前会不会浮现十七岁那年的故园冷雨，二十几岁时的炮声轰鸣，三十几岁时北大荒建设的筚路蓝缕，四十几岁抗震救灾时内心的斗争煎熬？

夕阳无限好。

苍山如海，残阳如血。

一荤一素一把米 一带相系共征程

北京体育大学 王雯慧

亲爱的奶奶：

　　久未寄函，甚以为念。

　　今日爷爷又为我煲上了葱花肉末粥，或许，又是念起您了吧。这段时间雨总是在细细密密地下，南风天我甚至分不清厨房墙上是露珠还是锅中冒出的蒸汽。春日的黏稠又把我拉进了回忆里，您为我第一次煲葱花肉末粥也约莫是在这春初落雨时分吧。细雨落在路边卖菜小贩的绿油油的长葱上，您搭着我的肩膀把我搂在一侧，向商贩要上两毛绿葱，我便蹲下身子选上三四丛被雨淋得鲜绿的长葱递给小贩，却也总是巧，我拿的每次都是两毛绿葱，不多也不少。

　　又是葱花肉末粥，爷爷切的葱段比奶奶您的粗，肉末切的呀却是比奶奶您的细，而这味道呀，却是一样的鲜甜。隔着搅拌粥的热气，爷爷语重心长地说起了你们的故事："慧慧呀，这一荤一素一把米，在以前可不是这样的呀。"

　　奶奶，您常煲这粥，可这背后的故事，我今天才听爷爷讲哩。

　　"在我们那个年代呀，可闹过饥荒，那时能生下孩子养活孩子的人，可真是勇敢人物。我们前头可有米，但米不多呀，公社幻想着亩亩高产，便一窝蜂把所有秧苗插进了一亩田里头，可还没到我们等着这一亩粮丰收时，这秧苗呀，就全都死了。这米呀，在当时便珍贵了起来。慢慢地，便成饥荒了。"

　　奶奶，您常把粥煮得稠稠的，我不爱喝稠稠的粥，您还说："有福不知享，这可饱肚咧。"爷爷拿起年末剩下的米酒喝了几口，又继续讲起了你们的故事。

　　"饥荒时候，大家可都疯了一样找吃的，没办法，人是要生存的呀。吃啥？吃素！吃啥素呢，那可就不是葱花了呀。我们在田里、山上找野菜，挖草根，回来用石碾子碾成碎末，放点儿水就煮了吃了。你奶奶那时还怀着大伯，没办法呀，啥好吃的野菜也得让着你奶奶先吃，这孕怀的却是让你奶奶瘦得只剩一把骨头了。等到你奶奶生的时候，太太拿出了家里最后一点儿米。慧呀，那点儿米可是用笔杆管算的，一笔杆儿米和着野菜和水就弄成了稀饭。这碗稀饭，是你奶奶生大伯前的力气饭，全家谁也不能动呀！"

奶奶，您常把粥里的肉末挑给我，您总是说："我呀，爱喝葱花粥。这肉呀，可得给你好好读书长力气！"爷爷讲到这沉闷了一会儿，喝着稠稠的粥紧皱着眉头，缓缓地说出一句："你奶奶的风湿性心脏病，就是那时落下了。"

"生完孩子还没做满月子，她便自己赶着下田插秧去了，这春天，冷啊，着凉感冒了，可哪管得上病呀，还是成天往田里跑，这反复的风寒没治好，便成了风湿性心脏病了。"

奶奶，您总说："日子好着呢。"每次看您吃大把大把的药，每看您膝盖疼得起不了身，我却不明白您口中的日子好在哪里。我问爷爷："那什么时候才能吃饱饭呀？"爷爷缓了缓神，似乎将自己从冰山中抽了出来，面儿带上了些许兴奋与激动。

"那可就是八十年代初咯。我们迎来了家庭联产承包责任制。每家每户按人头分管田地，每年收的粮食一部分上交，一部分还可以拿到粮食社换钱，最后一部分呀就是家里人吃饭啦。那时候咱们可有奔头了，想着养好自个儿的田，多种点儿家里头就能吃饱点儿，孩子上学钱也能凑凑，好的时候呀咱们家花钱买点儿肉！"

讲着讲着，碗里头稠稠的粥也快见底了，爷爷却迟迟不愿继续，他沉默了好久。"你奶奶呀，当时最爱喝野菜油星稀饭啦。野菜和着一小把米，再添一点儿保存在罐里的猪油，这对她来说，就是苦日子里头最大的满足了。还是时代发展好呀，改革开放以后慢慢地家里生活变好了，你奶奶就把苦苦的野菜换成了香香的绿葱段，把零星的油沫换成了甜甜的肉丁，可这一荤一素一把米的味儿啊，在你奶奶嘴里，尝起来大概就是她的大半辈子的滋味吧。"

讲到这里，我喝下了最后一口粥，葱香和肉味儿在嘴里停留了好久好久，味觉在我脑中画出了一条长长的时间线，一时舌尖却是五味杂陈。奶奶，我还记得您在世的时候和我说："慧呀，能过上现在天天有饭吃有肉配的日子，我真的心满意足了。这一切都来之不易呀，走了这一辈子，我体会过国家的难，也享受到了国家的福，你要好好长大好好学习报效国家呀。"

许久未给天堂的您写信，只是今日的粥让我第一次体会到了您一荤一素一把米中的辛酸五味。我也好想带您逛逛今日的国家，您可以在一处便吃到世界的山珍海味，您可以在阳光明媚时在广场听听山歌跳跳舞，您可以坐着飞机高铁去看各地风景……您可以天天喝上稠稠的粥，撒上香香的葱花，放好多多多肉丁。

晚餐尾声，新闻联播里头传来"十四五"开局播报"《中共中央关于制定国民经济和社会发展第十四个五年计划和二〇三五年远景目标的建议》，明确了'十四五'时期的主要目标和2035年基本实现社会主义现代化远景目标……"从您的第一个五年跨

来，今日已是第十四个五年了。您用身心与国家共度社会主义起步的那几个五年，如今，我走在了奔向基本实现社会主义现代化的这几个五年。每个时代国家都需要人民共同的奋进，当这条奋进之路摆在我的面前时，我明白，这是和奶奶您相连的红纽带，更是我们与国家命运相系的红纽带，这条纽带是无数祖辈尝尽酸甜苦辣洒落无数汗水的道路。

奶奶，春寒初启，您在那方切要多添衣，这儿的幸福保障，有我努力着呢。

顺祝

喜乐安康！

您的孙女：慧慧

岁月不语　一世芳华

北方工业大学　罗弘瑞

汽车在高速路上飞驰，道路两旁的青山绿水如一幅长长的画卷在眼前展开又退去，展开又退去。我把脸紧紧靠在车窗上往外看去，到底是南方的景致，满目苍翠，冬日的阳光在树叶和路面上跳跃，闪着粼粼的光波，展示着生活的勃勃生机。

车上的外婆忍不住有些激动。她说，这宽阔的马路，就是对《我们走在康庄的大道上》这首歌的现实诠释：我们走在康庄的大道上，心里哟多么亮堂；我们迈步康庄的大道上，心中哟充满向往。一排排新房，通风又朝阳；一间间学堂，济济读书郎；通路通水通网络，看病医疗有保障……

我与这首歌有着深切的时空距离感。通风朝阳的新房、坐在学堂的读书郎、通水通路通网络、看病医疗有保障……对我来说都是理所当然，甚至是与生俱来的事情，共鸣属于上一代乃至更上一代。但我毕竟跟它有着一定的渊源，从外婆、从妈妈那里听闻过在新时代到来之前生活的模样，虽模糊却存在。

不知过了多少条"康庄大道"，妈妈终于在一栋老旧红砖楼前停下了车。1949年10月，新中国成立不足一个月，外婆正是在这里呱呱坠地。我不止一次听过关于这栋楼的传闻：早在解放前，上过私塾还很年轻的外太公就在这里开起了第一家药房，短短几年，开出了数家分店。然而解放前夕，国民经济崩溃，物价急剧上涨，货币贬值，外太公的药店一家家停业，家被迫一朝返贫。外婆与新中国同岁，为这个凄苦的家庭带来了新的希望。怎奈何，外太公染上肺结核，在外婆六岁那年撒手归西。受当时新中国全民扫盲运动的影响，外太公留下的最后遗言是：要让女娃娃读书啊。

彼时的乡下，新式学堂甚少，最近的学堂在外婆家十多公里开外的地方。但外太婆始终执着，每天天不亮就起床送外婆上学。然而就算是这样坚持，就算每年的学费只需要两块钱，囿于贫困与遥远的上学路途，外婆仍然只能读一年书休一年学，再读一年书再休一年学，直至17岁才初中毕业……这些生活的真实远比电视剧更为精彩，但总给我无限遥远之感，我从没有用心听家人讲这些故事。

努力从来都是留给有准备的人。20世纪70年代，为解决农村普及小学教育补充师

资不足问题，各地就地选择推荐一批有初中毕业文凭的年轻人担任民办教师。外婆有幸被遴选，后又因教学质量好被选送去进修学院学习，并最终以综合学业第二的成绩获得中师毕业证。

每每问起外婆生活是不是很苦。外婆总是笑说："幸得党的政策好，我才能成为一名光荣的人民教师。"外婆从教30年，其间，多在小乡村里一个叫包麓完全小学从事小学教育。她去过她所有学生的家中，被狗追过，在黑夜里被吓过，被学生家长骂过多管闲事，也资助过掏不起学费的孩子……被国家眷顾过的人，纵然力量弱小，也愿以身许国映亮乡村稚儿求学梦。

从外婆的老家到妈妈的老家不过20分钟车程，一栋乡下普通的小白楼。在这里，我零零星星度过一段野生放养的童年时光。妈妈是家中小女，生于1978年12月18日。彼时千里之外的首都北京，十一届三中全会正拉开帷幕。

改革开放的春风，为妈妈打开了一扇通向外界的窗。读书，出去看广阔的世界成为妈妈的小小梦想。1985年5月中共中央颁布《关于教育体制改革的决定》，提出要普及初中教育，把普及九年义务教育，作为"四化"建设的一项根本大业。新学堂建到了家门口，尽管物质生活依旧相对匮乏，但梦想的大门已经开启。

43年间，妈妈从那个山村旮旯走出，走过县城、省会、北京，再回到离家乡不远的省城，在一所大学从事党的建设事业。她的步履，应着改革开放的节拍，踏歌而行；她的青春，随着改革开放的鼓点，结伴还乡。她勤勉用功、严谨自律，纵然渺小，也愿立足岗位以身许国做新时代的一颗"螺丝钉"。

而我，自幼在大学校园长大，顺理成章地就读于它的附小、附中，享受到优质的教育资源。一切仿佛都是自然的，又仿佛是不经意间，我就成为一名大学生，站在了以身许国的前沿阵地。当然，这并不是一蹴而就，不是一天，也不突然，从以50年代的扫盲运动为开端，到70年代普及小学教育、80年代的九年义务教育，至今天，我们可以充分享有前所未有之丰富的教育资源，是我们的党在教育之路上矢志践行初心使命的伟大成果。

怀想穿越了70多年风霜的外婆，积淀了40余载时光的妈妈，她们与同时代的人民大众一起，把个人理想融入时代洪流和社会进步之中，受党和国家的庇护，又于平凡中反哺国家，爱国的感恩与震撼激荡于胸怀。

因为有志，小溪汇成了大海；因为有志，枯枝盼到春的绿叶。岳飞曾豪言"以身许国，何事不可为"，我辈青年，怀爱国热忱，秉爱国之魂，以身相许，何事不敢为？

不同的人生,不变的信仰

北京工商大学　李开

中国特色社会主义发展至今硕果累累,离不开信仰的代代传承。通过一家三代人的不同视角,我们似乎得以一窥究竟,到底是什么让共和国走向复兴,走向辉煌。

我叫倪椿永,父亲是一名大学教授。六岁起,我就跟北京的爷爷相依为命。1956年,我以平均99分的成绩考上北京四中。高二那年,老师给我推荐了马克思的《青年在选择职业时的考虑》,希望我能树立远大理想信念。我读后犹如醍醐灌顶。此后我开始看一些马克思主义著作,逐渐树立了共产主义信仰。这份信仰指引着我,那片寒冷的黑土地需要我的奉献。我多么希望那里的孩子,也能享受和首都孩子同等的教育。

1961年大学毕业,我如愿被分配到东北,在南岔带帽中学做数学老师。当地有顺口溜说道:"南岔南岔,又难又差。头顶是天,周围是山,急得我两眼发蓝。""南岔三件宝,苍蝇蚊子和小咬。"南岔不仅环境差,还经常下雨,有言道"十天九下,一天不下还喇落",说的就是当地的自然条件恶劣。加之1959年洪灾侵袭,我经常饿肚子,每天只能吃外省支援的冻白菜。大伙都开玩笑说:"一进食堂泪汪汪,白菜帮子一尺长。"1967年经朋友介绍,我跟老伴儿喜结连理。婚后生活没有改善,每月挣的钱要拿一大部分支援亲戚,平常一分一厘都要算计着过。生活非常艰苦,但好在我很享受工作。白天上完课,晚上就给院里孩子们免费补习数学。除了日常教学任务,我还组织没有文凭的老师进修,帮他们取得高师函授文凭。1998年,我退休后回到了原籍北京。

过去我日子虽然过得苦,可过得充实,因为我为心中的信仰而活。我的四个儿女都考上了大学,这也让我很欣慰。有一年,我在电视上看到曾经的学生,当时我泪流满面。我常跟老伴儿说,我这辈子没白活,所有苦也没白吃。追求信仰的道路充满艰辛,但回头再看来时的路,却是鲜花灿烂。

我叫倪嘉慧,父亲是一名普通的中学数学老师。因为家里条件不好,生活非常节俭,像椅子柜子这类家具,都是父亲自己做的。他对我们几个姐弟的教育非常严格,

除了大年初一能看电视,其他的时候都只能看书学习。我小时候贪玩,晚上趁父亲不在家,跟我姐偷偷看小说、聊明星,有一回被父亲抓个正着,被狠狠地训斥了一顿。后来才知道,父亲每天晚上出去是给院子里的哥哥姐姐补习数学,再后来我听说,他们绝大多数都考上了大学,去了大城市念书。我也想去大城市,我不想在这天寒地冻的穷地方过一辈子。随着年龄的增大,我逐渐懂事。

母亲说,当年为了储藏蔬菜,需要自己动手挖菜窖,父亲下去挖,她负责把土运上去,最后再用平常捡回家的碎砖头加固。东北的冬天天寒地冻,为了取暖,父亲跟学校瓦匠学搭火墙,从刚开始的一知半解,到后来各种走向的火墙手到擒来。他们还要买煤面掺土做成煤球。当时弄不到好木头,就用桦子票买木头渣来劈柴,平常走在路上看到树枝也习惯性捡起来拿回家当火引子,或者买点松树明子,里面有松油,一点就着。还有一次,父亲用好几年攒下的140块买了一辆孔雀牌自行车,提车那天给父亲高兴坏了,激动得他都没注意到轮胎没气,最后只得推着自行车回家。

我慢慢知晓了我爸的过去,明白了我爸从北京到东北的原因。他也跟我说,希望我们姐弟们都能考出去,去追求自己的人生信仰。我想成为像我爸一样的人,能够去最需要我的地方发光发热,为共产主义事业奋斗终生。

大学毕业后,我放弃了分配到北京的机会,而是到湘西南的一个小城市当老师。记得母亲得知这个决定后气得直跺脚,可是父亲却只对我说了一句话:"永远不要忘记自己的信念,记得常来信。"刚来湖南的时候,这里路上甚至没有一辆公交车,也没有路灯。这一待,就是三十年。后来我离开了三尺讲台,转入民政系统工作,负责本地的慈善事业发展。在这个过程中,我接触了也帮助了更多的贫困家庭,帮助他们的孩子走出农村。再过几年我就要退休了,老骥伏枥,志在千里,我希望退休以后还能继续以其他形式发光发热,还能帮助更多的孩子,改变他们的命运。

我叫李开,母亲是一名普通的大专老师。小时候常跟母亲去姥爷家过年,可我并不喜欢姥爷家。浴室堆满攒水的盆盆桶桶,落脚都费劲;他们穿的衣服都缝缝补补松松垮垮,看起来很穷酸;家里的椅子看起来像是各边角废料拼接而成,坐着都不舒服;唯有书房很利落,整整两墙面的书,每一本都用旧报纸包了书皮,书脊上写着书名。

母亲跟我说,姥爷当年本可以留在北京四中当老师,可他坚决不去,而是读了个普通师范学校,最后分去了东北。我不理解姥爷为什么放弃北京的工作。

上高中的时候,母亲调去民政局慈善办,她总是有做不完的工作,经常我十点半下晚自习回家,母亲还没回。周末她还要去各个县区走访,极少有时间休息。我不理解母亲为什么要如此辛苦工作。后来母亲也开始带着我参加志愿活动,走访贫困家庭。

从那之后,我逐渐树立了共产主义信仰,我相信这份信仰能够引领我寻找到让所有人都幸福快乐的答案。如今我已成为马克思主义理论专业的研究生。

姥爷放弃留在北京的机会而一路向北,母亲放弃留在北京的机会而一路向南,而我又会去向何方,又能为祖国、为人民作出怎样的贡献,我不知道。但我相信只要信仰还在,我就不会走错人生路。

时代的潮流滚滚向前,社会发展的脚步从未停歇。从1949年到今天,中国经历了翻天覆地的变化,而在这风起云涌的时代巨变中,不变的是每一代人对理想的追求,对信念的坚守,对信仰的执着。这份追求,让我们不断超越完善自己;这份坚守,筑牢了社会发展之基;这份执着,是我们迈向未来的不竭动力。

对对联

北京第二外国语学院 李思铭

"万物迎春送残腊,一年结局在今宵。"说起过年,每一个家庭都会有特殊的回忆。每逢春节,我最期待的就是全家人一起对对联,这是我姥爷开创的传统。姥爷给我讲,我们门上的对联大部分都是根据国家的形势和家庭情况自编自写,你一言我一语共同编,选出更好的对联,由擅长书法的妈妈写在叠着格的大红纸上,之后在黑字外围勾勒一层金边,红纸头尾贴一些金色的纹饰,一副精装版对联就完成了。

说到对联,大家都有印象最深刻的一副。

姥爷阅历最丰富,底蕴深厚,他从20世纪70年代就开始自编自写对联,至今已有50多副了。他说起曾在改革开放初期写下的一副:"自主权铺就富裕路,责任制架通幸福桥。"改革开放之前,虽然人们天天下地务农,但是每年分的粮食都不够吃。改革开放实施家庭联产承包责任制后,包产到户,家家户户终于能吃上饱饭,而且还有余粮。于是,在这样值得纪念的一年里,他编了这副对联。接下来的几年,他们又写了"粮丰人喜逢盛世,国安民富庆吉祥"等庆祝丰收的对联。

妈妈印象最深刻的是"和风正爽运筹高,激荡砚池醉月,心窝醉酒;富路渐宽规划远,欢呼村野飞花,市井飞歌",这是他们借鉴的一副获奖对联。"醉"与"飞"两个重字,满怀欣喜、希望,对未来充满了期待,歌颂了社会发展进步的主旋律。我们家住在路边,原先的土路勉强可称得上是一条街,又窄又小,路面凹凸不平。路边立着一根电线杆,杆顶挂着一个大灯泡,上面罩着一个草帽一样的罩子。"富路渐宽",不仅指街道日渐平整、宽敞,由土路变为了水泥路;更指的是改革开放的道路,人们赚钱的门路越来越多,逐渐摆脱贫困的景象。现在又出现了很大的变化,川流不息的街道旁是高耸入云的摩天大楼,路灯也升级换代为太阳能光控灯,节能省电无污染。

舅舅选择的是他最出色的一副,上联是"春夏秋冬四时开泰青山溢彩还依默默耕耘勤勤恳恳",下联是"乾坤坎震八卦融和紫墨飘香仍赖孜孜奋斗兢兢业业",全联44字,为我家联史之最。这副对联,还在中国当代作家代表作陈列馆举办的九五新作大

展赛中获了奖。凡心所向，素履以往。这副对联放在现在也不过时，仍能带给我们激励与动力。

小姨最青睐的是我们家的里程碑式对联。这一副对联的编成还有一段有趣的故事：那年腊月二十八晚上，姥爷、姥姥将三个子女招呼到客厅说："今年门上的对联由我出上联，你们对下联，一人对一句，如果都对得好，就抽签决定。"接着，姥爷就公布了已考虑好的上联——"新年新家新景象"。

他作了一番解释，"新年"指新的一年就要到来。"新家"是指刚搬的新家。我们搬了三次家，第一次是从农村到城市，第二次是从小屋到大房，生活不断改善。在小房子中，我妈妈、舅舅、小姨、外曾祖母挤在一个八平方米的小卧室。听到这，我非常震惊，甚至无法想象那样的景象，尤其现在我们一家三口住的是一个一百多平方米的家，家里有宽敞的客厅和卧室、书房，居住条件可以说天壤之别。"新景象"指过去的一年，全家变化很大，景象一新。除全家的乔迁之喜外，一家人每人都有喜。"新年新家"喜事盈门，景象一新，所以叫"新年新家新景象"。

姥爷的话刚讲完，舅舅就对出了下联"伟志伟业伟文章"，好一个"伟志伟业"！姥爷说，那个年代，记者是一份很受人尊敬的工作，他以记者一职为荣，工作十分出色。妈妈三人也立下志气，要继承姥爷的事业，写出令人赞叹的文章。对于舅舅的下联，大家公认对得好。舅舅对罢，妈妈的下联也酝酿成熟，脱口道"多喜多福多栋梁"。妈妈主要阐述了"多栋梁"：家里条件越来越好，就更注重精神上的成长，希望家里能多出栋梁之材。姥姥接口道，那年家里喜事多，姥爷的名字叫常乐；姥爷是做新闻工作的，又出了两个大学生，都说我们家是书香门第，她就对个"常喜常乐常书香"。好雅致！意义深远含义广，确实对得好！最后无法抉择，姥爷将四条下联用四块同样大小的纸写出，一纸一联，揉成纸抓，抓住了舅舅的，这才有了这副"新年新家新景象，伟志伟业伟文章"。

一副副对联，是改革开放亿万家庭翻天覆地变化的缩影。妈妈那一代人是幸运的，因为他们长在新中国，是改革开放的见证者、经历者；我们这一代人是幸运的，因为我们长在新时代，是改革开放的受益者、传承者。

今年是"十四五"的开局之年，也是我国开启全面建设社会主义现代化国家新征程的伟大历史时刻。今年的对联是我写的，上联是"绿水欢歌景如画福喜永驻"，指的是我们新时代的生态文明建设取得的成果，绿树成荫，风景如画；下联是"青山叠翠梦成真辉煌常在"，前四字与上联对应，"梦成真"既指实现全面小康，又表达了我们新时代年轻人愿积极投身现代化建设，实现中国梦，让我们的祖国"辉煌常在"！

"心有明珠，山河明媚！"我们的祖国，在历经众多坎坷与磨砺之后，借着改革开放的东风，又以强者的姿态屹立在世界的东方，她将会面临更多挑战。我们年轻一代，更应有责任有担当，为实现中华民族伟大复兴的中国梦而不懈奋斗！

爷爷平凡又不平凡的一生

首都经济贸易大学 段文砾

爷爷是1929年农历二月初四生人，如今已经九十二岁高寿了。他出生在北京通州区潞城镇肖庄村，村子东临潮白河，西邻大运河，人杰地灵。他平凡又不平凡的一生见证了新中国的种种，"四史"对于外人也许只是历史，但是对他来说，却是实实在在的经历。

在旧社会，爷爷是一个地地道道种田为生的农民后代，那时候老百姓的生活极为贫困，饥寒交迫，不仅面临天灾，还要面临人祸，比如地主的欺压。当他八岁的时候，发生了卢沟桥"七七事变"，日本侵略者的到来，给当地的老百姓带来更大的苦难。日本人实行羁縻政策，强迫他们学习日语，接受大东亚共荣圈的思想。不过，当时中国人都不愿低头，因而爷爷就上午上日语课，下午上私塾学"四书五经"。因为生活所迫，他只学了四年就被迫辍学被家人送到北平花市当学徒，专门修理钟表。

在当学徒的过程中，有一次老板让他去大栅栏买零件还半道上碰到日本人，鬼子让他鞠躬，他不鞠，说我是中国人，不低头，结果被日本人狠狠地打了几个大嘴巴，但是被打后也只能灰溜溜地逃走别无他选。爷爷说：当时旧社会下中国人的脊梁近乎被打断，既无尊严也无温饱，能活下来就已经是万幸，哪还有什么其他追求。就这样又艰苦地生活了四年，好不容易熬到日本投降，爷爷出了师，每年挣两块银圆，日子刚要好转，更大的灾难来了。国家又发生内战，国民党在村里抓壮丁，先把他爸爸扣住，逼他去当兵，家里人给爷爷送信让他赶紧回家。他火急火燎往家里跑，结果命运仿佛和他开了个玩笑，在走到梁各庄的时候，哪料到碰到国民党抓壮丁的卡车，直接就被抓走，送去东北的前线，在侯镜如的92军21师63团特务排当兵。这时我爷爷不到十六周岁，都没到征兵年龄。不过万幸的是，恰好因为爷爷写得一手好字，岁数又小，就当了文书，没被送去战场前线，捡回来一条命。爷爷甚至还借自己的职权（开路条）又救了五个人，还有一个妇联主任是共产党员。后来爷爷自己又借机逃离军队回到北平避难。又过了两年，北平和平解放。

正所谓否极泰来，新中国建立了，好日子来临了。爷爷再也不用提心吊胆地活着，

生活好像有了盼头。那时国家安排他到动物园照相部工作。爷爷不仅学到了技术，还由于工作稳定，生活也开始变好。爷爷甚至还遇到著名相声大师侯宝林拍《游园惊梦》，和侯宝林成为好朋友。由于社会主义的教育，爷爷坚信劳动是人价值的体现，要为国家做贡献。所以在社会主义运动进行得如火如荼时，自发地要求去最艰苦的地方进行劳动，建设国家。他是去修十三陵水库，因为旧时候北京不是旱就是涝。为了保证北京的用水以及安全，一定要修建这一水库。在这过程中，他努力劳动，获得"劳模"的称号。爷爷说：那个时候，每个人都热情高涨，不怕苦不怕累，就想为建设国家出一份自己的力气，和旧社会的样子完全不一样。修完十三陵水库后，爷爷又被调往香山照相部同时兼任香山保卫工作。因爷爷工作出色，他又受到了朱德总司令的接见，朱总司令还问爷爷家里有没有苦难，需不需要帮助。爷爷说没困难，不给国家添麻烦。爷爷就这样保持着干劲，在香山一干就是几十年，直到1979年退休。

　　改革开放后又有了新气象。爷爷由于高血压回到了农村。这个时候正好赶上了国家的好政策，分田分地，自己凭着劳动所得，生活水平显著提高，粮食产量也提高了很多。同时还因多种经营的推行，进一步改善了农村的面貌。爷爷说农村的面貌天翻地覆，越来越好了。不过爷爷说虽然生活提高了，但是文化素质还有所欠缺，因而这个时候党又呼吁提高人民的思想素质、文化素质。爷爷和奶奶这个时候虽然老了，干不动体力活了，但是又响应号召，创办文艺宣传队去宣传党的政策，提高人们的精神文明。爷爷用自己的一部分收入为村民办实事，还受到了区政府的嘉奖——被授予"公德之星"称号。不仅如此，爷爷和奶奶还利用他俩的特长，一个擅长拉胡琴一个擅长唱京剧，为弘扬国粹，到处演出。特别是奥运会期间，成立通州区京剧协会，自编自演，为迎奥运做出自己的一份贡献。

　　如今爷爷已经九十多岁了，身体依旧健朗，生活过得有滋有味，国家完善的医保和退休保障机制，也让爷爷没有后顾之忧，现在还天天想怎么做胡琴儿。爷爷说他每天活得很充实，有意义。

　　采访完爷爷，我对于"四史"有了更深刻的认识。新中国史不再只是一个脑海中的概念，而是切切实实地感受到旧社会与新中国的巨大差别，感受到爷爷过去经历的种种。另外，爷爷的一生不仅是他的一生，也是中国特色社会主义发展历程中的一个缩影。成为一个对社会对国家有用的人，爷爷通过实例向我证明了社会主义制度的优越性，社会主义激发每个人的积极性，让人活得有价值有尊严。改革开放实实在在改善了百姓的生活，修通了农村的路，让老百姓生活得幸福，再次印证国家现在的制度与文化都是先进的，值得人民信赖。

历尽坎坷逢盛世

北京电子科技职业学院 冯天阳

在寒假中,我听太姥姥讲了太姥爷曲折离奇的一生。我的太姥爷叫钱椿涛。太姥爷在旧社会历尽了无数坎坷,新中国成立后,特别是党的十一届三中全会以后获得新生。他先担任了北京第二制药厂技术副厂长、副总工程师,后来又连续担任了三届全国政协委员,北京市政协常委、民主建国会中央常委、北京市委副主任委员。无论在顺途,还是在逆境,无论在哪一个工作岗位上,他都认真工作,一丝不苟,以出色的成绩向人民交出了满意的答卷。

1923年,我的太姥爷钱椿涛出生于江苏常州。当时正值军阀混战,战火连年不断。在他刚满五岁时,父亲便英年早逝,留下他们兄弟三人。他的母亲只好带他们兄弟三人寄居于外祖母家中,依靠外祖父的接济为生。1937年,在我太姥爷十四岁的时候,爆发了"八一三事变",日寇沿沪宁线长驱直入进犯常州。他的母亲带着他们兄弟三人逃离了家园。一路上敌机尾随轰炸,到处尸横遍野、火光冲天;到处是妻离子散,家毁人亡。为了逃命,难民们冒着敌机的追袭,争相挤上轮船,不少人落入江中,被无情的江水吞没。少年的太姥爷目睹了这一幕幕残酷的情景,他开始懂得:国家穷就要挨打,就要受帝国主义的欺侮。为了祖国的富强,他下决心读好书,走实业救国的道路。

后来太姥爷的母亲带着他们兄弟三人辗转到了上海,在他舅父的资助下继续读书。高中快毕业时,太姥爷提前考入一所专科学校,攻读制药专业。毕业之后,他选择了到制药厂工作,希望有朝一日能自己开办药厂,以圆实业救国之梦。但这时常州老家的祖业已被日本人烧光抢光,太姥爷空有实业救国之志,却无创业之本,只好在他舅父办的新亚制药厂当一名技术员。直到1947年,太姥爷三兄弟共同投资,创立了北平钱氏药厂。他的哥哥担任厂长,他的弟弟任会计,他担任经理。北平的解放使钱氏药厂得到较大的发展,由开办时的五六人,发展到六七十人,年营业额达到几十万元,成为一家初具规模的制药厂。

我的太姥爷在上海读书的时候,对共产党的认识还是陌生和模糊的。在北平工作期间,通过耳闻目睹,他对共产党的信念和主张有了一些认识,并逐步对共产党产生

了期望。北平解放前夕，一发炮弹落到他舅父家，引起了亲友和家族的畏惧和恐慌，有人建议弃厂南逃。他却坚定地说，共产党从关外打到关内，一个重要的原因就是共产党得人心，绝不像国民党宣传的那样。得人心者，得天下。中国的命运和前途，只能寄希望于中国共产党。因此，不但不能弃厂，还要把工厂继续扩大。他是这样说的，也是这样做的。1955年，太姥爷积极申请公私合营，并将自己全部积存红利捐赠给合营企业。

公私合营后，成立了公私合营国光制药厂（北京第二制药厂的前身）。太姥爷被任命为副厂长兼质检科科长。久蓄凌云志，终于得纵横。年轻的太姥爷从此有了报效祖国施展才华的广阔天地。他白天工作，晚上进夜大学习，孜孜不倦地攻读化工专业。太姥爷那时候总是说："我是市青联委员，是出席全国工商界青年积极分子代表大会的代表，我从内心拥护公私合营，只有合营，企业才能得到改造，才能得以发展，才有可能对国家有较大的贡献……"

顺利与坎坷交织在太姥爷的人生道路上。1957年的"反右"和之后的"文化大革命"相继给国家的发展造成了严重的后果，太姥爷也未能幸免。面对突如其来的逆境，他没有悲观失望，也没有唉声叹气。因为他心中始终燃着一盏灯，那就是相信党，相信人民。所以，无论是去密云开矿，还是到副业队种菜养猪，他都面对现实，泰然处之，样样干得很出色。

党的十一届三中全会后，太姥爷得到了平反，担任了北京第二制药厂副厂长等职务。在连续担任三届全国政协委员期间，他积极参政议政，走遍了全国各地，每到一处他都不失时机地抓住社会热点和一些敏感问题，深入基层调查研究，广泛吸收和听取基层好的建议和措施，写出了许多很有见地的提案，特别是对国有大中型企业体制改革等方面的建议，受到党政部门的高度重视，因而也多次获奖。特别是当他看到国内不少药品市场被进口药品占领而使国内制药厂受到严重冲击，有的药厂甚至开始拆掉设备准备转产时，他心急如焚，预感到一旦国内药品停产，市场对进口药形成依赖时，外国就要垄断中国的药品市场，就会以涨价来卡我们，使我们没有退路。政协委员的责任感使他积极进言献策，并在全国政协会上提交提案，主张"中国药品市场不能完全依赖进口，要依靠自力更生。国家要积极支持和恢复国内制药厂的药品开发生产"。他的提案，受到中央的高度重视，并以中央红头文件形式下发到各级主管部门和全国各制药厂，使我国制药行业避免了重大经济损失。

从太姥爷历尽坎坷逢盛世的一生中，我看到了在中国共产党的领导下，积贫积弱的旧中国变成了富强的新中国。我要更加努力地学习，为把我国建设成为富强民主文明和谐美丽的社会主义现代化强国而奋斗。

不惮关山远　同袍万里情

清华大学　吴清扬

开学前的暑假,我和父亲凑了个假期,一起去拉萨转了转。出行这天,艳阳高照,碧空如洗。客机从新郑腾空而起,经四个多小时的飞行,平稳降落在拉萨贡嘎机场。巍峨的群山、洁白的云朵、清新的空气,飞舞的吉祥哈达、黝黑淳朴的笑脸……一路上,父亲被一种莫名的激动牵引着。为何一提西藏,父亲总饱含一种难以割舍的情怀?

原来上世纪末,有些干部群体被派去西藏,带去先进技术和管理经验,以推动当地人才队伍建设和经济发展,父亲便是其中的一位。

据父亲说,在我一岁大时,他积极响应国家号召,瞒着母亲报名援藏。经过组织层层选拔,于1999年6月成为原邮电部第八批援藏干部。

当时家里人觉得去西藏又偏又远又危险,可他一再坚持。父亲是个老党员,上大学时就入了党。在父亲看来,援藏不是愿意不愿意的问题,是必须去;作为一名共产党员,为社会主义发展做出贡献,是自己义不容辞的责任。

父亲说,他于1999年8月下旬在成都参加了邮电部组织的集训。在完成西藏民族政策、组织纪律、援藏制度的学习以及各项准备工作后,于9月1日进藏。

拉萨平均海拔近3650米。由于高原反应加水土不服,刚去的头半个月,父亲就出现了严重的头痛胸闷以致彻夜难眠。直到进藏20天后,他才渐渐适应。之后,父亲的办公桌抽屉里必备高原安和复方丹参滴丸,在一些场合还会戴上呼吸机。他常开玩笑说,援藏三年,少吸氧气若干,灵魂荡涤无限。

拉萨的冬天异常难熬,父亲常半夜胸闷憋醒,心跳得特别厉害,早上起来还常伴鼻腔充血、呼吸困难。那段时间,父亲的身体变得很差,年纪轻轻,掉发严重,白头发也多起来了。

熟悉工作不到一个月,父亲带队到阿里第一次实地踏勘。阿里位于藏西,距离拉萨市1752公里,与印度和尼泊尔接壤,素有"世界屋脊之屋脊"的美誉。同时,这里也是全国最后一个未通光缆的地区。由于车辆无法驶上碎石山路,一行人走路抵达现

场。这天骄阳似火,闷热难当,又逢风尘扑鼻,弄得灰头土脸。每日徒步 20 多公里往返阿里。作为项目的负责人,父亲历时 30 天,率领全队勘察了昂仁—阿里地区 1300 公里的光缆线路,全线敷设 12 芯光缆,新增长途电路 2010 条,极大地改善阿里地区及沿途六个县的通信条件。令父亲难以忘怀的是,阿里地区泥石流频发,去时一条路,回时一条河,穿着短裤在冰冷的雪水中推车,已是见怪不怪。不过一想到能够发挥专业技术优势,为社会主义援藏建设事业贡献青春汗水,他便咬牙坚持。

父亲说,为了保质保量完成工作,他做了不少现在看来非常"可笑"的举动。作为西藏农村"村村通"电话工程的负责人,他与设计单位一道,历经 45 天,跑遍了全区乡镇,既有普兰、亚东、樟木、聂拉木口岸等地,也有无人区那曲双湖县。记得夜里车辆多次故障抛锚,父亲冒着零下 30 摄氏度的严寒等待救援,还不得不把矿泉水瓶靠近汽车引擎盖接雪水饮用。

父亲不轻言放弃,为了熟悉西藏电信的实际情况和发展状况,援藏三年他特别注重搞好民族团结,和各族干部职工友好相处并结下了深厚的友谊,发扬了"特别能吃苦、特别能团结、特别能忍耐、特别能战斗、特别能奉献"的老西藏精神。凭着在西藏电信广大干部职工中的良好群众基础,父亲带着团队熬夜攻关完成了《西藏农村电话卫星通信系统可行性研究报告》,提出优化网络配置、设计数据结构、整合多方资源等建议,亲自参与了通信设备招投标、技术商务谈判,组织全区 61 个县局 JSSA 交换机改型和扩容工作,与上海贝尔公司签订了长期的合作框架协议,保证了"十五"期间首批项目顺利开通。该项目不仅保证了农村通话数量和质量,也有力地反哺了西藏农牧经济发展,对维护社会稳定和巩固边防发挥了重要作用,因此父亲受到国家、自治区的多次表彰。

父亲说,环境的恶劣可以克服,但对家人的亏欠是道难以逾越的坎。兰西拉出藏(拉萨—当雄段)光缆干线影响到西藏唯一出藏光缆传输系统的正常通信。改迁项目是他负责的另一重大项目,公司指派他亲临施工现场,督促施工进度。一次,妈妈重病紧急住院,正在开会的父亲,因会场信号屏蔽,没有接到家人的电话。会后,父亲火速赶回老家,但仅陪护了两天,妈妈还未全面康复,他就立即赶回拉萨。最后,父亲不仅如期交付了项目,还缩短了施工工期,带领同事们历时两个多月完成了全线 44 公里直埋和 1.8 公里的架空光缆线路改造任务,获评"优秀援藏干部"荣誉称号。

听完父亲的故事,我终于明白,为何谈起西藏,他眼里常含泪水,这是因为父亲对这片土地、对祖国事业爱得深沉。

汽车行驶在拉贡高速上,车窗外的流云飞掠而过,壮丽的雅鲁藏布江奔腾南去,车右侧群山连绵。我突然发现,这些不知名的山头看起来那么相似。父亲就像这一座座高山，自不会言说，但无碍其伟岸。

　　父亲的援藏事迹折射出新中国的筚路蓝缕。长辈们已经跑出了一个好的成绩，作为年轻一代的我们，要跑出一个更好的成绩，接过"爱国奉献，无悔担当"的接力棒。我们要更加深入地学习"四史"，在学懂弄通做实上下苦功夫，从历史中找到信念坚定的源泉，通过知史爱党、知史爱国、知史担责，站稳人民立场，投身强国伟业，去书写无愧于时代、无愧于历史的华彩篇章！

梦回吹角连营

中国人民大学　王一名

暗淡了刀光剑影,远去了鼓角铮鸣,眼前飞扬着一个个鲜活的面容。湮没了黄尘古道,荒芜了烽火边城,岁月啊你带不走那一串串熟悉的姓名。

——《历史的天空》(电视剧《三国演义》片尾曲)

时光如水,岁月如歌,历史的长河淘尽了昔日的千古英雄,历史的烟尘湮没了曾经的黄沙古道,遗留下的,却是一部壮美的英雄史诗,永远为后人所铭记在心。

猛攻东山,好男儿初显勇

南厄羊肠险,北走雁门寒。始于一戎定,垂此亿世安。

——李益《北至太原》

1948年10月,我军十万大军陆续集结太原,10月5日,太原战役正式打响。经过11个昼夜的连续作战,到10月16日,我军突破了阎军南线第一防御阵地,占领城南武宿机场。炮火控制了北机场,断绝了阎锡山获取外援的空中通道。而此时,位于太行山中段的东山,成为我军的下一个目标。

爷爷王振元当时仅有20岁,原隶属于平遥大队,属地方军,不久前的晋中战役之后,被编入中国人民解放军184师52团6连。东山一战,52团负责进攻13号碉堡。但这支部队此前只有游击战的经验,从未打过攻坚战,而阎锡山所构筑的水泥碉堡,内有猛烈的机枪火力,外有数不清的铁丝网、电网、壕沟与密集的雷区,任务也就因此变得尤为艰巨。

26日夜晚,爷爷带领突击队员乘着夜色,来到一处铁丝网前,将炸药安放好后引爆。随着一声巨响,铁丝网被炸开一道豁口。碉堡内的敌军猛然反应过来,试图用密集的火力,阻止我军前进。迎着枪林弹雨,爷爷和突击队员们一次次将铁丝网炸开,将壕沟炸平，用刺刀排去了敌军的地雷。当他们即将为部队开辟出一条进攻路线时，一颗子弹击中爷爷的右肩并穿过爷爷的身体，爷爷随即昏迷，被战友送回后方治疗。

考虑到水泥碉堡过于坚固，上级派发下 200 斤的炸药，部队也早已挖通了直通碉堡的地道。在解放军发动总攻的夜晚，早已在地道中埋伏好的突击队员接到命令后，立即携带炸药冲进碉堡。令他们大喜的是，碉堡中的敌军早已落荒而逃，部队不费一斤炸药便攻下了 13 号碉堡。鉴于这支部队在战斗中的英勇表现，上级为之颁发了一面锦旗，其上绣"攻坚第一炮"。

缓攻太原，渐成合围之势

11 月上旬辽沈战役结束后，国民党军华北"剿匪"总司令傅作义集团已成惊弓之鸟。中央军委考虑到太原攻克过早，有可能使傅作义集团感到孤立而由平津地区南逃或西撤。于是，1948 年 11 月 16 日，中央军委向徐向前部发出缓攻太原的电令。根据中央的统一部署，从 12 月 1 日起，解放军陆续攻克了阎锡山设在太原城外的各个据点，并对太原城形成了合围之势。十几万的阎锡山部队龟缩在太原城内，做着困兽之斗。

爷爷回忆，围城期间，太原城内物资稀缺，国民党只能通过飞机向城内运送少量大米，城内敌军长时间缺少蔬菜供应，很多都因为营养不良患上了夜盲症，战斗力大大削弱，还有不少人前来投诚。

合围期间，城内守军总指挥、山西军阀阎锡山以"到南京开会"的名义，乘飞机仓皇出逃，之后却再也没有回来，留下亲信孙楚与王靖国继续在城内坚守。

势如破竹，激战太原城中

1949 年 4 月 20 日，南京国民政府拒绝在和平协定上签字，中央军委主席毛泽东、中国人民解放军总司令朱德在次日发布《向全国进军的命令》。而太原前线在这个命令发布前一天就已经提前行动了。解放军势如破竹，一举突破了国民党军队的城外防线。4 月 24 日清晨 6 点，解放军万炮齐鸣，打响了解放太原城的最后一战。国民党守军士气低下，解放军一鼓作气，攻进了太原城垣。原计划持续两天一夜的攻城战役，竟然只耗费了一个清晨，不到三个小时便胜利完成。

进城后，爷爷作为突击班班长，率领突击队员抢先攻入了阎锡山的督军府。据爷爷回忆，每个突击队员都头戴沉重的钢盔，肩扛一挺步枪，带 50 发子弹，穿着专用的投弹背心，拎 32 颗手榴弹，背着一公斤炸药，还带着两天的干粮，以及铁锹、十字镐

等用来修筑工事的工具，全身上下的装备不下50斤。由于爷爷右肩负伤，特批允许不带工具。在督军府内，突击队员们受到了总攻以来最激烈的抵抗。督军府内的敌军试图凭借地势与装备优势，阻挡突击队员继续前进。敌人使用的燃烧弹炸伤了多名突击队员，考虑到局势对我军不利，爷爷被迫带领突击队员暂时撤出督军府，等待大部队的增援。经过几番猛攻，督军府终被我军攻克。

当日，爷爷所在的6连到达目的地天津航空公司，正准备暂作休整时，后方的战士激动地向前传递着一个振奋人心的消息——"南京解放了，蒋介石倒台了！"至4月24日上午10时左右，太原城完全解放，太原战役宣告胜利。

"长江有意化作泪，长江有情起歌声，历史的天空闪烁几颗星，人间一股英雄气在驰骋纵横。"新中国的成立，是无数像爷爷那样的革命先辈抛头颅、洒热血换来的。我们今天生活在一个幸福和平的时代，并未亲身经历那段峥嵘岁月。家国往事虽已过去，但老一辈人的艰苦奋斗与无私奉献精神，值得我们代代继承并发扬与传承下去。

用生命守护着运输线

北京师范大学　朱文博

"谁是我们最可爱的人呢？我们的部队、我们的战士，我感到他们是最可爱的人。"1951年，从朝鲜战场上归来的魏巍讲述了"最可爱的人"的故事；70年后，我沿着他的足迹，去寻访我们身边"最可爱的人"。

张廞爷爷是一名志愿军退伍老兵，1951年奔赴朝鲜，踏上了保家卫国的征程。作为一名汽车运输兵，他一直坚持到战争胜利。在战争中，后勤亦是战场，张廞用生命守护着运输线，将自己的涓涓细流汇入保家卫国的磅礴伟力中，保障着前线军需物资供应。

咱们也去当兵，一起保家卫国

1951年，甘肃省崇信县掀起了规模浩大的抗美援朝运动，各级抗美援朝运动分会敲锣打鼓动员青年参军，支援前线战斗。年仅19岁的张廞目睹这一盛况后深受触动，萌生了保家卫国的念想。几天后，和朋友出门又看到了抗美援朝的宣传，他终于做了一个决定："咱们也去当兵，一起保家卫国。"

回家后，他跟家人说了自己参军入伍的想法，但打仗是要死人的，祖母很担心孙儿的安全，怎么能同意让自己疼爱的孙儿去冒险呢？可是，保家卫国的火花在这位热血青年心中点燃后又怎会熄灭呢？张廞最终说服了祖母，在全家人的支持下参军入伍。

他随应征部队从平凉乘闷罐车到鸭绿江边的安东市（现在的丹东市），被分派到76团46营，成为一名汽车运输兵。这位从西北农村来的年轻人对汽车充满着好奇，从他握紧方向盘的那一刻开始，就决定一定要努力掌握驾驶技术。

他们在鸭绿江边训练了一个多月。教员根据战场上可能面临的情况，设计了模拟训练。因为地形特殊，运输兵最先练习开车过深沟。据他回忆，训练时要把车轮一样宽的松树干削平后架在半米深的沟上，经过反复练习，确保开车从树干上顺利通过。当时正值"联合国军"对中朝军队进行空中"绞杀战"时期，美军派出大量飞机频繁

轰炸中朝边境，企图切断志愿军的运输补给线。在这样的情况下，运输兵在夜间作业成为一种常态。为了练习他们在夜里关灯驾驶的能力，教员用黑布把他们的眼睛蒙起来训练，好让他们找到夜间驾驶的感觉。

赶紧停车、快跳快跳

一个多月的严格训练锻造出了掌握高超车技的汽车运输兵。当听到教员说："你可以了"的时候，他们很高兴，因为终于可以投入战斗了！

运输兵的战场就是后方的运输线，他们必须用生命去守护。面对敌机的狂轰滥炸，没有一个人退缩。张廞在出车过程中，每天都面临着危险，两次和死亡擦肩而过的经历给他留下了深刻的印象。在采访时，当他说"赶紧停车""快跳、快跳"的时候，依旧那样激动人心，给人一种跨越时空的代入感。

一次，张廞和一位郑姓师傅在执行运输任务时，遭到了美军飞机的袭击。坐在副驾驶座上的张廞看到一枚炸弹正在前方上空落下，他立刻大喊："赶紧停车！"郑师傅猛踩一脚刹车，车立刻停了一下，两人只受到轻微撞击，迅速卧倒在驾驶室里。炸弹在前方十几米远的地方爆炸了，蹦出来的一个弹片击碎了车前的挡风玻璃，他们顾不得检修，趁着炸弹爆炸后形成的烟雾赶紧离开了。

面对紧急情况，坐在副驾上的人要随时准备着跳出车去躲炸弹。有一次，张廞正坐在副驾驶座上，敌机扔了一颗炸弹，驾驶员预感到可能躲不过去了。一手握紧方向盘，一手推了一下张廞，说："你快跳、快跳！"张廞猛一跳，跳到了车前方的空地上，司机把车速加快，成功地将这枚炸弹甩在了车后，两人躲过了这一劫。之后师傅把车速稍微一减，张廞飞快地爬上车，继续执行任务。

中国人的意志很坚强

当问起中国为什么能打败美国时，张廞说："我觉得中国人的意志很坚强，不是说咱们害怕就不打了，在战场上大家都在往前冲。"从他亲历的故事中，我也能深切体会到了志愿军的坚强意志。

在丹东训练时，他们早就听说了美国大兵的残暴与凶狠，但从不畏惧。保家卫国的初衷，坚定了他们决胜的信心。"美国很强大，但是我们不害怕。"张廞回忆道，"我们知道，朝鲜是我们中国的大门，我们必须把美国打败，不然美国还想侵略中国。当时我们每个人心中都有这样一个思想：非得把美国人打败不可！"

在朝鲜，张廒一直坚守在战地运输的一线，从运送生活用品到运输武器弹药，从驾驶新手到老师傅，前后运输次数已经不能去估算了，但可以确定的是他们运输过程是三天一个来回，中途不得耽误。据他回忆，一辆汽车配备两名司机，中途只能靠压缩饼干充饥，开车之前大小便都要解决好，白天不能停车上厕所。两位出车司机必须协同作战，不仅要观察前后方空中情况，还要拿起武器，时刻准备着应对美韩步兵的袭击……

1953年停战协定签订后，张廒作为第一批回国部队中的一员，在北京天安门广场受到了毛主席接见，一周后转回到平凉军分区。1955年转业后，他投身到了开发建设大西北的事业中。

在抗美援朝战场上，无数像张廒爷爷一样的普通战士用生命去守护运输线、用青春去英勇战斗、用血肉之躯筑起了一道又一道保家卫国的铜墙铁壁。他们的流血牺牲、顽强拼搏换来了我们今天的岁月静好、山河无恙。他们就是我们身边"最可爱的人"！

今天，让我们怀着一颗赤子之心向曾经保家卫国的志愿军老兵们致敬吧！

以"四史"为鉴　许我辈风华

北京航空航天大学　蔡黄蓉

观今宜鉴古，无古不成今。

——题记

君记否，那时山河破碎风飘絮，战火纷飞，硝烟弥漫，红色政权来之不易；君记否，那时百废待兴叹穷苦，白手起家，历经风霜，新中国来之不易；君记否，那时美好期盼寄华夏，乘风破浪，一路高歌，中国特色社会主义来之不易！我们不会忘记"四史"，正如我们总会看见历史深处的光；我们铭记"四史"，因为历史是一把尚有余温的灰烬，因为每一滴鲜血都不会白流、每一种牺牲都值得铭记，因为以史为鉴，光影有痕，我在"四史"中体悟悲欢……

战火中英雄热血

新年伊始，我提着满载祝福的礼物来到爷爷奶奶家拜年。奶奶在厨房忙着丰盛大餐的准备工作，爷爷在客厅看电视。自我记事起，爷爷的电视机渐渐地从厚厚的箱子换成了薄薄的大液晶屏，不变的是影视抗战剧主题。《建党大业》的片尾曲响起，八十岁的爷爷眼眶里早已噙满了泪水："为什么我的眼里常含泪水，因为我对这土地爱得深沉。"

院子里的树上挂满了红灯笼，小学的弟弟妹妹们在嬉戏打闹。想到去年此时防疫"不聚集"的号召下过年不能见面的辛酸，我在心里感慨祖国疫情控制得不错，嘴角上扬。表弟是小孩子里较大的一个，他正想炫耀自己寒假读了很多爱国题材的书籍，问道："有谁有我知道的英雄故事多吗？"小朋友们争相抢答："我知道，我先说，王二小！""还有小英雄雨来呢！""还有还有，小兵张嘎……"明古知今，行稳致远，一众又一众晚辈，接过爱国信念的传承，托举起中国的未来。

我听亲人讲"四史"

霜雪里峥嵘岁月

我拨通了初中班主任的电话："老师您好，请您回忆一下您的求学经历。"班主任熟悉的声音如春雨滴落在青石板上沁人心脾："上世纪七十年代末，我才十几岁，家里兄弟姊妹七人，三兄弟在校读书，四姐妹务农耕作，仅靠父母亲在生产队劳动挣钱，生活十分贫苦。那苦日子怎么会忘呢，红领巾只需两角四分钱，我哭啼了一个下午，母亲都舍不得拿钱给我买，因为当时日子苦呀！到了初三，开始努力复习英语。由于住宿在校，作息都有严格规定，晚上八点半关灯休息。教室里没有电灯。为了提高英语，我自备了一盏煤油灯，偷偷从家里装了一瓶子煤油，点灯夜读。可是，有些人误以为我装了酒偷带学校去喝，便向我母亲告状。母亲知道后很生气，说我不争气……无奈之下，我只好实说。由此可见，当时学习条件有多差呀！而现在改革开放让我们过上了好日子，精准扶贫更是带给乡村一片春暖花开，好多乡下的孩子也可以到城里我所工作的学校来读书，沐浴在同一片知识的星光下。"老师讲的一个又一个故事把我的思绪拉回了曾经的课堂回忆，他们在课上倾囊相授，"爱国"这堂课，他们也未曾落下半节。记得高中语文老师在讲到关于医疗制度改革造福国民的实用类文本时，感慨国的强大让这盛世如我们所愿；在讲到《别了，不列颠尼亚》这篇文章时，老师说作者平静的笔调下是历史意义重大的香港回归时刻的庄严与喜悦；在讲到《飞向太空的航程》时，说一个民族迎来了飞天梦圆的辉煌时刻，也希望我们班上有人能够参与到航天科技事业，托起更多的华夏神舟遨游在浩瀚太空中，乘着改革创新的春风助力航天梦。正如老师所希冀的那样，我们班上后来有很多人把第一志愿定为北航。记得生物老师在讲到选修二的生态工程时说，人人都响应习总书记"绿水青山就是金山银山"的号召；讲到关于新冠病毒时，感慨祖国打赢疫情防控攻坚战的坚定决心；讲到卡介苗时，说预防接种疫苗政策为新生儿的健康快乐成长提供保障。老师们谆谆教诲无一不把时代命运与人民生活紧密结合，告诉我们与国风雨兼程，方不负繁华锦绣；描一抹深红，缀一道浅碧，共绘时代画卷。

盛世下锦绣前程

学习核电专业的哥哥朝我走来："妹妹，在北京求学还习惯吗？""还好呀，谢谢哥哥关心，好想听哥哥分享一下在中核集团的事。"哥哥眼眸中闪烁着热切的光芒，激动地说："核电这边华龙一号走出世界，包括援建巴基斯坦的 K2K3 核电机组，以及北京 401 和霞浦的钠冷快堆，新建机组审批在紧张进行，然后聚变堆也有技术突破。"我仿

佛看到了他对科技发展道路的无比赞许以及欣慰，我听完他的想法和观点后不住地点头。想起习总书记曾说"重大科技创新成果是国之重器、国之利器，必须牢牢掌握在自己手里"。在习近平总书记的领导下，科技不断创新与发展，不仅彰显着我国综合国力的显著提升，也极大地增强了国人的自信心和自豪感。鹰击长空，鱼翔浅底，万类霜天竞自由！蓝鲸挺立，向海而生；神舟翱翔，蛟龙探秘；一桥飞架南北，一机跨过大洋，中国以科技强国的姿态在世界之林中矗立。

热气腾腾的饭菜香气扑鼻，一顿丰盛的家宴过后，一大家子人围坐在客厅里聊天。灯火可亲，其乐融融。回想一天的心路历程，感慨颇多。从党史到新中国史，再到改革开放史、社会主义发展史，一幅锦绣前程画卷徐徐展开。

不忘来时路 奋斗赴远途

北京理工大学 孟令虎

习总书记曾说:"一切向前走,都不能忘记走过的路;走得再远、走到再光辉的未来,也不能忘记走过的过去,也不能忘记为什么出发。"回首党和国家来时走过的路,"四史"无疑是这段路途最好的印记:从建党初期的星星之火到如今的可以燎原;从新中国成立初期的一穷二白到如今的繁荣富强;从社会主义建设初期的逐渐摸索到如今坚定不移地走中国特色社会主义道路;从改革开放初期的贫穷落后到如今的脱贫攻坚全面建成小康社会。这一路荆棘丛生,走得艰难困苦;这一路却也光明绚烂,走得坦坦荡荡。这一路离不开党和国家的领导,也同样离不开在国家和党的带领下为"四史"征程竭尽心血、奋斗在各自平凡领域上每一个不平凡的人。

今日便有幸寻得这样一个人:他叫孟令法,是我近百岁高龄的一位爷爷;是一位从军7年,先后参加解放战争和抗美援朝战争的老战士;一位解放前入党,党龄近74年的老党员;一位投身社会主义建设,担任村支部书记长达18年的老干部;一位"四史"的见证者、奋斗者和传承者。在与他的接触中,我有幸聆听了在他百年岁月里关于"四史"的独家记忆,见证了在他的视角下党和国家来时走过的路!

"幼时苦"到"晚年甜"——"四史"故事的见证者

爷爷出生在1928年,已然走过近百年的风风雨雨。在他的讲述和记忆里,我不断拼凑着关于他所见证的"四史"的故事。听他讲童年时代,旧社会政府压迫地主剥削,家境贫苦的他是怎样靠吃糠咽菜忍饥、挨饿熬过那段艰难的岁月的;听他讲少年时代,家乡有志青年举办读书会引来革命思想的火种,成立党支部宣传党的政策与精神,他是怎样一步步向党组织靠拢并成为一名光荣的共产党员的;听他讲青年时代,参军入伍的他如何历经战争年代的炮火纷飞,赶走侵略者建设新中国,复员返乡的他又是怎样在党和国家的带领下一步步从三大改造、人民公社运动,再到改革开放中探索和建

设社会主义的；听他讲中年时代，改革开放之后他的收入是怎样从计工分发粮票，到每月几块钱到后来的不断增长，自己的衣食住行是怎样一步步发生质的改变的；听他讲老年时代，进入21世纪他享受怎样的国家优待优抚政策，国家的强大繁荣怎样足以让他可以老有所依，安度晚年。

细细想来，老人所经历的从艰难贫穷"幼时苦"到老有所养"晚年甜"的百年岁月所折射出的又何尝不是"四史"的发展历程，他记忆里的那些动人心弦的故事又何尝不是"四史"的见证与记录：从建党初期播下革命的火种，到战争年代的峥嵘岁月，到新中国建立初期的一穷二白，百废待兴，到社会主义建设开拓探索再到21世纪的国富民强！

"下山虎"到"老黄牛"——"四史"征程的奋斗者

老人丰富的人生履历和生活经历使我对他的身份有了更深的认知：战争年代他是扛起钢枪保家卫国的"下山虎"，和平年代他是抡起锄头建设家乡的"老黄牛"，是当之无愧的"四史"征程的奋斗者。在党史的百年发展历程中有他的追随与奉献：1947年，年仅20岁的他积极向党组织靠拢，并在组织带领下开展革命工作，凭借自身的优异表现他光荣地成为一名共产党员，自此在后来74年的人生岁月里，他时刻不忘自己的党员身份践行党的宗旨，在每一个人生角色和工作岗位上发挥自己的光和热。在新中国史的发展历程中有他的坚守与付出：从1948年他参军入伍到1955年复员返乡，先后参加淮海战役、渡江战役，新中国成立后雄赳赳气昂昂跨过鸭绿江参加抗美援朝，长达7年的从军生涯中哪怕负伤无数伤痕累累，他都如"下山虎"寸土不让寸土必争，英勇奋战保家卫国。在社会主义建设和改革开放的征途中亦有他的奋斗和汗水：1965年到1983年，在担任村支部书记的18年中，他时刻发扬艰苦朴素的"老黄牛"精神，带领村民白天太阳底下劳动，晚上煤油灯下学文化，从生产队集体劳动到包产到户实行家庭联产承包责任制，他时刻拥护党和国家的政策与方针，一心一意建设社会主义新农村，带领村民建设家乡为后来响应国家的乡村振兴战略奠定了坚实的基础。

细细品味，老人从"下山虎"到"老黄牛"这一生的光辉事迹，又何尝不是千千万万"四史"发展征程中奋斗者的缩影。正是一代代共产党人前赴后继方有我党百年之征途；正是一位位如"下山虎"般的英雄儿女抛头颅洒热血，保家卫国赶走侵略者，方有新中国之成立；正是一批批能人志士如"老黄牛"般艰苦奋斗，穷尽心血，发展国家，建设社会主义，方有今日中华之崛起。

我听亲人讲"四史"

"来时路"到"赴远途"——"四史"精神的传承者

如今，93岁高龄的他退休在家。年轻时从事生产劳动一刻也不敢松懈，退休了他也从不闲着，不论是新农村建设积极献言献策还是新冠疫情暴发时积极捐款捐物支援疫情防控，他用老一代人身上的爱国担当和奉献精神感染和影响着身边的人。对待家人儿女，他时常耳提面命，不要忘却过去的历史珍惜现在的美好生活，同样在我与他的接触与交谈中，他也时常嘱咐我要好好学习文化知识，要成为对社会对国家有用的人。在老人的耳濡目染下，他的亲人儿女、后代子孙或参军入伍，或为人师表，或扎根基层，纷纷投身到社会主义的建设中，让老人的"四史"精神有了传承和接力。同样党和政府从没有忘却为国家做出卓越贡献的他，优抚优待政策及各级部门的关心慰问，让93岁高龄的他可以安享晚年，成为党和国家强大繁荣的受益者，让"四史"精神有了回馈和延续。

在我看来，"四史"精神在老人身上的体现，更多是在他百年的人生经历中作为"四史"故事的见证者、"四史"征程的奋斗者所凝聚的对党和国家的历史担当、情怀、责任和信念。哪怕已至暮年，老人仍用他的实际行动传承着这份精神，让人们懂得不忘"来时路"，奋斗"赴远途"！

一个时代有一个时代的主题，一代人有一代人的使命。有幸聆听到孟令法老人百年光阴里发生的故事，让我对"四史"和"四史"精神有了更深的认知与理解。老人那一代人用辛勤的劳动和奋斗为"四史"的发展征程贡献力量，作为新时代的我们，更应向老一代人学习，在学好"四史"不忘来路的同时，也应时刻以"四史"精神为指引奔赴远途，为社会主义现代化建设贡献自己的一份力量，以优异的成绩向祖国献礼！

学"四史" 守初心 创未来

北京科技大学 柳海越

"观今宜鉴古，无古不成今。"历史是一面镜子，从历史中我们可以知得失，明是非，晓荣辱；历史是一位智者，与历史对话，我们可以更好地剖析过去，把握当下，走向未来。

七十余载披荆斩棘，万紫千红总是春；七十余载风雨兼程，我看青山多妩媚。铿锵的脚步，振奋的精神，骄人的成果，我们的祖国在这七十余载里让成就彪炳史册，激励着一代又一代人民的奋斗的步伐。

与祖国在这七十余载里一同成长起来的还有这样一群人，他们在牙牙学语时听到毛泽东主席庄严宣告"中华人民共和国中央人民政府成立了"；在青年时期上山下乡，广阔天地，大有作为；身强力健时，在改革开放的浪潮里谱写人生芳华诗篇；如今白发苍苍，见证着中华民族从站起来、富起来到强起来的伟大历史飞跃。

我的爷爷就是这群人中的一员。他是一位老党员，也是一位"老铁路"。他微曲的脊梁、斑白的头发书写着他为中国铁路发展倾注的心血，也印刻下了他作为一名优秀党员时刻谨记全心全意为人民服务，不惜牺牲个人的一切，为实现共产主义奋斗终生的铮铮誓言。

爷爷的故事还要从一张录取通知书说起。"学校在解放路上，从解放桥向东1公里处。""解放路是在抗争中踩出来的。"爷爷这样说道。1948年9月，华东野战军聂凤智率领着麾下的九纵于茂岭山俯瞰济南城。站在茂岭山上，他看到一条直插济南府的解放之路。经过八天八夜的浴血奋战，华东野战军解放了济南城，那条被他们踩出的路命名为解放路。于是，就有了济南铁路机械学校门前的那条路，而爷爷与铁路、与中国共产党的缘分，也自此开始。

正如爷爷讲述的解放路的由来，解放者从不随波逐流走别人追捧的捷径，他们独辟蹊径，是开辟道路的先行者。一代代共产党人又何尝不是如此，党的历史上镌刻着无数个感人至深的历史瞬间和英雄人物。战争年代，一位位共产主义战士，用头颅、用鲜血，前仆后继，慷慨捐躯，为中华民族开辟出一个新世界；和平年代，一代代共产党人传承理想与初心，用实际行动践行党的使命，尤其是改革开放以来，他们深入群众，风雨无阻，做改革先锋，谋创新实干，泰山压顶不弯腰，艰苦卓绝闯险滩。

伴随着中国共产党和新中国的发展，无数仁人志士投身于改革和建设的浪潮，成为永远燃烧在人民心中的星星之火。除了那些被历史与人民熟知的姓名，还有一群人，一群普通却不平凡的人，他们坚守岗位，在自己的一方天地发光发热，与党和祖国一同奋进、一同成长，他们的名字或许不能被人民一一喊出，但他们的精神，主动肩负起时代发展重任的精神，深深镌刻在历史发展的画卷上。

当我翻开爷爷的回忆录时，一首他在不久前所写下的诗令我不禁泪目。

坚定地奔向八十岁

当我们跨过七十岁的门槛，
就奔走在通往八十岁的大路上。
猛然间发现，
时光——奔腾而来，呼啸而去，
不经意间，就卷走了我们七十年的人生。

回首望去，
在朦胧中还能看见自己——
儿童时的幼稚天真，
青年时的蓬勃健壮，
中年时的劳苦沧桑……
给自己留下了——满身的泥土和风雪雨霜！

用不着伤感和后悔，
我们虽然出生在旧社会，
我们却亲身经历过三年自然灾荒，
我们又亲手修复过"文革"带来的伤悲，
我们也亲眼见证了改革后的繁荣和腾飞。

我们的脊背已经微驼，

那是我们背负过太多的沉重；
我们身上留下了许多伤痕，
那是为了铁路发展付出的艰辛……

我们横跨了两个世纪，
我们经历了新旧两个社会，
我们始终无怨无悔，
因为，生活从来不会相信眼泪。

同学们——让我们先盯住一个小目标：
坚定地奔向八十岁，
争取到达目标时，
一个不缺，一个不少，
再来个"徐州相聚""济南再会"！
然后奔向九十岁，一百岁……

那群曾经风华正茂、意气风发的铁路人形象跃然眼前，他们将青春献给中国铁路事业，将个人发展融入时代发展潮流，与党中央、与新中国同心同路，同向同行。他们的姓名或许后人并不知晓，但"中国铁路人"将被时代牢记。

后来，在爷爷退休后所作的文集《记忆里的故事》《杂文集》中，我又了解了更多老一辈共产党员为时代发展而奋斗的故事，他们对党绝对忠诚，对共产主义绝对信仰，时刻以优秀党员的标准严格要求自己，不忘初心，不辱使命。

听罢爷爷的故事，我更深知铭记历史，学习"四史"意义重大。学习"四史"，不仅是要学习一代代共产党人接力奋进的历史经验，更要深刻领会中国特色社会主义现代化的时代特征和实现路径，肩负起我们这一代的时代责任——实现中华民族伟大复兴的中国梦。

革命家鲁迅先生曾说："愿中国青年都摆脱冷气，只是向上走，不必听自暴自弃者流的话。能做事的做事，能发声的发声。有一分热，发一分光……"

我愿肩负时代责任，坚守学习"四史"这场精神上的长征，在实现"两个一百年"奋斗目标和中华民族伟大复兴的中国梦的历史征程中，奉献自己的青春力量！

以"四史"为镜　展时代光芒

北京化工大学　李志禧

忆往昔峥嵘岁月,看今朝拼搏年代,展未来民族腾飞。百年风风雨雨,饱经坎坷与波折。祖国从原来的"东亚病夫"变身为现在的"东方巨人",中国的发展经历了一次又一次的飞跃。作为新时代的学生党员,我们应以"四史"为镜,聆听长辈教诲,吸取革命前辈们的宝贵经验,为"四史"赋予新的时代光芒。

"不为灯红酒绿所诱惑,不以觥筹交错为欢,不被人情世故左右。我以我心践诺言,慎行,永葆共产党员本色。"知晓我成为预备党员后,已有五十余年党龄的姥爷在除夕年夜饭上将这段话赠予我。姥爷是我最敬重的人之一。作为一名学识渊博的大学教师,一名为了响应党的号召,毅然离开高校投身于基础教育的伟大的人民教师,一名为了党和国家建设奉献了一生的老一辈共产党员,姥爷总是向后辈们分享他的人生哲学与革命信念,讲述"四史"和革命先辈们的英雄事迹,滋养着我们年轻一代不断前行,以党员的标准严格要求自己,让入党的信念根深蒂固地扎根于我们内心深处。

在采访姥爷时,喜欢作诗的姥爷从上锁的抽屉里拿出了一封崭新的书信。信件上墨迹犹存,苍劲有力的字体、富有真情实感的语句体现了一位革命老前辈对祖国的祝福和坚定乐观的人生信念。书信中姥爷以亲身经历向我介绍了他所经历的"四史"。

喜迎母亲百年华诞,我亦入党五十五年。
回顾平生无悔无憾,清白忠厚本性使然。
高师毕业奔赴军垦,自觉彻底改造三观。
"文革"运动经受淬炼,大风大浪增长才干。
各项活动冲锋在前,复课开设方程机电。
莘莘学子皆能成才,株株蓓蕾争奇斗艳。
儿女上进均已入党,孙辈俊秀青胜于蓝。
夕阳美好身心康健,保持晚节再做贡献。
人享百岁不是梦幻,跨越米白直攀茶山。

我听亲人讲"四史"

> 全党全民同心协力，初心使命牢记心间。
> 砥砺奋进勇往直前，二百蓝图稳扎实现。

在朗读信件时，姥爷较为浓厚的山东口音中深情地流露出了对孙辈的谆谆教诲、对自己一生奉献教育事业的自豪、对历史的铭记以及对祖国光明未来的期待。老一辈共产党员们用自己真实的生活经历告诉我何谓"大丈夫既以身许国家，不惜马革裹尸，惟鞠躬尽瘁而已"的爱国情怀。何谓吃苦耐劳，为党和国家的建设奋斗终生的革命精神。何谓"斯人不朽，风骨犹存"。踏踏实实做事，实实在在做人。不沾染灯红酒绿，不与世俗同流合污，这是老一辈革命前辈根据他们亲身经历的"四史"给予我的忠告，也是我日后求学道路上恪守的格言。我们定当砥砺前行，以"四史"为镜，铭记往昔峥嵘岁月，让革命前辈不忘初心坚持本心的革命精神绽放出新的时代光芒！

我采访的第二个对象是我的叔叔和婶婶。作为医护人员，作为优秀的中共党员，作为当今时代的骨干力量，他们以自身的经历向我介绍了如何将"四史"中的宝贵经验运用于党和国家的建设之中。"哪有什么岁月静好，只不过有人替你负重前行；哪有什么天生的英雄，只是因为有人需要，才有人愿意牺牲自己成为英雄。"刚刚过去的 2020 年春节，对于他们来说可谓是万分艰辛。婶婶任职于防疫厅，疫情期间每天都有无数的突发事件要处理。我可以想象这样的场景：在办公桌前婶婶强忍着困倦与劳累，在堆积如山的文件前挨个认真审阅，不放过任何一个细节，在可怕的疫情面前任何一个微小的疏忽都可能是致命的！办公桌的电话铃声此时是那么地令人恐惧，仿佛它每响一声，就会有人通知新冠感染人数增加，如死神的镰刀般收割一个个鲜活的生命……然而，对于叔叔而言，场面更加严峻。如果说婶婶是在指挥部前焦头烂额，那叔叔作为人民医院发热急诊部的专家就是真正地在战场上同新冠病毒正面较量。对此，叔叔回忆道：在当时的抗疫一线，我们唯一的想法就是用尽自己的全部力量，用自己的双手去解救我们的同胞。这是一名医生、一名共产党员的职责与使命！叔叔的话语让我钦佩万分，泪水忍不住在眼眶中打转。短短的一句话，彰显的是一名白衣天使、一名共产党员的崇高担当。他似乎已经忘记，那厚重的防护服里是被汗水一次次打湿的、疲惫不堪的凡人躯体。那一道道通红的印记和手上的水泡层是那么地刻骨铭心……叔叔继续教导我说："苟利国家生死以，岂因祸福避趋之。回首百年党史，无数革命先辈们抛头颅、洒热血，用自己的鲜血换来了如今日益强盛的中华民族。作为当今时代的顶梁柱，我们这辈人通过学习党史和前辈们的革命事迹，深受启发，继承并发扬了责任与担当的中华传统美德。希望你作为时代的年轻人、作为新时代的共产党员时刻牢记自身的使命与担当。在自己的岗位上为党和国家的建设奉献自己的全部力量。"对此，我郑重许诺。我定当砥砺前行，以"四史"为镜，牢记自身的使命与担当，展现出新时代的耀眼光芒！

　　百年风雨兼程，百年岁月如歌。老一辈革命前辈紧跟祖国的发展，亲身经历了波澜壮阔的"四史"，向我们传述着其对"四史"的深切感悟；时代的骨干力量，我们的父辈们言传身教，教导我们年轻一代如何学习、践行"四史"中的宝贵经验；我们年轻一代则需要砥砺前行，以"四史"为镜，赋予"四史"璀璨的新时代光芒！

一位老新闻工作者眼里的巨变

中国地质大学（北京） 黄飞宇

外公今年84岁，大学毕业后就一直在地方党报工作直至退休。现在虽身患帕金森、高血压等各种疾病，视力几乎接近失明，但每天仍然坚持收听中央电视台的新闻联播，关注着党和国家的大事。

今年寒假，我回到安徽老家，妈妈让我抽时间多陪陪外公，聊聊外公感兴趣的话题。接下来在与外公慢谈细聊的几天中，外公最大的话题是，作为党报记者伴随着改革开放、国强民富的段段亲身经历。

外公说，1978年农业承包制在安徽大地上有星火燎原之势，社会各界反响都很强烈。有人说，这是农村发展的一剂良药，有了这样的好制度，我们才能过上好日子；也有人说，"大包干"就是"一年行，二年平，三年四年就不行"。外公说，我也出生在农村，但对于"大包干"还是陌生的。为掌握更多的社情民意，我带领一行人五下凤阳考察调研。每次到达凤阳，我都会深入农村田头，和农民交朋友，倾听他们的真实想法。外公说，我是学中文的，我知道，只有通过实际调查，才能做出科学的判断，才能为党委和政府的决策提供正确的参考，才能使党报发挥正确的舆论导向。外公说，当时的小岗村和全国的大多数农村一样，农民生活是非常的贫困。他说，我去过的几家农户，有的一家几人共用一床破旧的棉被，真的是吃了上顿没下顿。经过一系列深入的调查，外公一行调研报告是："大包干"虽然还是一个新鲜的事物，还有不完善的地方，但它与广大农民群众的根本利益是一致的，是符合当时国情的，符合农民自身利益的，国家需要给"大包干"一个发展的空间。1978年，凤阳县小岗生产队的18户农民在秘密契约上按下了鲜红的手印。包产到户的第一年，小岗队就迎来了大丰收，摆脱了"讨饭队"的外号。说到这里，外公的脸上充满了自豪和骄傲。外公接着对我说：我们做新闻工作的，最重要的就是要有敏锐眼光和洞察力，善于发现新的现象新的事物，并通过调查研究去辨别真伪。外公说，1982年，中央印发了《全国农村工作会议纪要》，肯定"包产到户、包干到户"政策，自小岗村开始，家庭联产承包责任制在中国农村应该广泛推广。外公饱含深情地对我说："大包干"是改革开放取得成功的一面镜子，它让农民从吃饱饭到走上富裕路，这对国家后来的经济特区、经济技术开发区等政策，都有着现实指导意义。他说，时任安徽省委书记万里同志在接受我们采访时就说："在这段时间里，新闻界的一些同志深入实际，给了我们有力的支持。"并对农业大包干的新闻宣传给予了充分的肯定。说到这些，外公苍白的脸上布满了红晕："事实证明，实践是检验真理的唯一标准。"

外公说这句话几乎影响了他作为党报新闻人的后半辈子。

1992年，外公随长三角新闻采访团来到了上海。当时国家刚刚批复设立上海浦东新区。外公说，我到了浦东，350平方公里的土地，建设工地遍布，工地塔吊林立，高楼平地而起，凌空横跨的杨浦大桥跨度居当时世界同类桥梁之首。外公说，不仅有那气势恢宏的桥梁和大楼，更有改革开放政策带来的社会变化和国家变化。经过实地的调研，外公说，我发现人们在这片富饶的土地上，尽情地发挥着聪明才智，建设着国家。外公说："站在那里，你就不由自主地受到了鼓舞，也因此，那里一天一个样，天天新气象。"外公说，记得时任上海市委书记吴邦国接见采访团时说过：浦东的开放具有划时代的历史意义，几十年后，上海将会以一个新的面貌展示在中国、屹立在世界。外公当时感触很深，在上海时就写下了《巨龙腾飞会有时》，发表于1992年10月3日的《解放日报》头版，文中写道："长江流域辐射辽阔的中华大地，上海处在奔腾长江的入海口，集众多优势于一体，要使中国的经济腾飞，首先要使长江流域的经济腾飞，而长江流域的经济腾飞，又首先要使上海的经济腾飞。"也许他当时并不清楚，事实证明，2020年上海的GDP已近四万亿，长三角经济带经济总量已接近全国的四分之一，长三角已经成为我国名副其实的经济中心。外公说，习近平总书记2020年8月20日在合肥主持召开"扎实推进长三角一体化发展"座谈会上提道：要深刻认识长三角区域在国家经济社会发展中的地位和作用，结合长三角一体化发展面临的新形势新要求，坚持目标导向、问题导向相统一，紧扣一体化和高质量两个关键词抓好重点工作，真抓实干、埋头苦干，推动长三角一体化发展不断取得成效。外公接着说，总书记的话高屋建瓴。未来，长三角将会继续发挥上海中心城市作用，带动中国经济持续、快速、稳定发展。

外公语重心长地对我说，作为一名当代中国大学生，你生活在这样一个幸福的年代，一定要像习近平总书记在2020年7月7日寄语中国石油大学学生那样："希望广大高校毕业生志存高远、脚踏实地，不畏艰难险阻，勇担时代使命，把个人的理想追求融入党和国家事业之中，为党、为祖国、为人民多做贡献。"外公以他眼里的中国巨变，告诉我要练就过硬本领，把个人理想融入国家前途和民族命运之中。我当珍惜当下，努力学习，交出自己的合格答卷。

我听亲人讲"四史"

中国石油大学(北京) 杨起

"花儿为什么这样红为什么这样红
哎 红得好像
红得好像燃烧的火
它象征着纯洁的友谊和爱情。"

——电影《冰山上的来客》主题曲

三十多年前,21 岁的父亲报名参军,从四川老家来到了新疆边境某部当兵,后转业至新疆喀什地区塔什库尔干塔吉克自治县,他和这个位于帕米尔高原的、远近闻名的贫困县近三十年的故事,就从这里开始了。

那时的他对于塔县的记忆大多来自小时候常看的一部电影——《冰山上的来客》,那是一部英雄主义和浪漫主义完美结合的经典,人们总是会怀念那个时代的理想信念,但父亲却从未想到,自己有一天真的会在那个寒风凛冽、冰山林立的地方生活、工作。

那时的塔县,2.5 万平方公里的广阔辖区里,仅有一条长度不到 3 公里的土路作为主街道。父亲几乎没向我提过遇到母亲之前的七八年他是怎么过的,但常听母亲讲,即使是在九十年代她到新疆的时候,南疆铁路都还没有完全通车,从乌鲁木齐到喀什坐汽车至少需要十天,从喀什到塔县,又是两三天,那时路也很容易被夏季的山洪冲毁,或者被冬季的大雪封堵,而那条连接县市直到边境的中巴友谊公路,也是和外界唯一的生命通道。

据母亲说,上世纪九十年代她初到时,塔县县城那三三两两的建筑甚至让她以为只是路过的村庄,满眼望去,净是土块房、牛粪墙;令人不适的还有县城的蔬菜供应,高原本就不适合种菜,牛羊肉很少能吃得起,多数时候只好靠吃主食度日,他们那时候回老家带来的咸菜和腊味,都是待客的美味。

除了交通不便,更重要的是教育的落后,甚至到了 21 世纪初,县里只有一所小学，没有幼儿园，而更不用说中学了。工作、住房、友人……父母一提到过去便收不住了，毕竟那是他们的青春，既有路途漫长、离家万里的孤独，也有对新生活的向往和期待。在我看来，他们过去的生活更多的是苦中作乐。我对小时候的记忆已经模糊，想不起曾经住过土块房，也想不起馋过的茶叶蛋和馕……

2000年，南疆铁路全线贯通，父亲为再也不用挤货车后棚返乡而欣喜。却从没想到，他即将成为党和国家几项重大战略的见证者和参与者，立意深远的西部大开发战略即将启动。那时党和国家的领导层就已经意识到，西部的发展关系到中国现代化的全局，也会影响到社会主义中国的全局建设。另一项影响深远且与我有关的事也同期上马。在党中央、国务院的支持下，内地新疆高中班开办，在内地部分经济发达城市举办内地新疆高中班，协助新疆培养人才，那时的我不会想到，十一年后，我也将受益于这个政策。

2010年3月，全国对口支援新疆工作会议在北京召开。中央决心通过推进对口援疆工作加快新疆跨越式发展，会议确定北京、上海、广东、深圳等19个省市承担对口支援新疆的任务。援疆省区市逐步建立起人才、技术、管理、资金等全方位援疆的机制。

其实，援疆政策带来的并不是突如其来的变化，而是润物细无声，厚积而薄发。喀什地区也在2010年5月被确立为内陆经济特区。在对口援疆政策实施不久，塔县便迎来了以深圳为主的对口支援，新的学校、新的医院、新的抗震安居房拔地而起，民众也有了更多的就业机会。而我家也搬进了有地暖和水电气齐全的新房。2011年6月，我考上了内地新疆高中班，前往江苏扬州读书。

在我离家期间，新疆的发展并未止步，"一带一路"倡议，加速了新疆地区的经济发展，也将新疆带到了更广阔的国际市场。

据父亲说，国家在新疆推行适合本地的政策，一地一策，并不是蛮干硬上，而是政策援疆与产业援疆并重，为新疆切实谋发展，极大地改善了本地群众的生活条件。同时，国家还十分注重生态环境的保护，充分利用新疆太阳能、风能充足的特点，各地风力发电机、太阳能发电路灯等随处可见，尤其是新疆达坂城，那里的铁路两旁竖立着无数台风力发电机，这些发电机组绵延数十公里，坐火车经过时蔚为壮观。

在国家政策的帮扶以及新疆各族群众齐心协力的奋斗下，近些年新疆的发展速度不亚于中国沿海地区，民众收入增长的同时，各类基本生活条件得到了极大的改善，生活日新月异，行走在新疆，能强烈感受到新疆人对未来充满希望。

现在，坐飞机一天内就能从北京到喀什，不得不令人感慨，和以往前往南疆动辄十几天的时间一比，就能清楚地感受到这里的变化。虽然物理空间无法改变，但是通过对速度、效率的提升，家乡未来的经济必将快速发展。

　　三十多年过去了，父亲时不时还是会唱几句花儿为什么这么红，歌声中却似乎没了最初的迷茫。帕米尔高原冰川雪线犹在，在国家的西部大开发、对口援疆等重大策略的推动下，新疆焕发了新的生机。冰川上这三十年的回忆，也正是新中国社会主义发展所铸就的辉煌篇章。

马兰花开

中国石油大学（北京） 郭欣果

"有一个地方名叫马兰，你要寻找她，请西出阳关，丹心照大漠，血汗写艰难，放着那银星，舞起那长剑，撑起了艳阳高照晴朗朗的天……"在悠扬的歌声中，我回到了马兰，这是一个美丽的地方。这片和江苏省差不多大的土地，隐藏于占六分之一国土面积的新疆，淹没在茫茫戈壁的深处。

马兰紧贴着罗布泊的西端。当年，罗布泊里还有水，旁边开满淡紫色的马兰花。正是第一批开疆扩土的人看到这美丽的花儿，才给这个地方起了如此美丽的一个名字。

上世纪五十年代末期开始，一大批军人和科研人员，西出阳关，来到大漠戈壁，为了开辟共和国核武器的试验场，来到了马兰，来到了罗布泊。随后，大批家属、子女也来到马兰安家落户，从此，博斯腾湖湖畔，有了"马兰村人"。一代又一代的先辈们，从祖国的各地来到这里，一直延续至今，于是马兰，就成了我出生的地方。

我不知道这个世界上其他地方的父母会给孩子们讲什么样的故事，但我和我的小伙伴们，全部都是听着马兰的故事长大的。

比如说那倔强地生长着、扎根戈壁滩的夫妻树。新中国建立初期，中国可以说是一穷二白。为了打破帝国主义的核垄断、核讹诈、核威胁，新中国的一批批科技精英、一支支英雄部队，受到祖国召唤汇聚起来，但是当时有极其严格的保密规定：上不告父母，下不示妻儿。于是很多科技人才悄声无息地离开原岗位，奔赴"死亡之海"罗布泊，王茹芝就是其中一员。临出发前，王茹芝编了个理由："我要到很远的地方出趟差，明天就出发。""好啊！"丈夫张相麟平静地说道。接下来的时间全部被工作填满，直到有一天清晨，王茹芝在一棵榆树下等车的时候，突然看到一名男军人朝这边走了过来。王茹芝隐约觉得这个人挺像自己的丈夫，直到走近了，两个人四目相对，才彼此心照不宣地相视一笑：原来，张相麟也奉命随其他参试单位到罗布泊执行试验任务。

那棵夫妻树我见过，十分的不起眼，粗壮但不算挺拔的枝干，粗糙的树皮，一看就是饱经风霜，连树上的树叶都显得有些杂乱，与路边随意生长的一棵树并无区别。事实也正是如此，它本就是路边的一棵普通榆树，只因那树下的一对夫妻，才被人们

赋予了传奇。而在马兰这个地方，如此的传奇随处可见。当年正处于三年困难时期，粮食物资短缺。是广大官兵，用满腔的报国热血，咬紧牙关，用双手、用肩膀、用食不果腹的血肉之躯，承载起了创业的艰辛。那些故事太多太多，于是后来人们把它们编成册，写成了书。这本其貌不扬的书，记载了多少值得我们铭记的故事啊。可那不光是一个个传奇故事，它们背后是一个个壮烈牺牲的先辈们。每年清明，马兰的所有学校以及各个单位都会组织大家前往马兰烈士陵园进行悼念。由于当时科技水平的限制，那时进行核试验的人们几乎全部因病去世。那些如今我们看来，新奇有趣甚至觉得好玩的故事，满载着前辈们创业的艰辛，都曾是老兵们亲身克服的一个个生活难关。

2012年6月8日，林俊德院士因病在西安去世。他参加了我国全部核试验，在生命最后几小时，他还多次要求下床工作，反复叮咛资料要整理，要保密。在生命最后时刻，林俊德只留下一句话："死后把我埋在马兰。"林院士临终前的视频资料，我身边的每一个人都看过。说句实话，我过去在电影中看到的所有光辉形象，都没有林院士更真实、更伟大！

如今几乎所有人都明白核辐射的危害，这也是为什么林院士会重病缠身。在父亲的讲述中，我更加深切地体会到了在自然环境恶劣和工具简陋的五六十年代，官兵们所面临的困难和危险。你以为原子弹爆炸成功后便结束了吗？并没有。在爆炸结束后，官兵们还需要深入人们避之不及的试验场，进行深入挖掘采样。在夏日灼热的高温下，防护服和防毒面罩根本戴不住，战士们只好卸下防毒面罩，拼命作业。战士们不停地打井、挖掘施工，吃住等也不可避免地接触到核辐射的污染源。很多时候，为了拿到第一手资料，抢救珍贵仪器设备，许多官兵们都献出了自己宝贵的生命。

父亲告诉我，在核爆炸的强烈冲击波和高热下，爆炸中心形成了半圆形的坚硬外壳。取样时，需要从侧面打井到外壳底部，而在高温高压下，极其容易形成井喷，井喷又会导致更大范围的核污染。父亲的几个战友便是为了抢救井喷而遭到了核辐射，有的人因病去世，有的人影响到了后代——孩子出生没多久就离开了人世。

母亲告诉我，我的童年父亲缺席了。父亲常年在离居民区200多公里的场区工作。母亲常常感慨小时候的我太过于乖巧懂事，让她省了不少心。可是我并不认为父亲有缺席，在我心中永远留存的宝贵片段，是父母给我讲的一个又一个关于过去的故事。

在马兰这片土地上，伟大的事业孕育了伟大的精神，伟大的精神又激励和推动着伟大的事业。无论我走到哪里，无论遇到什么样的困难，那片紫色的美丽的马兰花，永远开在我心中。我会永远铭记"艰苦奋斗、开拓创新、大力协同、无私奉献"的马兰精神，继承前辈们"甘做隐姓埋名人，勇干惊天动地业"的伟大品质，肩负起这片红色沃土上的新责任，接过前辈们手中的接力棒，最终在属于自己的岗位上发光发热。

"四史"辉煌薪火相传　民族复兴重任在肩

北京中医药大学　田子娇

一条巨龙从历史中走来,步伐坚定,身披霞光。这一路有彷徨、挫折,更有喜悦、辉煌。无数华夏儿女见证了祖国的发展,为她的腾飞奋斗终生,也将辉煌故事代代相传,民族复兴永记心间。

当年忠贞为国愁,何曾怕断头

姥爷生于黑暗动荡的年代,日寇的入侵深深刺激了他,从此爱国的种子在他心里扎了根。

抗日战争时期常有受伤的八路军战士寄宿在他家养伤,姥爷说:"他们和老百姓亲如一家,被称为子弟兵。"人民军队的优良作风像磁石一样吸引了他,他跑去参加八路军,却被一名战士拉出了队列,和蔼地劝道:"你还没枪杆高,明年再来吧!"

12岁的他不曾熄灭心中打败日寇的火焰,毅然决然加入抗日儿童团并担任团长,跟随民兵进行了多场地道战。抗日战争结束,解放战争的枪声响起。

战争之余,他照顾伤员,用毛笔为烈士们写证明身份的木牌。这段日子难以忘怀,此后数十年他多次参观"平津战役纪念馆",在烈士墙上分辨昔日战友的姓名,泪湿眼眶。

姥爷1955年入党,常以老共产党员的标准严格要求自己。我的童年记忆中很大一部分是他声情并茂讲述党的历史故事,那时不懂"南湖红船""遵义会议""二万五千里长征",只觉情节跌宕起伏。如今,我再没有机会听他亲口讲述那段峥嵘岁月,但却在他的自传中对那段历史有了更深刻的理解。姥爷对我的影响是潜移默化的,他用平凡的一生践行了老共产党员的责任和使命。

此生,他无悔,亦无憾。

中华儿女多奇志,敢教日月换新天

河北省成安县是著名棉乡,姥姥曾任邯郸成安县油棉厂团支部书记。新中国成立后,大力发展棉花生产,号召"大种爱国棉"。油棉是国民建设中重要的物资,毛主席多次前去视察。

"那天我永生难忘! 1959年9月24日,晴空万里,毛主席来了!他健步走到群众面前,和大家亲切握手,又兴致勃勃地视察棉田。我作为代表,全程陪同主席并讲解种植理念、发展策略和未来规划,主席全神贯注地听,不时提出疑问和见解。他说,'邯郸是要复兴的',从此这句话成为邯郸建设、发展的动力,鼓舞人民不断奋进。"

"毛主席要上棉花山,木板悠悠发颤,大家急忙去扶,他连连说:'不用,不用。'主席登上垛顶,高兴地说:'我也上了棉花山了!'"

90岁高龄的姥姥对当时的情景念念不忘,激动和自豪溢于言表。她常常感叹"没有共产党,哪有日新月异的新中国",她曾和无数中华儿女一样,为了祖国的辉煌坚守岗位、奉献青春,见证了新中国在共产党的带领下一步步走向繁荣昌盛。

神州应无恙,当惊世界殊

作为早一批华为员工,大姨是深圳积极响应改革开放的见证者。

她说:"1978年,党的十一届三中全会吹响了改革开放的号角。短短40年,深圳从昔日的小渔村华丽转身成为国际大都市。"

"1987年,华为在深圳创立。乘着改革开放的春风,华为逐步打开国内外市场,从代理香港公司的产品到自主研发芯片、掌握核心技术。目前,华为约有19.4万员工,业务遍及170多个国家和地区,服务30多亿人口。"

"华为的成功,得益于深圳这座城市的崛起。当初最高楼仅有三层,如今一座座大厦直插云霄,摩天大楼比比皆是,拥有近千座公园,被誉为'公园之城'。"

一部深圳史,是共产党团结带领亿万人民掀起波澜壮阔改革开放大潮的实践证明,更是开辟中国特色社会主义道路的生动写照。

从深圳放眼世界,更开放、国际化的中国城市群正昂首阔步走向世界舞台,"全球城市"阵营将迎来更多中国身影,到那时便无愧"当惊世界殊"了。

千里来寻故地，旧貌变新颜

汽车行驶在蜿蜒的公路上，随险峻的山势上山下岭。两侧是刀削斧劈般的赤色山岩，茂盛的植被叠翠，银白色的路面与山体缠绵，隐于前方，近了又跃然眼前。

这是接近秦岭深处的陕西洛南巡检镇，父亲的故乡。

上次回来是一个凛冽的寒冬，印象早已模糊，唯有冻得通红的耳朵和倒换各种交通工具最终徒步走回奶奶家的艰辛记忆犹新。

小镇如今全部盖成仿古建筑，姑姑引我们走进一套位于新建小区里的三居室楼房，坐在宽敞明亮的客厅里，她笑着对我们说：

"以前咱家住秦岭深处，生活环境差，交通也很不方便。2017年，'脱贫攻坚战'在老家打响，为打造'社会主义新农村'，镇里修建了不少新小区，给大山深处的人家免费提供住房，让我们搬迁出深山啦！"

"政府还利用当地的自然资源，开发了老君山旅游景区，又在附近建设商业区，投资扶持我们做生意。咱家开了一家奇石古玩店，现在的生意红火得很呢！"

上小学的表弟兴冲冲地说，为响应西部扶贫计划，国家为每位学生提供免费早餐以保证成长所需营养。

姑姑笑着望向远方："这日子越过越有奔头了！"

远方，秦岭层林尽染，煞是好看。

数风流人物，还看今朝

成长于这样一个红色家庭，我从小耳濡目染。党百年的艰辛历程、新中国披荆斩棘的无畏、改革开放兼容并包的智慧以及社会主义的平等优越深深触动了我。我坚信，当"四史"辉煌被代代传颂，当青年为了民族复兴的中国梦和自己的人生梦想不断奋斗，牢记时代赋予青年人的使命和责任，祖国必将更加繁荣昌盛。

家宴

北京语言大学　余杭

岁月的齿轮不紧不慢地转动,如晚秋天边缱绻的残云般无声无息悄然淡去,又好似南方雨季的细雨,只觉得好像是一种湿漉漉的烟雾,没有形状……

不知不觉中,年末将至,辛丑除夕,又是一年里阖家团圆的日子。今年恰逢奶奶七十岁的寿辰,叔叔伯伯姑姑们都带着自己的孩子,从各地赶回给奶奶祝寿,家里团聚几十口人,好不热闹。年夜饭的饭桌上,大家兴高采烈地畅聊人生,分享着近年来的收获和喜悦。觥筹交错间,不知是谁先开头讲起自己的青春,大家都陷入对那段青葱岁月的回忆……

宝剑锋从磨砺出,梅花香自苦寒来

奶奶看着子孙们簇拥在自己身边,其乐融融的画面让她内心倍感欣慰,同时也开始感怀起来:每每想到自己的童年,自己的青春,想起早早离世的父母和兄妹,奶奶不自觉地红了眼眶:"如今这日子真是越过越好啦!"她看着姑姑们忙活一下午准备的丰盛的年夜饭,笑着说:"看这一大桌子好酒好菜,我小时候到过年也难得吃上一口白米饭,过年过节就算有钱,没有粮票还吃不上饭,现在这时代真好啊!"

"那时候不但没钱买吃的,也没有吃的卖,我们农村差不多到了七十年代,都是只能吃些粗粮,公社生产队到年终才会分肉,你们可要珍惜这些来之不易的粮食啊!"父亲一边摆碗筷一边说。

"不仅仅是吃饭,衣食住行,我年轻那时候和现在根本没法比!"奶奶不禁感叹,"那个时候,住的屋子四处漏风,衣服又薄又破,到了冬天不知道要冻坏多少人……"

看见奶奶说着就泪眼婆娑,我便打趣道:"奶奶不是还教我唱你们小时候唱的顺口溜吗?'吃口淀粉馍,喝碗照人汤(一碗汤里只有水和盐巴),睡到半夜里,饿得心发慌;挎起小竹筐,拽把豌豆秧;碰见村长是铁匠……'"

"问我嘴里吃的啥,张嘴看看是豆秧!"奶奶破涕为笑,应和道。

江山代有才人出,各领风骚数百年

"妈,您看您,大过年的把氛围弄得挺伤感的。"大伯笑着拍着小叔的肩膀说,"咱们年轻的时候,也算赶上好时候了,大概是九十年代……"

那时的大伯父和叔叔还都是意气风发的年轻人,赶上了改革开放的春天。小岗破冰,深圳试水,海南逐浪,浦东扬波。十几年的改革开放,已经取得了初步成就。伯父和叔叔就像改革开放浪潮中的一朵朵浪花,他们让自己与时代水乳交融,深切地感受着新时代中国的律动。

叔叔激动地说道:"还记得那时候凌晨三四点就要起床去市场进货,半夜还要一个人整理账务,但是咱们用自己挣来的第一桶金翻新老家屋子的时候,真的是既幸福又骄傲,更记得自己的小工厂落成时的那块招牌……"

那时候的伯父和叔叔才真正明白了什么叫时代:时代不是空洞的口号,不是遥不可及的空中楼阁。时代是一种机遇,一种动力,一种趋势。处在时代中的每个人难免遇到艰难困苦,但是时代会为你提供斩断荆棘的剑。每一个人都应该珍惜奋斗道路上的悲欢喜乐,珍惜一点一滴的收获与成功。时代也会在朝着既定的目标或徐或缓地前进,带动每个人走向下一个目标。

大家似乎都想起了自己的青春,那段青涩莽撞但是奋勇拼搏的时光。变革的时代为我们创造了机遇,我们也在时代的洪流中改变命运,创造辉煌……

长风破浪会有时,直挂云帆济沧海

长辈们还在热闹地说笑着,分享自己的青葱岁月、热血回忆,我和表弟坐在沙发上,听着哥哥姐姐们手舞足蹈地聊着工作以后的趣事和步入社会后的难处,在一旁也陷入深深地思考:我的青春又是怎样呢?

还记两年前的那个初夏,我还终日埋身于书山题海,作为备战高考的高三学生,每一天都是永无尽头的考试、无法摆脱的压力。我一度被备考生活压得喘不过气来,也想过逃离,也想过放弃,但是功夫不负有心人,在无数个日日夜夜的坚持后,我成功考上了理想的大学,来到了这片承载着中国无数青年人梦想与青春的土地——北京。

在大学里经历了无数的第一次:在新中国成立 70 周年国庆的夜晚,在天安门广场触摸祖国跳动的脉搏;在汇集各国学子的"小联合国"里,感受中国日新月异的发展与进步……回望这场突如其来的疫情,它并没有让这片鲜活的土地失去生机,城市虽然在沉重地呼吸着,但是戴着蓝色口罩的人们会抓住未来的希望,这其中也不乏稚嫩

的青春面庞……

我的青春，没有感受过祖辈口中难以想象的艰苦与过往，但是明白"梅花香自苦寒来"的坚持和希望；也没有参加过父辈亲身经历的改革浪潮，完成属于自己的"丰功伟业"，但是理解"江山代有才人出"的机遇与挑战。正如习总书记所教导的：实现中华民族伟大复兴的中国梦，离不开一代代青年的接力奋斗。前进的道路从不会一帆风顺，实现中华民族伟大复兴的中国梦需要一代一代青年矢志奋斗。我们生逢其时、肩负重任，更应该志存高远、脚踏实地，不畏艰难险阻，勇担时代使命，把个人的理想追求融入党和国家事业之中，为党、为祖国、为人民多作贡献。在祖国最需要的时候成为支撑祖国的栋梁，为国家贡献属于自己的一份力量。

我的青春，与先辈比起来可能没有那么轰轰烈烈，但我也曾见证中国的"战疫"时刻。如习总书记所言，这场抗击新冠肺炎疫情的严峻斗争，让我们经受了磨炼、收获了成长，也使我们切身体会到了"志不求易者成，事不避难者进"的道理，新世纪诞生的你我，终将会立起属于自己的一座丰碑！

……

新年的钟声即将敲响，窗外漫天的烟火璀璨，鞭炮声响彻云霄。家宴的饭桌上，奶奶带着大家举起酒杯，为全新的牛年，为你我的美好未来，为祖国的百年复兴，干杯！

戈壁滩上盖花园

北京体育大学 钱渝昊

"劳动的歌声满山遍野，劳动的热情高又高……劳动的双手能够翻天地呀，戈壁滩上盖花园……"这是一首留存时代记忆的经典兵团红歌，也是流淌过我爷爷奶奶的青春之歌。

1965年，在祖国西北边陲，亘古荒原、茫茫戈壁、地窝子、坎土曼（新疆的一种铁制农具）、棉花地、涝坝水，还有这激情燃烧的兵团歌曲，共同编织起了我爷爷奶奶的20岁。我的爷爷是转业军人，和我的奶奶一起，跟着部队在1965年初进驻新疆。"当时的车子和现在特别不一样，一个个大通铺，只有一个铁的小窗子，一路走了9天10夜。"奶奶对这段路程记忆犹新，"还在南方的时候一个省一个省过得快得很，到了兰州就一路都是连成片的大沙漠，以前那都没见过的！"到达乌鲁木齐，他们便被分配到石河子148团场。石河子这地方因最初四周全是戈壁滩，只是村边有一条布满碎石的干河床而得名，"没有什么房子，大家都是地窝子，白天要干农活、搞建设嘛，晚上铺上卢苇草就能睡，睡着也快活得很。"

那时新疆的夏季高温直逼40摄氏度，还有毒虫威胁，从事农事生产对人的挑战极大；每天的饭多是苞谷面糊，白面馒头都不常见；在田间劳动更多地就是靠意志，于是一首劳动号子《戈壁滩上盖花园》："劳动的歌声满山遍野，劳动的热情高又高。生产运动猛烈展开，困难把我们吓不倒。没有工具自己造呀，没有土地我们开荒啊，没有房屋搭起帐篷……"在田间传唱，激励着我的爷爷奶奶、激励着在这戈壁滩上烈日之下的军垦战士们。在当时的劳动竞赛里，爷爷唱着这号子一个人能掰十多亩地的苞谷。

但更大的挑战是在冬季，冬季新疆的气温常常在零下40多摄氏度。农闲时要做些别的生产建设任务，在冰天雪地里一天下来连衣服都被冻得僵在皮肤上，得缓好一阵才能脱下来。爷爷的胡楂经常被冻成"冰碴儿"，还打趣地说头发落雪的奶奶："头发都白了，像白毛女！"奶奶也不恼，甚至现在回想起来还是很开心。

"太阳还没出来就去出工，太阳落下去才回来，也不讲什么休息。"长达56年的岁

月里，爷爷奶奶和无数军垦先辈就是八师石河子市这座军垦名城脱胎换骨般变化的建设者和见证人，而面对曾经的苦难，他们从未埋怨过。"现在回过头看才觉得条件艰苦，当时都没想过，我们是当兵的，这是建设祖国、建设家，没人喊累偷懒的。"谁也没有想到这几世黄沙能变成高楼广厦，戈壁滩上真的建起了花园。几乎和新中国同龄的石河子，这座由军人设计、军人建设的城市，在军垦人夜以继日的奋斗中竟能变成国家级园林城市。

奶奶说："当时也会想着会变好，但是像现在这样发展得那么快那么好，是没有想到的，住地窝子的时候绝对是想象不到的，现在我感到很幸福。"荒无人烟的戈壁大漠变成幸福宜居的城市，诗人艾青写下这样的诗篇：我到过许多地方，数这个城市最年轻。它是这样漂亮，令人一见倾心……一年三百六十天，看它三万六千遍。因为它永远在前进，时时刻刻改变模样。因为我透过这个城市，看见了新中国的成长……

戈壁沙滩变良田，爷爷奶奶却渐渐年迈，体力也难以胜任繁重的农活。56年后的今天，在没有风沙和毒虫的楼房里，那首短短的劳动歌曲《戈壁滩上盖花园》，爷爷和奶奶一句搭一句地又唱了起来。这首歌承载了六十年代的青春，也承载了兵团人的精神。爷爷奶奶的许多战友都已埋骨天山，但"热爱祖国、无私奉献、艰苦创业、开拓进取"的兵团精神始终是一代代兵团人永不消逝的传家宝，是中国共产党人的精神谱系中不可或缺的一种精神。爷爷收起了笑脸，郑重地说："兵团精神是井冈山精神、长征精神、南泥湾精神、西柏坡精神红色基因的传承，你是兵团的新一代，你要牢牢记住，要把兵团的精神代代相传！要世代流芳！"

在我的成长道路上，爷爷让我这样牢牢记住的事情有很多：屋子干净、仪表整洁、对人有礼貌、作业按时完成、不能偷拿东西、犯错误要道歉……这些事情听起来都是寻常的要求，但现在想来，当我在成长的过程中面临选择、面临交织的价值判断、面临真假难辨是非难分，我都会想起这些牢牢记住的事情，让我足够清醒地前行。爷爷现在要我记住兵团精神，因为"心有所信，方能行远"，如今的我面临更多的选择，更需要不断叩问内心、守护初心。兵团靠艰苦创业起家，也靠艰苦创业发展壮大、推陈出新。要牢牢记住来时的路、记住无私奉献、记住真诚付出、记住自己肩上的使命、记住戈壁滩上是如何盖起了花园，决不能让老一辈人绿化了戈壁，新一辈人贫瘠了内心。

雪山阿爸的心声

中央民族大学　才仁吉德

甘肃省祁连雪山脚下的肃北蒙古族自治县,是甘肃省唯一的蒙古族自治县,聚居着汉族、蒙古族、藏族等各种民族。这里的少数民族,共同团结进步,共同繁荣发展,共同创造着中华民族团结进步的美好明天。

喝着奶茶的阿爸在我的追问下,讲述起改革开放以来的一切美好改变。记得上世纪八十年代初,实行了家庭联产承包责任制,集体草场分给了各家各户,个人付出与收入挂钩,牧民们的生产积极性大增,牧民们除了需要上缴的公畜外,对自家放牧的牛羊群拥有完全的自主权,收入也因而提升,部分牧户更跃升为万元户。农村出现了新景象。我家之前未完全解决温饱的情况很快得到改善,有多余的钱买了一个很大的收音机。买了收音机每晚可以听各种电台,还可以听春节晚会等,生活也不那么单调,白天唱着《毛主席的光辉》《北京的金山上》等歌曲放着牧,晚上听收音机成了每天放羊回来最期待的一件事情了。人总是有了期待,就会很努力做好每件事情,美好生活徐徐拉开了帷幕。

听着听着,有一个晚上收音机上说有关摩托车、汽车的消息,阿爸很激动,心想按照国家这样的发展趋势,学会汽车肯定比骑马有用。1985年的冬天,阿爸去甘肃省酒泉市驾校学习了7个月,回来买了辆大解放牌卡车。因四季游牧生活需求,时常给自家搬东西,也帮邻居们搬家,卡车成了增加家庭收入的一个有效渠道。不久,阿爸就在肃北县畜产品公司石包城商店当了司机,有一定的工资收入。爸爸还带着两个姐姐去酒泉市公园玩,大姐很激动,之前从没去过公园、动物园等地方,因为阿爸当了司机才会有机会坐车去酒泉,觉得自己好像去了很大的城市,还买了件新衣服,很高兴,特意照相留念,当时我和弟弟还没出生呢。

从上世纪九十年代初开始,人民生活水平持续改善,国家渐渐变得富有。雪山脚下的蒙古包毡房前每家每户都有了摩托车,自家的羊群已四百多只了,阿爸又买了客货两用新车,家里的四个孩子都长大了,夏季全家出动挤奶羊,日子过得红红火火。一眼望去,草原上的美好变化说不尽、唱不完。国家从2006年1月1日起全面免除农

业税。我家也很快在县城里买了房子，总算除了蒙古包县城里也有了砖房。不用再交税了！阿爸很激动地说，过年再也不用在乡上的商店赊账了，可以去周边的县城买年货了。之前秋季末要交农业税，自家的收入不敢动，交完税后还要买冬季羊吃的草、饲料等，买完以后就没有那么多钱，只能到乡上的商店赊账。从2006年的春节开始，算是每年或多或少可以存钱了，我家也有了存折，当时好像有存折成了富裕的一个象征。大姐二姐在肃北县城工作，都当了人民教师。2010年肃北县60大庆的时候，父母脸上洋溢着幸福的笑脸。在党的民族政策的光辉照耀下，全县各民族人民万众一心、艰苦创业，与时俱进、改革创新，从落后走向进步，从贫穷走向小康，从封闭走向开放，从苍凉走向美丽，全县经济社会发生翻天覆地的变化，经济发展又好又快、城乡面貌日新月异、生态建设成效显著、民生保障日趋完善，农牧民的幸福指数不断提升。

为实现中华民族伟大复兴的中国梦进程中，肃北县各级认真学习贯彻党的十九届二中、三中、四中、五中全会精神，以习近平新时代中国特色社会主义思想为指引，坚定不移贯彻新发展理念，为建设活力智慧和谐幸福美丽肃北作出新的更大的贡献而努力奋斗。肃北县马鬃山镇成为经济开发区，深入实施"兴边富民、固边守边"政策，争取成为一流的矿产资源开发区，加大道路等基础设施建设力度，逐步引导建立完善的交通物流运输体系。在党中央的亲切关怀下，全县各族人民守望相助、亲如一家，共同团结奋斗共同繁荣发展，创造了令人瞩目的辉煌成就，建立和巩固了平等、团结、互助的社会主义新型民族关系。肃北的发展再次证明："不管多么艰巨的任务，不管多么棘手的难题，只要坚持党的领导，全县上下团结一心，合力攻坚，没有战胜不了的困难，没有攻克不了的堡垒。"建党100周年之际，各家各户都住上了高楼大厦，我和弟弟也各自有了自己的生活，爸妈虽已白发苍苍，但子孙满堂，三世同堂，生活幸福美满。全县人民旗帜鲜明讲政治，齐心协力促发展，听党话、感党恩、跟党走，经济社会从落后走向了进步，人民生活从困难走向了小康。

风继续吹

中国人民公安大学　徐心瑢

> 一百年哟　多漫长
> 三万六千五百二十四个晚上
> 数不清哟　数也数不清
> 这么多的晚上有多少梦想
> 一百年哟　多漫长
> 三万六千五百二十四轮太阳
> 数不清哟　数也数不清
> 这么多的太阳有多么辉煌
> 一个青青的岛
> 在中国在东方
> 眼前的海哟　潮落又潮涨
> 　　　　　　——《青岛梦寻》

每当优美的旋律响起，听到张伟进如咏似叙般深情演绎的《青岛梦寻》，我就会血脉偾张。我的家乡是青岛。风，从海上来。我的先辈世代生于斯长于斯，我们在这里生活工作，在这里耕耘奋斗，这个城市的每一个角落，都留下我们的足迹和故事。我们在歌曲里，海风里，岁月里，聆听着大海的声音。

竹摇清影昨日梦

1949年出生的奶奶总得意地自诩是"共和国的同龄人"。泛黄的照片里，粗黑的麻花辫、朴实圆润的笑脸是那个年代胶东姑娘的标配。随着1969年青岛无线电二厂的成立，奶奶招工进城，光荣地成为生产线上的一名工人。当时谁也不曾想到，这便是日后驰誉国际的品牌海信集团的前身。

雷厉风行又踏实能干的奶奶很快成为同事中的佼佼者。"用力用心更要用脑子"，

是奶奶常挂在嘴边的一句话。生产线上如何才能不费料，不费时，不费劲，聪明的奶奶总能想出一些小妙招，一经推广马上被同事啧啧称赞，很快，奶奶被提升为组长、班长、生产线上的负责人。更大的责任意味着更多担当，需要更多知识。要强的奶奶白天忙碌地工作，晚上一头扎进电大夜校，把出生不久的爸爸寄养在市郊太奶家，逢周末才回去看望。七十年代的青岛，公交车少，交通还不便利，奶奶一狠心，买了一辆28寸的大金鹿自行车。

说起"大金鹿"，也算是岛城名牌了。七十年代，自行车对普通家庭来说绝对是奢侈品，骑着上街总能收获别人羡慕的目光。在那个物资匮乏凭票购买的年代，一个单位只能分到几张票，奶奶连年作为"劳动标兵"才有幸得到这个机会。

爸爸的童年记忆里，奶奶总是很忙。经常带领同事"大干快上100天"。夏天是用电高峰，遇到白天停电，晚上就要上夜班赶工，奶奶长时间不回来探望。闷热夏日，爸爸因为想念奶奶长了口疮，疼得吃不下饭，太奶心疼地把他放在浓荫下的竹椅上，口中哼唱着茂腔小调，缓缓地摇着蒲扇哄他睡觉。蒲扇摇啊摇，竹椅摇啊摇，爸爸的梦里，总有规律的海浪潮汐声和空气里咸腥清新的海风。

清风盈怀思忆长

1978年末，中国的改革开放拉开了序幕。奶奶单位更名为青岛电视机厂，正式开始生产电视。随着单位经济渐有起色，家里也宽裕起来。1982年，时髦的奶奶买回一台崭新的黑白电视机，这在整个麦岛渔村都是一个爆炸性新闻。作为全村唯一一户有电视的人家，我家荣幸地成为乡亲们晚饭后的聚集地。每天随着《新闻联播》熟悉的旋律，我家屋里屋外人头攒动，有的自备马扎，有的挤在檐下或趴在窗上。海边潮湿的天气让房间格外闷热，爸爸浑身长满了痱子，奶奶在那年暑假买回了电风扇，风扇摇头摆尾地吹啊吹送来清凉，太奶的蒲扇退休了。

八十年代，青岛电视机厂大胆引进日本松下彩电生产线，在完成了初期的学习和模仿后开始超越，成长为电视机领域的技术领先企业——海信集团。"艰苦创业，雷厉风行，献身求实，奋飞不惜"是海信的企业文化，更是每一个海信人身上的精气神儿。踏实肯干的奶奶入了党，成了一名光荣的共产党员。在离1989年除夕还有三天的时候，奶奶在全家热切的期盼中抢购回青岛彩色电视机，实现了我们家"经济建设"的又一次飞跃。那年的春晚是彩色的，18寸的彩电把原来的黑白电视比得像个玩具，这个曾经丰富了整个渔村精神娱乐生活的"大功臣"光荣谢幕。全家其乐融融幸福洋溢，到现在回忆起这件事，爸爸的眼角眉梢还全是笑意。

长风破浪在此时

艰难困苦，玉汝于成。说的是国家，也是老百姓。八九十年代，爸爸的成长时期，也是家庭艰苦奋斗、经济增长的重要时期。短短十几年，爷爷奶奶用辛勤的劳动，添置了冰箱、冰柜、空调等全套"大件"，翻新了老宅。耳濡目染，爸爸也勤恳努力地求学，入党，成家。电器随着两代人不断升级，但一如既往地选择海信，这是我们家最深的默契和情结。

千禧年，奶奶退休了。她通过电视、报纸等，依然关注着海信科技的每一次飞跃，关注着海信在"一带一路"建设中勇于担当的身影。"海信"源于"海纳百川、信诚无限"，这不仅讲做事，也在讲做人。爸爸为奶奶换上了海信智能空调，在单位用手机就可以调控家里的冷热，除湿，净化，再也不用担心青岛暑夏潮闷的天气诱发奶奶的风湿病，风徐徐地吹，奋斗一生的奶奶笑容里洋溢着对幸福生活的满足。

奶奶是我们全家的偶像，在她的影响教育下，全家都光荣地加入中国共产党，我也向组织递交了入党申请书。她不懈奋斗，努力追求美好幸福生活的精神是所有中国人的缩影。习近平总书记说："伟大梦想不是等得来、喊得来的，而是拼出来、干出来的。"胸怀千秋伟业，恰是百年风华。实现中华民族伟大复兴，是一场接力跑。正是奶奶这一代的奋发，爸爸这一代的进取，才赢得国家的腾飞和今天富足的生活。让我们在党的带领下，披荆斩棘，勇往直前。"四十载惊涛拍岸，九万里风鹏正举"，接力棒马上就要交到我们的手中。我想说：放心，我准备好了！借长风破浪，扬云帆济海，投身这个伟大的时代，通过奋斗创造更加灿烂辉煌的中国，未来属于我们！

我的姥姥

中国矿业大学（北京） 毛霈宁

姥姥郑承英的家在苏区——河南信阳。姥姥是烈士后代[1]，这样的出身铸就了她刚毅坚强的性格，也成就了她平凡而又不凡的一生。

辗转步入杏坛

姥姥 1933 年出生，她一生下来左上肢肘以下部位发育不全，太姥姥就把她扔到雪地里。后来姥姥被太姥爷找回，他不顾家人反对，坚定地认为学习可以拯救这个残疾的女孩子。

太姥爷是地下党，经常会有一些"货郎""木匠"和他接头传递消息。他还经常帮助村民解决矛盾，受到很多人的尊敬与爱戴。新中国成立前夕，国民党和一些反动分子依旧负隅顽抗。那时太姥爷已经是村长，也是地方武装大队的主力，反动分子知道太姥爷曾是地下党成员，就在 1948 年 5 月的一天午夜将太姥爷及其他四名地下党成员全部杀害。

太姥爷牺牲后，罗山县政府给了姥姥家一些经济补助，但是太姥姥思想落后，再加上家庭负担重，姥姥不得已辍学回家。姥姥始终牢记太姥爷的培育和教诲，辍学在家的她仍然在闲暇时间寻找书本进行学习，她成为村里少数几个能读书和算数的年轻人。

解放后有知识的人都被重用，姥姥当上了妇女队长。她经常去县城开会，并给村民宣传有关妇女解放、参与劳动、参与政治的先进思想。

1952 年 5 月 24 日，我国开展大规模扫盲运动，扫盲运动一直持续到五十年代末。

为了响应党的号召，姥姥积极配合开展扫盲运动，她把村里人召集到家里教他们识字；后来又在村大队部开设扫盲班，教大家学习一些简单的文化知识。由于知识型

---

[1] 采访姥姥郑承英所得，另据罗山县民政局记录。

人才较为缺乏，再加上姥姥表现积极，后来被调到县城学校任教。

走过艰难岁月

1957 年，姥姥已经成家并有了三个孩子。姥爷是个老实人，只知道种田。为了让家里日子好过一点，姥姥说服在乡下的姥爷买了一头母猪，靠生猪仔卖钱改善生活。

1958 年"大跃进"开始，浮夸风盛行，说粮食亩产千斤万斤，一年粮食够几年吃，因此上交的粮食也非常多，第二年没有余粮。姥姥全家人因为有了这头母猪，没有人被饿死。

1961 年，党中央为了缓解"大跃进"带来的困境，提出了"调整、巩固、充实、提高"八字方针。在八字方针的指导下，为了恢复农村的生产力，城市中的一些劳工重新回到农村。姥姥这时也回到了农村。

从城市回到村里后，姥姥失去了城里的工资，加之孩子们的学费一个个的累加，家里实在揭不开锅。当时不允许做生意，姥姥想办法挤出些时间偷偷和隔壁的婶婶一块卖东西，晚上再给附近的村民做衣服。

可没过多久，1968 年掀起了扫清资本主义的浪潮。先是隔壁的小店关了门，后来姥姥养的母猪也被称为"资本主义尾巴"，乡政府领导多次到家里说为了响应毛主席的号召，要坚持社会主义，坚决不搞资本主义。但这头母猪确实改善了家里的生活，加上本来就已经失去了一份收入，姥姥坚持不卖，她说："我是靠劳动挣钱，喂猪的饲料全是孩子们打的猪草，我这不是搞资本主义，是勤劳致富。"在姥姥的坚持下，这头母猪总算幸存下来。

姥姥一家人靠着坚韧不拔的精神，熬过了一个又一个的苦难，大家齐心协力，度过了艰苦的岁月。

改革开放奔小康

1978 年 12 月，十一届三中全会召开，拉开了改革开放的大幕，我国进入了崭新的时代。改革开放一系列政策落地，真是久旱逢甘霖，姥姥和村民们都高兴得睡不着觉。

因为姥姥之前"偷偷"卖过东西，她和家里人商量后，在大队部开了一家商店。

在姥姥和舅舅们的努力下，商店很快经营起来。姥姥那时已经快 50 岁了，可她经常跑武汉进货。村里人很多都不识字，一些甚至不敢出门，于是姥姥教他们识字和算数，带领大家一块致富。姥姥仅凭借一只健全的手一次能进回一吨的货。那时候出去进

货，去镇上（15华里）都是肩挑和架子车拉。去武汉进货，先步行到镇上，再坐拖拉机去信阳，之后坐绿皮火车去武汉。信阳离武汉有两百多公里，进一次货需要三四天。

姥姥家很快富裕起来，率先在村里盖起了楼房，后来还买了拖拉机。被姥姥带出去进货的几个村民也逐渐富裕了起来。蔡登凤在镇上开了商店，蔡世坤开了豆腐坊。蔡世坤说，过去不认识秤，不会打算盘，都是我姥姥教会的。①

通过这么多年的生活实践，姥姥深切体会到历史变革对个人生活的影响之大，她认为无论是国家的治理还是家庭的经营，都要找到正确的方法，要让决策经过实践的检验。

如今，姥姥已经88岁高龄，但依然精神矍铄、思维敏捷。姥姥经常告诫我们："年轻人应该学学老一辈的精神，不怕苦不怕累，为国家多做贡献。"在她的影响下孙辈们个个都大学毕业，在各自的岗位上表现优秀。

我的姥姥是一个平凡的乡下妇女，但是她的一生是共和国发展的一个缩影。小到个人的成长、大到国家的发展，都不乏各种酸甜苦辣。而我们唯有在不断正视、不断思考和不断改变中取得进步，才能拥有现在的美好。

---

① 2018年9月10日采访蔡登凤、蔡世坤及其后人所得。

小康与我家的两位老乡

国际关系学院　刘溢

"我们村可是全县排名靠前的小康示范村。"作为村里生产大队长之一的爷爷经常把这份荣耀挂在嘴边。

我的爷爷1952年出生，1958年就跟着家里人进了大队的伙食团，跟着公社吃起了大锅饭。1961年"集体所有，队为基础"的制度建立了起来。因此，爷爷从小就成长在良好的劳作氛围之中，他也经常被教导要为了社会主义的理想负责好自己抽签抽到的土地。1971年还是1972年的时候，年轻气壮的爷爷就成为村里面有名的"梗老力（重庆方言，意思是能吃苦的庄稼汉）"，之后经过队里面的选举提名，又经过村委会同意后就成为村里的生产大队的队长之一。如今走在我们那地儿，所有认识爷爷的人都会叫爷爷一声"队长"，我小时候和爷爷走在一起的时候听见了，心里还会有点小骄傲。

"三百六十行，行行出状元。"我们的村子虽然在长江边上，但是我们那里被划分为棉花生产区。每家要负责半亩地之多的棉花，七八月的时候到田地里捡棉花并晒干，然后放到村里统一保管，之后大家又会把棉花带到城里面用公用的机器除籽，最后统一卖到县里面指定的收购地。那时候的棉花被分为二等，每个等级价格不一样，但是我们生产队在爷爷的带领下，棉花的质量都不低，至今我家里都还有几床自产的棉被，十分暖和。除了棉花等一些经济作物的产田，其他土地就要种上生产队的口粮，红苕、玉米是主粮食。因此，每家都会有窖坑——这些窖坑还成为我们儿时躲猫猫的好地方。"上半年绿豆、芝麻、苞米、棉花，下半年豌豆、胡豆、麦子、豆荚"等顺口溜，我从小听爷爷时常念叨。当然，这些作物也是我们村里的任务。爷爷作为生产队长，对节气非常敏感，爷爷仿佛就是村里的"钦天监"，村里的人经常会问爷爷，这是到了什么节气啦，该种什么作物啦等。

听我奶奶说，当初她嫁到我们家也是因为欣赏爷爷，爷爷他下得力（会劳作），挑得比别人的重，干得比别人多；即便是现在，120斤的担子对于70岁的爷爷都是小意思，徒步走个十几公里也不在话下。因此，不仅在奶奶眼里，村里的人也都一致认为爷爷是个老实苦干、勤劳质朴的人，所以就有人做媒，促成了爷爷奶奶的天作之合。

爷爷奶奶成家后，村里面要遴选一个赤脚医生，那时没有几个识字的人，而奶奶曾经跟着旁听了几天的小学课程，奶奶和爷爷商量之后，觉得这是一份造福大家的职业，于是奶奶每天要走八九公里到镇上参加赤脚医生的培训。按照"多劳多得"的原则，家里除了爷爷奶奶每个月田地劳作拿到的总计17分的生产工分之外，奶奶每个月白天务农、夜晚出诊，集体还会给她补上几天的工分份额。据村里人说，我父亲这一代，村里面有一半以上的婴儿都是奶奶剪的脐带，村里大部分妇女生孩子都是奶奶接生的，就连我母亲生育我的时候奶奶都还宝刀未老呢。因此，奶奶还被很多家庭亲切地称为"二妈"或者"干妈"（村里的大众妈妈的意思）。

后来，改革开放的春风吹到内陆，吹到农村，村里迎来了第一轮土地承包（我们那里叫作土地下户），大家每年交了"公粮"后就可以在田里面更自由地种植自己想种的农作物了，整个村子里的生产积极性提得非常高。爷爷也时刻关注着农业的发展并且敢为人先，率先引进了一批新的作物进行种植试验。即便生产队已经成为历史，但是爷爷向大家分享种植经验的习惯一直没有改变。在这良好的氛围下，九十年代前后我们村就被评为全县的"小康示范村"，这个头衔从此成了我们整个村子的骄傲，而满怀参与感的爷爷他的内心也是获得感满满。

社会主义市场经济确立后，农民的商品交易不再被认为是"走资"，大家的思想得到了解放，县里开始鼓励各个家庭搞自己的副业。爷爷用卖粮食的钱买了一条船，在长江上面做起了船家，但是这就导致自己不能照看家里承包的土地。爷爷不忍心看着集体分配给自己的土地就这么荒废着，可能是来源于"大队长"的职业病吧，他又卖了船，回家在山里面种上了桃树、橘树、橙子树等经济作物。在我看来，爷爷是真的浪漫，在上个世纪八九十年代就留下了一片桃林，并且和奶奶"晨兴理荒秽，带月荷锄归"。

进入新时代以后，爷爷奶奶也不忘初心、牢记使命，他们认为那片土地就是他们的责任。2016年，重庆市为离岗赤脚医生发放补助，奶奶作为退岗的赤脚医生依然享受到了政策"红利"，她一边感激着国家政策，感激着党的照顾，一边追忆着那段穿着草鞋给病人打针开药的日子。2018年我成为首都北京大学生中的一员，爷爷奶奶嘱咐我一定要代替出行不便的他们去看天安门广场升国旗，去毛主席纪念堂瞻仰毛主席遗容。2019年我们县成功脱贫，2021年国家宣布脱贫攻坚战全面胜利。"小康不小康，关键看老乡。"爷爷奶奶对此都深有感触。

2020年，我成为预备党员，对爷爷奶奶他们的经历有了更深刻的感悟，更明白了生在如今的中国是多么幸运！在党的坚强领导下，我们要更加坚定地走中国特色社会主义道路，即便是如同爷爷奶奶一样来自农村的微光，也要在党的指引下为"中国梦"砥砺前行发光发亮。

回眸

北京服装学院　刘怡君

不同的成长经历，烙下不同的时代印记。《回眸——我的人生历程》是太爷爷于95岁付梓成书的回忆录，耄耋之年动笔，期颐在望完稿，为的是记述人生轨迹，供后辈参考。

"回顾我的人生轨迹，可以分为两个大的阶段。第一个阶段：幼年在故乡上学，读到初中毕业；抗日战争期间，独闯天下，我的命运我做主，颠沛流离，但没有离开求学读书，当教师，最后考入北师大，抗战胜利复校北京。第二阶段：参加学生运动，后到解放区参加革命，解放后一直从事政治思想教育工作，直到1984年离休。"

在我看来，太爷爷一生跌宕，阅历丰富。少年命运坎坷，不以为苦；青年时逢巨变，南渡黄河。他讲过许多的故事，从就读国立一中（当时教育部为收容河北省流亡师生成立的第一所中学，位于河南淅川上集），到奔赴兰州西北师范学院（北京师范大学抗战期间西迁降格组成西北师范学院，位于兰州西十里店）考入国文系，再复校北京，融入学生运动的洪流中，逐渐参与政治，一步步从革命群众彻底走上革命道路。"文革"期间受冲击，先被隔离看管，后以"黑帮"身份下放农场劳动，直至拨乱反正，改革开放后站好最后一班岗。

印象最深的，是他讲解放前的北平学生运动。

1946年末，沈崇案引发全北平各大学学生串联发起反美大游行，义愤难平，他第一次参与了学生运动。

"此次游行激发了广大学生的政治热情，学生们纷纷走出书斋，放眼社会，关心时局发展和国家的前途命运。1947年春天，各校学生中进步社团如雨后春笋，纷纷出土，蓬勃发展。"

"在此基础上，北大、清华等牵头成立了华北学联，集中领导北平的学生运动。当时，我们并不知道华北学联和各校的学生运动是由地下党领导的。"

"到1947年的'五二〇'反内战反饥饿大游行时，学生运动已在全国范围内达到高潮，成为不可忽视的政治力量。大游行组织得非常成功，参与人数比反美大游行多

得多，许多中学生也参加了。运动的声势和影响力都是空前的。游行组织严密，秩序井然，没有遭受什么阻挠，很顺利地完成预定目标。"

"游行揭露国民党政府发动内战致使民不聊生的罪恶行径，对全社会影响很大。当时抗战刚刚胜利，经济非常困难，再加上通货膨胀，物价暴涨，物资匮乏，人民群众的生活非常困苦，学生喊出了他们的心声，获得共鸣。"

"我们吃的是美国救济总署的面粉，有些亲国民党的学生嘲笑我们吃着美国面粉反对饥饿，我们理直气壮地驳斥他们，我们反的是广大人民群众的饥饿！"

太爷爷耳闻目睹的学生运动，是他从远离政治，只求独善其身，到思想震动，走向政治觉悟，最终以从事政治教育为终身事业的关键转变。此后，他于1949年12月光荣地参加了党的组织，立下了为共产主义奋斗终生的志愿。

"为人还要有五心：要常怀忧国之心，常怀感恩之心，常怀敬畏之心，常怀知耻之心，常怀恻隐之心。"当他谈及修身感悟时，为首便是忧国。

听他讲述亲身经历，真切地感受到青年人的爱国情怀凝聚起来的五四精神，不是随随便便的一种东西，它代表着中华民族青年的血性、担当，是自觉与国家命运同向同行，故而遇险不惧，逢难不挫，誓将理想信念见诸行动的家国情怀。

位卑未敢忘忧国，觉醒年代抑或是革命年代，一代又一代青年将个人命运与国家民族的命运捆在一起，用热血映照、践履家国情怀。得其大者可以兼其小，以先进青年知识分子为先锋的五四运动，促进了马克思主义在中国的传播，为中国共产党的成立创造了思想上和干部上的条件，而中国共产党成立后又直接领导并推动了青年运动的发展，有志青年因此明确了奋斗方向，实现了人生价值。

青年运动始终同国家、民族命运紧密相连，时至今日，没有枪林弹雨，不用忍饥挨饿，但每一代人有每一代人的长征路，从生活的小康到精神的富足，从事业的成功到价值的实现，每一代青年都有自己的际遇和机缘，都要在自己所处的时代条件下谋划人生、创造历史，走好自己的长征路。每个人向着梦想的努力，描绘出一个时代壮阔的追梦蓝图，更汇聚起一个国家持久的追梦力量。

无论过去、现在还是未来，中国青年始终是实现中华民族伟大复兴的先锋力量。往昔先辈无畏向前，今朝吾辈奋勇争先。值此百年未有之大变局，你我青年，更应将个人发展融入时代洪流，以青年之理想，创建理想之中国。

窗

北方工业大学　李生生

很多年以前我问爷爷，怎么别人家都有传家宝而我们家却没有呢？爷爷笑眯眯地指着不远处的一扇窗说道，这就是我们的传家宝。很是好奇，于是爷爷便给我讲述了一段多年之后我才明白的往事，也是到那个时候我才知道这扇窗的价值所在。

视野里只有一个窄窄的四方，目光从窗棂上越过，伴随着爷爷的记忆，飘向远方。

一扇矮矮的木窗，几块木板钉成不规则的窗棂，几颗残损的钉子深陷在木板里，反射出点点光亮，像伴随着绝望的号哭的泪花。梅雨天里，木板漫出潮湿的霉气，拒人千里之外。

已锈蚀的铁锹倚着窗，将劳作了一天的躯体委以窗棂，沾着黄泥的草鞋也靠着它，看了一帘夜雨。

少年时的爷爷时常趴在窗旁，窗框上的木刺时不时扎破他的手，爷爷也不在乎。雨停了，爷爷穿上草鞋，拿着铁锹，跟着生产队开始这一天的任务。

窗外是浸水的原野，还有一条泥泞的小路，仅有一人多宽。原野之上，生产队在耕作。一个黑黝黝的少年，时不时擦着额头上的汗水，费力地铲着土，一下又一下，不停地重复着相同的动作，那是爷爷。小路上好不热闹，提着用油票粮票换来的柴米油盐，人们匆忙赶路，似乎仍担心着天公不作美。小孩儿却不以为然，三五成群地玩着泥巴，一个个脏兮兮的。偶尔有自行车打着铃铛，声音融入原野，别有一番风味。

十几年后，爷爷盖了新房，有了新窗。

油漆已斑驳了几块的窗框，一扇锈迹斑斑的铁窗，终于有了少许整齐的形状，平滑了些的线条，但它并不美，米黄的涂料掉了几块，杂糅着铁锈的褐色。

窗外，小路拓宽了许多，也很平整，自行车摩托车往来不息。小孩儿也少了，都要上学呢。原野变成了工厂，也多了些花草树木。每个工厂几乎都顶着"时间就是金钱，效率就是生命"这些个醒目的大字，偶尔还会有金发碧眼的外国人进出。爷爷早已放下了铁锹，脱掉了草鞋，穿上一身蓝色的工作服，成为工厂的一名员工。每天早出晚归，尽管很劳累，但是爷爷还是很高兴。

好雨知时节，一场雨后，黄土润出成熟的肤色，绿的显出青，粉的显出红，生命被赋予新的形体。

多年之后，爷爷老了，爸爸建了新房，又有了新窗。

一扇不锈钢的防盗窗，它的形状曾被尺规精密地测量，是四方的，栏杆上没有锈迹，是光亮如新拭的，钢化玻璃在窗框间被来回推搡，早已厌了沿途的风景。

窗外，小路变成了柏油路，工厂不再，一幢幢高楼平地起。夜雨显不出痕迹，霓虹灯闪烁不停，雨幕让灯光流动，车流在期间穿梭，光的纽带纵横分布在每个缝隙，大厦披着星海般灿烂的光，仿佛身着霞帔。爸爸将爷爷以前所在的工厂打造成了科技工作室，每天西装革履，带领员工努力工作着。

穿梭在岁月的峰头，走过历史的云烟，古老萌动了青春，进步窒息了腐朽，终于知道这一扇窗意义所在。这是一扇承载着时代变迁的窗，也是一扇新老传承的窗！

悠悠岁月，百尺竿头，爷爷和他那一辈人用青春汗水打造了一个全新的时代，当他们退居幕后，爸爸这一代人便前赴后继，为更好的时代添砖加瓦。可有一天爸爸也会老去，如今，我已是青年，那我呢？我想，当如习近平总书记寄语青年：立鸿鹄志，做奋斗者。

迷人的彩虹出自大雨的洗礼，丰硕的果实来自辛勤的耕耘。我很庆幸出生在这样一个崭新的时代，并且拥有最美丽的青春，成为建设中国特色社会主义各项事业的主力军和接班人。我想我会时刻铭记梁启超先生"少年强则国强"的誓言，如同爷爷和爸爸一般，在中国共产党的领导下，以青春之我，创建青春之国家，将窗外的风景打造得更加绚丽多彩。

乘风好去，长空万里，直下看山河。看风景的人一代代更替，但亘古不变的是风骨，是青春，是建设我之中华！

往后，我们会走到哪里，这扇窗会变成什么样子，窗外又会是怎样的风景呢？

那双鞋子常沾满泥土

北京工商大学　米若玉

　　姥爷掏出一张纸，不知在口袋里揉搓了多久，被泥土和各式各样的药液浸得脏兮兮的，他在纸面上反复摩挲着想让它变得平整，用圆珠笔在上面写下了两个字——"国"和"家"。我爬上姥爷的膝头，他一个字一个字地教我："这是国，这是家……"我含糊地跟着他念"国……家……"他似乎很高兴，将我一把抱起高举过头顶，细瘦的手臂却非常有力，我看到他头上细密斑驳的白发、落满灰尘的门框顶、平视周围人的眼睛。

　　那时候，我只有四岁。

　　姥爷的鞋子很脏，这件事在我很小的时候就知道。鞋子常常混合着家畜的粪便和黄土，散发着牛和羊身上特有的气味。这双鞋，丈量了千百户人家的院场、走过了无数条泥泞的小道。有时候一脚踏进雪坑中，从外湿到里，风一吹，刺骨的寒冷冰侵人。

　　我的姥爷是一位乡村全科兽医，为牲畜打防疫针、治病、配种。不管冬夏还是白天黑夜，只要有急诊，放下电话披上衣服就走，骑着自行车到村子里进行治疗。崇礼地处山区，冬季最冷气温可达零下二十摄氏度，就算天气再冷，姥爷也会尽快抵达农户家中，因为他知道，几只羊、几头牛，可能是老百姓辛苦了一整年的血汗。雪路难走，漆黑的夜晚伸手不见五指，姥爷一个不注意就会骑车摔倒在坑里，或是公路下，爬起来继续踩着那双沾满泥泞的鞋，一步一步往前走。

　　姥爷说，退休以后虽然年纪大了，但是他还干得动，人民依旧需要他，作为一名党员，还是要奉献自己的一份力量，发挥自己的余热。七十岁了还要带领团队搞防疫工作，分管高家营、红旗营等乡镇，防治猪瘟、鸡瘟、禽流感、牛羊口蹄疫等疾病，依旧是挨家挨户地去。

　　1970年，姥爷从县办兽医班毕业，到西湾子公社做畜牧兽医工作，住在兽医站，平时就是在村子里为乡亲们生产小队的牲畜看病。姥爷常年下乡，有时候住在大队或者生产队饲养房（生产队各小队开会、讨论问题的地方，也是饲养人员住宿的地方），很多人睡一个大炕。当时条件很不好，买东西都要靠票，买米要粮票、买布要布票，

人民生活水平比较低。1971年跟姥姥成家,家里穷得只有一碗放了多年的陈米。但是姥爷依然坚定地相信:"只要跟着党走,一定能过上好日子。"

我曾问过姥爷,为什么会有这么坚定的信念?姥爷是这么回答的:纵观党的历史,你要明白一个道理。共产党为什么能执政?因为共产党是为全中国的老百姓服务、为全中国人民谋幸福的,而不是为了个人,所以中国共产党能够领导中国人民站起来,能够屹立于世界民族之林,这是我党与其他党派的根本区别,是中国人民可以信赖的党。

这样的生活一直持续到1978年。十一届三中全会后,中国开始实行家庭联产承包责任制,把经营权分给了人民,自负盈亏,调动了人民的生产积极性,老百姓的生活水平逐步上升。改革开放以后,中国的经济终于开始振兴,中国共产党领导中国人民进行经济建设和国家建设,人们的生活有了很大改善。1970年,姥爷在西湾子公社兽医站是工分加补贴制度,每个月补贴6块钱生活费。1976年以后,改成了工资制,第一年挣18块钱,第二年挣24块,第三年28块,第四年32块……每年的收入都在提高,生活条件也逐渐变好了。妈妈也终于在农村的土山坡上玩耍时,吃得上白面馒头了。

1988年秋天,五道沟的山上失了火,姥爷作为党员,积极响应党的号召,为了保护人民的生命财产安全,带头上山灭火,用土埋、用铁扫帚打,从早上打到晚上,打完了还要巡查,防止复燃,鼻孔里都是黑漆漆的烟灰,眼睛也被烟熏得红彤彤的,即便如此,姥爷也从未后退过一步。

2007年,河北省提出了"三年大变样"政策,推进全省城镇化进程又好又快发展和社会全面进步。国家投入巨资,集中规划、集中搬迁,姥爷家住上了楼房,有了集中供暖。姥姥生了三十几年的小煤炉,终于寿终正寝了。

很小的时候给姥爷过生日,我蹦跳着关上灯,让姥爷吹蜡烛许愿。姥爷说:"愿天下太平,老百姓都能过上好的生活。"在家人看来,这种时候许这样宏大的愿望可能有些小题大做,但我的姥爷就是这样一位不合时宜的人。

我和姥爷之间虽然隔着漫长的岁月,但姥爷从未疏于对我的教育。家庭聚会时,别的人都在问我,成绩如何,工作忙否,只有姥爷会兴致勃勃地问我:"你知道毛岸英的故事不?""我出一道题来考考你。"给我讲他读过的书,聊历史、讲党史,告诉我今天所拥有的一切来之不易,要珍惜现在的好生活。家里人总不爱听姥爷讲话,但我从小到大一直都是他忠实的小听众。

姥爷一辈子从未大富大贵,但儿孙孝敬、邻友尊敬,十里八村提起来没一个人说他不好的。因为我知道,他的天下,或许在很远的地方,但他的江湖,就在他脚下的鞋子里。

默默守护的他

北京第二外国语学院　　王永琪

"大渡河前，铁索飞渡英魂泪；腊子口上，千丈陡壁挂悬崖。"

每年清明节，位于辽宁省抚顺市新宾满族自治县响水河子乡响汉村南腰岭岭顶的烈士陵园中，都会回荡着这样慷慨激昂的声音，这是学生们前来祭扫烈士陵园。无论风吹雨打，响水河子乡九年一贯制学校的师生都会如约前来。一如烈士陵园前高高矗立着的写有"革命烈士永垂不朽"的纪念碑，永远守护长眠于地下的18位烈士。

与此同时，每年祭扫烈士陵园之时，都会出现一个羸弱而坚定的身影，那就是"辽宁好人"——徐根绪。1950年出生的老党员徐根绪如今已经70岁高龄，从1993年开始守护烈士陵园，至今已经历27个春秋。

从我儿时起，父亲就给我讲述这位守护者的故事。当年村干部询问他是否愿意当守墓人时，给出的工资是一个季度135元，工资微薄又要耽误农活，没有人愿意接下这份苦差事。可即便如此，徐根绪还是一口应下。"干，信着我，我就干，不给钱也干。"徐根绪铿锵有力地说。

徐根绪一家的红色基因实则是从他的外祖父那里继承来的。他的外祖父曾经是老土改干部，给八路军带过路，帮他们在地窝棚里躲避过敌人。他把烈士当作自己的亲人，逢年过节的时候就会祭奠这些烈士。目睹了外祖父的所作所为，徐根绪对烈士们的感情也愈发浓烈。我想正是因此他才会毫不犹豫地接下这项艰苦的工作。

自此，徐根绪和妻子开启了27年徒步往返十多里山路，默默守护烈士陵园的艰苦征程。其间，他们不间断地修缮烈士陵园，又在周围栽上松树和开花的樱桃树，让烈士们在更好的环境中安眠。如今70岁高龄的老人已身患股骨头坏死、关节炎、气管炎、腰脱等多种疾病。他的儿子党员徐万龙接下了父亲手上的重担，每周用板车推着父亲去烈士陵园，又背着父亲走上一级级台阶，陪着父亲与烈士们说说话，给烈士们倒一杯酒，抚慰烈士们的心灵。对于这些烈士的英雄事迹，老党员徐根绪总是如数家珍，想要将这些故事一代一代地传承下去。

烈士陵园共有18位烈士，而其中只有6位留下姓名，另外12位则是无名英雄。

这些解放战争的英雄为了新中国的解放，为了人民的幸福而英勇奋斗，舍生忘死。其中有一名叫张大德的解放军连长，在乡亲家中吃饭时被国民党发现，在撤退时不幸牺牲。此外还有血洒旺清门江南战场的年轻战士，其中最小的甚至不足 20 岁。这些残缺的身体起初就那样潦草地埋在了荒山野岭中，而后迁移至后山，之后又移至如今的烈士陵园安家。更为悲惨的是，其中大多数人甚至尸骨无存，所谓坟墓不过是衣冠冢。

老党员徐根绪还讲起自己父亲的故事，当年他的父亲年迈到无法行走，仍让他背着自己去交党费。我想当年之事一定也在青年徐根绪的心中播撒下了对党忠诚的种子，而这种子后来便开花、结果，代代传承。而今，新冠病毒肆虐，一直拿着微薄工资，做着艰苦工作的老党员徐根绪，又向响水河子乡政府捐出省吃俭用攒下的 1000 元支持抗疫工作，他的儿子党员徐万龙也加入志愿者的队伍，连续 20 多天坚守疫情防控一线。

我的父亲给我讲述这些优秀党员的故事，而他也展现了党员甘于奉献的精神。我的父亲在工作岗位上兢兢业业，多次参与抗洪抢险、森林防火，还 9 次献血给病人带去生的希望。他时常教育我要感念党、爱护党，所以，进入"二外"以来，我一直积极响应党组织的各项活动，现如今已成为一名积极分子。在疫情期间，我主动加入响水河子乡党委疫情防控志愿者的队伍，挨家挨户分发口罩，检查疏导来往车辆。东北的冬天很冷，但在服务社会之时，我的心却是温暖的。

正如习近平总书记所说："一代人有一代人的长征，一代人有一代人的担当。"解放战争时期，解放军为民抛头颅、洒热血；和平年代，徐根绪一家延续党员无私奉献的精神，27 年守护烈士陵园；我的父亲也发扬党员精神，做好事、做善事；而我也会把党员的精神传承下去，像先辈一样默默守护党、守护国家。

在 2021 年这个伟大的历史节点，每当我回顾这百年来甘于奉献的优秀党员时，我的眼前时常浮现出烈士纪念碑前老党员徐根绪目光坚定地为学生们讲述革命烈士英雄事迹的场景……

再见绿皮,再见了绿皮

北京物资学院　丁吉雨

1978年,史诗般壮丽的中国改革开放拉了开大幕。在改革开放的伟大实践中,中华民族实现了从站起来到富起来的跨越。改革开放是我父母同我一起经历的时期,他们是开头,我是中间,正正好好赶上新中国高速发展的时代,我与父母三十多年的时间鸿沟,被国家的发展拉近了。

离乡时间拉回到1978年,那时的父亲,最大的愿望就是当一名电影放映员,他说这样就可以一直看电影不回家了。看电影"旅游"是他一直以来的梦想,世界那么大,小小的放映机就可以装下,也装下了一个少年的梦。只是,之后的这个新疆哈密小城,没有我爸这么一个电影放映员。

他坐上了绿皮火车,放映机已经不能满足他的愿望了,他想亲眼看一看祖国的大好河山、大城市的鳞次栉比。

北京—新疆一线,是全国运行时间最长的线路,火车三天三夜72小时,严重超员,到站不开门,或只能下不能上,着急只能翻窗户上车。现在看来危险拼命的行为,那时的人们习以为常,脸上依旧洋溢着笑容。父亲说,车厢里面分三层;座位底下躺一层;座位上挤一层,座位靠背还能坐一层,必须手抓行李架,否则停车会掉下来。

那时,贫穷的少年站站靠靠,三天三夜,全靠着窗外的心中所想,硬撑着来到了北京。

当然,母亲也是。山东到北京,得坐一个晚上8小时。从潍坊到青岛的那一段,座位下面躺着人,地上也坐着旅客,厕所脏得进不去,车厢里乌烟瘴气,臭气熏天。条件的艰苦,依旧挡不住淳朴民风洋溢在车厢里,大家谈笑风生,打牌的,聊天的,看书的……如果有急病,广播站会播报,碰巧有医生旅客的,就会救死扶伤,甚至还有接生的。到了某站,入口挤不上来的,就爬窗户,里面的人都会帮忙拉一把。

火车站人山人海,母亲拉着行李在人海中穿行,我舅舅在后面替我母亲扛着大包,眼见快要失散了,没办法,他把大包高高举起,远远地递给我母亲,母亲使出洪荒之力接过大包,独自在茫茫人海中跋涉,用眼神跟我舅舅告别,心中一阵惆怅。

我母亲第一次去新疆哈密，是和我父亲结婚之后。那时，贫穷的青年有了一点积蓄，终于有了座位，带着年少时的欢喜回家。一路的颠簸也有了寄托，绿皮车也有了改进。车次的增多，管理的改进，技术的革新，为父母爱情增添了保障。我朋友路路的父母就是在火车上认识的，漫漫长路，自此她的名字也被寄予了"慢慢长路的爱情"之意。

2002年，我出生了。改革开放实行了24年，崭新的一切迎接着崭新的我。5岁的时候，我和爷爷奶奶也归了一次家，那时的车速已经提到160公里/小时，到新疆哈密只需要三天两夜。

都怪年龄太小，我已经记不清当时的情景，但食物还留在记忆里。记得上火车之前一定要买吃的，八宝粥、香肠等，那时人们还不是很习惯火车上热腾腾的饭，总是带着大兜小兜的吃的。每个火车站的站台会有一个小推车卖吃的，堆得满满的。火车进站时我就会扒着窗户看推车上的泡面，那时多么向往大人的吃食啊，泡面的香味总是萦绕在年幼的我的记忆里。宠爱我的爷爷偶尔会下车帮我买一盒回来，但我总害怕车开走了，他还没上来。

过去，人们总是带着满满的期许离乡与归家，因为从前的旅途很漫长，路上也往往伴随着窘迫。跨入千禧年后，车厢已经整洁宽敞了不少，舒适度也已经好了很多。

如今，我依旧保留着乘坐火车的爱好，火车平稳也快，更主要的是你能亲眼看到时间的流逝，风景的变换。夕阳倚着天山缓缓落下帷幕，被镶上金边的祥云，风吹着它向某一方向飘散，松林间穿梭，总希望能开到一段向着夕阳的路。牛羊成群安顿了下来，零零点点的星星开始散落在天空各个地方。我心心念念的大自然，你一定不知道，我看你的时候真的是满眼溺宠。

原谅我像个没见过世面的傻瓜一样扒在车窗边，仰望整个星空，惊叹被它照亮的荒芜戈壁。戈壁啊，这片只属于你的星空，借我看一眼好不好？是你的便谁也夺不走。

2019年春节，17岁的我乘坐高铁回我母亲家。高铁停靠在了德州。站台上的哥哥因为职业的特殊无法归家，车内的婴儿在母亲的看护下咿咿呀呀望着他。一眼，就一眼，我便将思念寄予你，你能否感受到？无论你带我去哪里，只要最后是家，怎么都好。

火车就是这样的一个存在，是历史，是未来。在我们中国人的心中，火车更是家。火车搭载着年少时的人们离乡，追寻梦想；而团圆之时，火车又带着游子归家。

改革开放让我们感受最深的便是火车。从绿皮到复兴号的白皮，我无法说清技术的高超，但是我能体会到这样的一场技术革命为多少情感和精神撑起了一片天，庇护着一代又一代年轻人的梦想。再见绿皮，让我和绿皮说一声："再见了，你辛苦了！"

家国命运　息息相关

北京电影学院　　陈诗宇

1984年夏天的一个上午,在建国门内大街,北京晚报社的一位青年排版工人正在进行次日报纸的排版工作。忽然,头版上的一则新闻引起了他的注意——"刘主任入党了!"

报道中提到的这位刚刚入党的女同志不是别人,正是这位青年排版工人的母亲,也就是我的奶奶——刘灵恩。

时间回溯到三十多年前,那是1949年10月1日,17岁的刘灵恩站在长安街旁,与身旁的人们一起等待。上午十点,毛泽东主席在天安门城楼上宣布了新中国的诞生。那一刻,这片饱经风霜的土地颤动了,刘灵恩和无数青年学子一齐欢呼,将手中的花束扔向天空。年轻人的满腔热血不会显得幼稚,他们是新中国的希望,新中国的诞生也照亮了他们生活的前路。那是她人生的起点,也是一个古老国家的新生,为国读书的想法在她心中悄悄埋下。

一年后,她考上了北京大学医学院。尽管这不是她的梦想,她喜欢文学,期望用文字记录下这个变革中的时代。在她的志愿填报表上,第一志愿的北京大学中文系新闻方向,被父亲改成了医学院口腔医学方向。但刘灵恩并没有放弃自己,在四年的大学生活中,她一直努力学习,未曾松懈一分一毫。毕业后,她被分配到吉林省四平市,成了一名基层口腔医生。尽管这座城市远离家乡,并不富裕,但在她心中,无论舞台大小,都有施展才华的空间。

然而世事无常,1957年她便被错划成右派,她的工作也从治病救人变成了打扫医院内的卫生。今天,我们已经无从了解其中的诸多细节,她心中的委屈、她经历的磨难,她只是和那个年代里许多知识分子一样,失去了用知识报效祖国的机会。之后的十年间,她一直是医生和保洁员的身份。

讲到这里,父亲停顿了一下,然后跟我说:"个人的命运是和国家的命运紧密相连的,每个人都是时代的参与者与承受者。"

在"文化大革命"中,爷爷奶奶一家一起被下放农村,在乡村里做起了赤脚医生。

我听亲人讲"四史"

十里八乡的乡亲们都很尊敬这些新来的大夫，在他们心中，这些人并不是什么坏分子，而是他们生的希望。这些有着真才实学的医生，以村里的卫生院为基站，只要附近某个村里打来电话求助，他们便坐着牛车奔赴患者家中，不收一分钱地为穷苦人家看病。

但无论如何，那段时间都是她人生的低谷。北方的寒风钻进家徒四壁的房间中，使她的身体落下了病根。她无法继续站在牙科医生的手术台上，只得背起药箱，挨家挨户地看乡亲们头疼脑热的小毛病。整个社会不搞生产搞运动的风气，更使像她这样受过高等教育的人精神遭折磨。

好在一切都有雨过天晴的时候。"文化大革命"结束后，拨乱反正，爷爷奶奶得到平反，回到了自己的工作岗位上，一家人回到了北京。社会逐渐步入正轨，国家面貌日新月异，学生重回学校，报纸刊物重新发售，医院里也需要优秀的人才。奶奶一回到北京，就到和平里医院任口腔科主任。在改革开放初期，百废待兴，人们对知识有着强烈的渴望，如奶奶他们这样曾深入到最基层群众间、有着丰富治疗经验的医生，受到了社会极大的尊重。

奶奶那时已经46岁了，走过半生，她将自己最青春的年华奉献给最贫苦地区的人民，条件最艰苦时没有一丝怨言，来到新的医院里，做了一个科室的领导，也从没有领导的架子。回到北京后，奶奶在工作上孜孜不倦、兢兢业业，把自己未曾施展的才能尽情发挥，焕发了人生的第二春。五十多岁时医院搬迁，她带领整个科室的人擦玻璃、搞卫生，和年轻人一样劳动，她的工作能力和业务能力在同事们间得到了广泛的认可。

1984年，医院党支部的领导注意到了口腔科的主任刘灵恩。她积极工作，给整个医院树立了良好的榜样，于是党支部领导找到她，鼓励她积极进步，提交入党申请书。

对奶奶来说，入党一直是一个荣誉且庄严的梦。她儿时在东北读小学，看到日本人欺负中国百姓，那时她就深刻地感受到了国家的衰弱。后来北平和平解放时，她正在读中学，她和同学一起跑去前门，热烈欢迎解放军的到来。再后来在天安门广场上，她见证新中国的诞生，感受这热情似火的新时代。她不愿意一直做一个旁观者，如果她能成为一名共产党员，她一定会更加努力工作，奉献自己！

奶奶因为早年间生活的艰难，积劳成疾，于1998年去世了。她在自己的医生岗位上奋斗一生，生命中最后的14年更是作为一名共产党党员，数十年如一日地尽心工作。在不平凡的时代中，在平凡的工作岗位上，使自己一生的命运和国家的发展紧密联系在一起。

她是我素未谋面的奶奶，也是我心中的榜样。像她一样，我仿佛也天生对文学有着浓厚的兴趣,而不同的是,正因有奶奶那一辈人的努力,在新时代,家人与社会都支持着我去追寻热爱的事业。2020年,我怀揣着这份梦想走入北京电影学院。入学伊始,我就暗暗要求自己,一定要在努力学习专业知识的同时追求思想上的进步,积极入党。奶奶的人生经历激励了我,她帮我提高了对党的认识和对信仰的坚持,帮我树立了为共产主义事业奋斗终生的远大目标,更是鼓舞我前进的力量。

听爷爷讲述青春岁月

北京工业大学　屈岱萱

在此次的"我听亲人讲'四史'"活动中，我采访了我的爷爷屈仲诚同志，一位光荣的共产党员。他18岁保送入伍，为祖国的航空航天事业奉献了自己的整个青春。爷爷用自己的亲身经历向我展示了中国对于科研事业的重视，对航空航天事业的重视。我震惊于新中国成立以来中国科技事业的飞速发展，感动于一代代科研工作者的艰苦奋斗、开拓创新、砥砺前行，也感叹于中国共产党领导下中国人民强大的民族凝聚力。

保送军工，是我青春的开始，也是影响一生的转折

1961年7月爷爷保送入伍，从那天开始他的人生翻开了崭新的一页。那年夏天的一个决定让他的人生从此与国家的航空航天事业，与国家的科研事业结下了缘分。

那年7月，爷爷以优异的成绩保送到了哈军工（中国人民解放军军事工程学院）的数学力学系，开始了他的大学生活，也是他的从军生活。

哈军工，这所神秘的学校只存在了短短的17年，或许很多人都闻所未闻。但就在这短短的十数年里，这所学校走出了100多位将军，1000多位科研院所领导、两院院士、博士生导师，创造了一个又一个奇迹。无论是两弹一星，还是载人航天，随处可见军工人的身影。这所学校用这短短的十几年光阴为新中国史画上了浓墨重彩的一笔。

爷爷跟我说，他当年选择军校时并没有那么多崇高的理由，只是因为军校不需要家里出学费和生活费，可以在不拖累家里的同时满足他的读书梦。

然而，就是这个选择也彻底地改变了他的人生，把他引领上了一条为祖国的科研事业、航空航天事业挥洒青春汗水的道路。成为军工人，成为哈军工的一名优秀的毕业生，是他一生的骄傲。

来到基地，我见证了中国卫星、导弹的一次次飞跃

1966 年 8 月爷爷从哈军工毕业，被分配到了酒泉卫星发射中心，从此正式开始了他的科研工作生涯。

在甘肃酒泉，爷爷见证和参与了 1970 年 4 月中国第一颗卫星东方红一号的发射以及 1975 年 11 月中国第一颗返回式卫星的发射。

东方红一号的成功发射，标志着中国的科学技术和工业进步达到新高度，在东方红的乐曲响起的那一刻，中国向世界宣告中国从此进入航天时代。

1977 年 9 月爷爷来到了海军江阴基地，1980 年参与了东风 5 洲际导弹的发射试验，还于 1982 年和 1986 年分别参与了中国第一颗潜地导弹和中国第一颗通信广播卫星东方红二号的发射。

"580"任务的圆满完成，标志着我国第一代洲际导弹研制任务的胜利完成，标志着我国战略导弹核武器达到了新水平，更是远望号船和人民海军水面舰艇编队"走向深蓝"的起点。

在基地的这些年里，爷爷见证了中国卫星、导弹的一次次成功，一次次进步，一次次突破，也见证了中国科研事业的一次次飞跃。

580 任务的圆满完成，使我永生铭记

在访谈中，爷爷告诉我，1980 年东风 5 洲际导弹的发射试验是他印象最深的、永生难忘的回忆。

爷爷作为导弹落点测算的人员，在远望二号船上执行了 580 任务。

这是一次困难重重的任务。赤道附近的高温，晕船带来的呕吐感不断考验着第一次过海的他们。

这是一次争分夺秒的任务。一路上他们的舰队不断遭受着美、日、澳等国舰队的跟踪，各国都虎视眈眈地紧盯着他们的每一步行动，都觊觎着导弹的数据舱，在各国之前完成数据舱的收集是这次行动的关键，精准的计算、迅速的行动是这场与时间赛跑的关键所在。

这是一次震惊世界的任务。在当时的国家实力和科技水平下，这无疑是一个奇迹。此次由 18 艘舰船进行的远航是新中国海军迄今为止最大规模的远洋军事行动，全世界都对中国舰队的突然出现感到无比惊讶和震撼，如此规模和水平的舰队行动只有几个海军强国可以实施。

这更是一次刻骨铭心的任务。这次任务向世界宣告中国的战略核打击力量已覆盖全球，中国早已不再柔弱，不再任人宰割，中国已拥有在未来的任何战争中对任何敌人的还手之力。580任务的成功，为中华民族赢得了先前近代史中早已丧失殆尽的尊重。

科技是第一生产力，人才是第一资源，创新是发展的第一动力

中国科研事业的飞速发展离不开党和国家的对科研事业的重视与扶植，也离不开每一位科研人员的奋斗与拼搏。

弱国无外交，而科技水平便是判断国家是否强大的重要标准之一，因此大力发展科技，鼓励科研是中华民族站起来、强起来的必然要求。然而科研是高投入，但回报周期极长的事情，没有党和国家的支持、投入，就没有如今的"大国重器""中国速度"。中国特色社会主义制度的优越性就体现在集中力量办大事上。因为国家不惜一切的投入，中国的航天事业才能不断地发展不断地取得一次次世界瞩目的成就。

中国科技事业的飞速发展也离不开一代代科研人员的付出。新中国建立初期，无数科研人员放弃国外的安逸生活毅然回国，隐姓埋名地搞科研，在简陋的条件下做实验，是那一代人带回的先进科研经验为中国打开了科学研究的大门，为如今的科研工作打下了坚实的基础。无论哪一代科研人，尽管所处时代不同，都有着同样炽热的爱国之心，都有着同样的为祖国科研事业奉献的澎湃激情，都勇敢地扛起了用科技守护祖国守护人民的责任。

未来的中国需要我们年轻一代的努力，继承先人们的志向为祖国未来的科研事业挥洒智慧、奉献力量。我们今日之"00后"，虽仍在学海求索，但我们必将发扬前辈之精神，永不停歇前进的脚步。

外公的七十年革命路

北京工业大学　陈芊秀

祖国的发展正蒸蒸日上,日新月异,实现中华民族伟大复兴的中国梦的历史进程正稳步推进。作为一个担当民族复兴大任的时代新人,我深刻地认识到,实现伟大的中国梦不仅要放眼未来,有长远的眼光,更要深入学习党史、新中国史、改革开放史、社会主义发展史等重要的"四史"精神。铭记历史,以史为鉴,才能使祖国走得更加长远。

当看到此次的征文主题"我听亲人讲'四史'"时,我立刻想到了我家的一位优秀的中国共产党党员——我的外公。于是在寒假期间,我一有空便让我的母亲和舅舅跟我讲讲外公的故事。

我的外公,1914年11月21日生于湖北黄陂县蔡店乡,1930年1月参加中国工农红军,1933年加入中国共产党。参与了鄂豫皖革命根据地四次反"围剿",川陕革命根据地反三路、反六路围攻。还参与了著名的两万五千里长征,爬雪山、过草地,最后到达陕北。历任排长、连长、营长。抗日战争和解放战争时期,参加过平型关大战、夜袭杨明堡机场、百团大战、上党战役、挺进中原、郑州战役、淮海战役、渡江作战、千里追击、解放大西南等重大战役,多次身负战伤。历任太行军区团长,15军44师副参谋长,四川泸州警备区、宜宾军分区参谋长。1952年于中国人民解放军南京军事学院高级速成系学习。后任陆军第49师第一副师长兼参谋长、步兵第十预备师师长,贵州省都匀军分区司令员、省军区军职顾问,昆明军区、贵州省军区党委委员、贵州省委委员、省人大常委会常委。1956年被授予大校军衔。1955年荣获国家三级八一勋章、三级独立自由勋章、二级解放勋章,1988年获二级红星功勋荣誉章。在新中国成立后的三十多年中,他参加和指挥了川南地区许多战斗,为人民军队及国防后备力量建设、为社会主义建设事业竭诚奋斗,贡献了毕生的精力。2005年4月12日逝世,享年91岁。在他参加革命的七十多年中,经过了长期的革命战争和各种政治风浪的考验,始终忠于党,忠于人民,立场坚定,联系实际并坚决贯彻执行党在各个阶段的方针路线。他

一生清正廉洁，艰苦奋斗，联系群众，关心部属，展现了一个老红军、老干部、老党员应有的优良品格和革命情怀。

时任贵州省省长为他的墓碑上题字："老红军的革命精神和为人处世的风范很值得各位称赞和学习，他老人家永远活在我们心中。——为缅怀老红军而题。乙酉年初夏于贵阳南明湖畔。"外公去世那年，我只有三岁，不能听他亲口跟我讲革命的故事，是我的遗憾。

我的外婆同样也是一位光荣的中国共产党党员。她1958年参加工作，1959年加入中国共产党。先后任中共都匀市委组织部干事，市委审干办公室、落实政策办公室副主任，都匀县卫生防疫站站长兼党支部书记。曾任贵阳市公安局政治部秘书处处长，被公安部授予一级警督警衔。深受外公外婆的教育熏陶，我的两位舅舅和二姨都成为光荣的人民警察，我的母亲成为一名医务工作者，投身于建设社会主义的伟大事业中。

我想这正是听亲人讲述"四史"的意义，革命精神正是这样一代又一代地传承下去。我的外公那一辈的人们，用自己满腔的热血和永不服输的革命精神铸就了一个新中国；父母那一辈的人们努力拼搏，奋力追赶，成就了改革开放的伟大历史进程；而我们这一辈的年轻人，身体里流动着革命的血脉，听着老一辈的人讲述历史，感悟伟大的"四史"精神，我们将不负老一辈的嘱托，积极投身于伟大复兴的中国梦中。

每一段历史都有它动人心魄的故事，每一个动人心魄的故事组成了那一段段历史。当我在听我的舅舅和母亲讲述我的外公曾亲身经历的那些历史时，我深受触动。每一个历史阶段有每一个阶段的使命，老一辈的人们已经完成了他们的使命，并将新中国交到年轻一辈的手中。每个人的命运与时代的命运紧紧相连。如今我们有这么好的生活，是因为有众多的革命先辈为我们铺路。我们应当将个人利益和国家利益相统一，在时代发展的浪潮中找到属于自己的位置，为中华民族伟大复兴"推波助澜"。

外公的所有勋章至今仍然好好地保存在家中。那些勋章是他七十年革命路的见证，是一段历史的见证。当田野和乡间的小屋被连片的楼房所取代，当繁华的街道和喧闹的人声把山河破碎的痕迹所掩盖，那段革命历史会永远地封存在那些勋章当中。或许很多年以后，我也会给我的子女讲起这些历史，让他们了解祖国一路走来的历史进程。

斯人已逝，音容犹在。

铭记"四史"，放眼未来。

她说，她说

首都师范大学　连雯

那是一双怎样的眼睛？承载着沉甸甸的故事，眉目间依稀可见芳年华月，浑浊而不混沌，哀婉而不伤痛，经过岁月如歌洗礼，从那个炮火连天的时代穿梭至今，深深地看向我，又好像看着无尽的时光，恋恋诉说。

她说，1937年的她还住在大宅院里，做娇嗔天真的小姐，每日刺绣梳妆、烂漫随性，尚读不懂父母兄长的眉头紧锁。直到那个灯烛骤熄之夜，惊闻北平城中一声轰响，如晴天霹雳，颤动着年幼的心灵从此再不得安宁。那是哥哥最后一次抱她，紧紧地，像要将她融进骨髓一般，她不明白，却感到一阵前所未有的害怕，暴雨将至，羸弱的深闺稚子又能如何躲避？"吾妹安心，兄已与共产党同行，深知有千万人甘愿舍命以护中国，豺狼而已，何足畏惧！春日将近，战事将休，长华定已亭亭玉立，且待吾归，再背汝摘海棠酿酒，放纸鸢轻飞。"这是哥哥寄来的最后一封信中所写的，她提及此便停下来了，枯槁的指尖轻颤，久久不能言语。

她说，从那天起，她便没有哥哥了；但从那天起，她也有了千百万守护着她的哥哥，他们有些身形魁梧，有些文质彬彬，但都有一双明亮坚毅的眼睛。春日如兄长信中所言如约而至，可惜战火未休，漫天硝烟已习以为常，海棠花再度开放，却已无人采撷；而她忽然有了一种莫名的勇气，放下童真玩乐，开始暗暗帮助共产党员抗日：院落水缸里藏过四五名战士，厨房铁锅下躲过两三位伤员，古董花瓶里传递过几封看不懂的信件。只恨封建礼教约束，让她不敢踏出那高高的围墙半步，直到那个人的出现——他是一名青年共产党员，长她九岁，藏匿于她家的佛龛之下。俊逸少年，窈窕淑女，只一眼便红了脸。他带着她去听那些文人打扮的宣讲什么是中国、什么是共产党，他给她读报纸上宣传的马克思、列宁，她渐渐忘了心心念念的林黛玉、薛宝钗，慢慢敬佩起李大钊、毛泽东。她终于走出了那层层高墙，剪去一头长发，牵起他的手。她至今记得他说："等国泰民安之时，便归田卸甲，与你安身乐业、白首不弃。"他们就这样义无反顾地跟着镰刀斧头的红旗砥砺前行，终于等到了新中国成立，等到了盛世太平，等到了此生不负。每每提起他，她都会凝望向那泛黄的黑白照片，眼中的薄雾

我听亲人讲"四史"

散去，带着何等的温柔和崇拜，一字一句珍重于心。

她说，再后来，就到了五六十年代，他已是她五个孩子的父亲，在中央办公厅给周总理当司机，也载过邓小平和几位将军，后来又专职给苏联专家开车了。日子越来越好，街坊邻里夜不闭户，桌上有肉吃，身上有新衣穿，惊天的响动只有春节的爆竹烟花了。而要说起年三十儿，印象最深就是她和孩子们作为连师傅的家属一起吃国宴。菜的口味已记不清了，只记得总理亲切地唤她"连太太"，那样日理万机的人，却记得他们家有几个孩子，记得她在纺织厂上班，哪怕只是聊天时偶然提起来的一桩小事，都挂记于心间，知道她的大儿子病了就从自己家里拿出些粮油票来贴补，摸摸孩子的手有些凉就叫警卫员赶紧把窗户关上。不只是总理，有次小闺女哭闹，主席也曾抱着哄过，亲切慈爱如亲人一般。她说，他们把全中国每一个人都当成家人、当成自己的孩子；她说，他们没有架子，真心实意地想全国人民好，司机常常深夜接送他们从办公处回家；她说，那就是共产党，那就是新中国，中央的领导在拼命，一个司机在深夜奔波，一个纺织厂的女工也心甘情愿地多多劳动，不为别的，只因为这个国家就是他们的家，有谁不希望自己家好呢？

她说，过日子嘛，小家和大家都一样，波波折折地探索、摸着石头过河，所以中国就有了改革开放。那时她是纺织厂的技术队长，跟着党的政策制定计划，在厂子里实行小队责任制，以质量求生存，以利润求发展，赢得了社会上的信誉，解决了厂子里四百多人的"吃饭问题"。就这样，自1979年起她年年都是优秀党员，1981年当了北京市先进工作者，1984年又被评为市劳动模范和三八红旗手标兵，后来还参加了两届北京市中国共产党代表大会。提起这些荣誉，她如数家珍，兴奋得像个孩子。她说，她是为人民服务的党员，做到这些是应该的，但那一个个奖状、奖杯无疑是组织上最珍贵的肯定；她说，她从封建旧社会走出来，"女人"这两个字曾压得人喘不过气，是党引领她认识到自己存在的意义，于是她也致力于让更多人跟着党找到属于她们的人生之路。

她不懂历史，也不是什么大人物，不过是岁月长河中的一抹浪花，懵懂畏惧过，也拼尽全力过。如花美眷，似水流年，如今年近九旬，垂垂老矣。中国是她的家、她的母亲，也偶尔像她的孩子。她看着新中国从成立到富强，穷尽一生追随中国共产党。恍然回首，家人或为国捐躯，或鞠躬尽瘁。我问她："奶奶，您现在会觉得孤独吗？"那镌刻着无数历史的双眸忽然柔和地染上笑意，她说："不孤独，因为我看见抗日战士眼里的光，主席、总理眼里的光，你爷爷眼里的光，如今又在你的眼里闪烁着，奶奶就知道了，我们都有价值，我们没有谁在踽踽独行。"

她说，千百万同她一般的人，如是说……

京华水源头

北京建筑大学 邓云齐

  以铜为镜可以正衣冠,以史为鉴可以知兴替。文化历史是一个民族、国家的赖以发展的基石。华夏盛长卷逶迤五千,举头星空浩瀚,倚天万里有神州。历史的长河浩浩汤汤,曾经翻腾出龙飞于天的盛世,也曾回旋出积弱闭塞的尴尬,然后激荡出柳暗花明的改革开放,接着奔腾至我们的脚下。

  正如习近平总书记所说,坚定文化自信,是事关国运兴衰、事关文化安全、事关民族精神独立性的大问题。没有高度的文化自信,没有文化的繁荣兴盛,也就没有中华民族的伟大复兴。如果说小岗村是改革开放的明珠,那么密云水库的修建在新中国史上也是浓墨重彩的一笔。

  密云水库位于燕山群山丘陵之中,面积约180平方公里,是亚洲最大的人工湖,有"燕山明珠"之称。2020年恰逢密云水库修建60周年,为此我采访了参与水库建设的"功臣"——姥爷。

  姥爷讲:"密云属潮白河水系,由于潮白河中上游流经山区,夏季雨水集中加上缺少植被保护经常引起山洪。潮白河进入平原后,河道也经常变迁容易泛滥成灾。解放前,每逢洪水肆虐,就会造成万顷良田被淹、无数房屋倒塌,人民生命财产遭受巨大损失,沿岸居民迫切希望根治。"新中国成立后,党和国家把治理潮白河水患纳入根治海河的计划之中,最终水库于1958年9月开工兴建,来自河北、北京的20.6万名民工参与修建。姥爷回忆道:"20万民工苦干两年的劳动结晶就是水库。当时条件也艰苦,大伙住工棚、睡湿地,窝头咸菜十天半拉月吃一顿馒头,尤其是那个年代甭说秋衣秋裤连个背心都没有,就是光杆棉裤棉衣干仗。也因为物资的匮乏,修建水库的工具大多数是村民自己带来的,因此也十分简陋,有什么小推车、扁担、大镐等。不分昼夜,不分刮风下雨,在这么艰苦的环境下修成的水库。"在修建水库的过程中,工程众多,而在这么多工程中,潮河隧洞让人记忆深刻。姥爷说:"274米76天打通,在当时的国力下,这个隧道打通让很多人觉得惊人。在50年代末,世界发达国家打山洞都没有这个速度,最重要的一点是没有伤亡。"每每提到这点,我能看到姥爷心里由衷的自豪感。在访谈最后,姥爷给我念起了年轻时传诵记忆深刻的由陈毅元帅所写的诗——《访密云水库》:"翻天覆地,造海移山。禹鲧结合,蓄放并兼。施工跃进,着着争先。稻粱麦黍,丰硕之端。抗旱防涝,潮白改观。嘉宾莅止,泛舟同欢。和平友谊,举世所瞻。长城在望,绿波连天。密云密云,气象万千。润我京华,福利无边。"

为了修建密云水库,全国人民同心同德。在周总理的协调下,全国所有钻机齐聚密云水库。当90多台冲击钻一字排开,70多台岩心钻梅花形布置,在大坝的下游、上游形成机械化的施工阵,周总理都震撼不已。而在修建过程中,密云人民也本着敢为人先的奉献牺牲精神,5.6万人搬迁,占耕地24万亩,直接影响人口占全县50%。工地上不断涌现出"不想爹不想妈,修好水库再回家!""学尔泰,赶尔泰,向尔泰看齐"等口号,还不断涌现出英雄风钻手、单臂英雄等来自平凡人中的模范。在修建的两年时间里,毛泽东主席亲自视察水库,周总理6次到工地指导工作。水库的建设者们用双手开创了大型水库"一年拦洪,两年建成"的典范。

雄关漫道真如铁,而今迈步从头越。一个地区的发展必须与其所处的地位相适应,密云水库是首都最大的饮用水源基地。在改革开放中,密云人民在"保水"的同时紧跟国家发展步伐,把发展外向型经济作为推动经济全局的重点,兴办"三资"企业,与日本名古屋前进公司合资兴办密日兴食品公司,成为北京市远郊区首家中外合资工业企业。同时依托密云水库,开展特色旅游线路。依据密云"八山一水一分田"的自然特色,调整农业结构,发展绿色农业,切实做到科技兴农。

正如习近平总书记所说"绿水青山就是金山银山"。保水是第一责任,发展是第一要务,生态是第一资源。保护生态环境,功在当代利在千秋。正如习近平总书记给密云水库居民回信中所讲:"北京市一万多平方公里的山区是首都重要的生态屏障和水源保护地,地位十分重要……当年修建密云水库是为了防洪防涝,现在它作为北京重要的地表饮用水水源地、水资源战略储备基地,已成为无价之宝。"自党的十八大以来,密云区政府和人民深入贯彻生态文明思想和新发展理念,坚持践行绿水青山就是金山银山的发展理念,不断创新完善保水机制举措,把生态文明建设作为战略性任务来抓,坚持生态优先、绿色发展,加强生态涵养区建设,健全生态补偿机制,实施全方位立体化管控,确保首都水源安全。

"燕山怀中一泓水,滋润京华万千人。"新时代下密云人民将与历史同向,与时代同向，与祖国同向，再接再厉，善作善成，继续守护好密云水库，为建设美丽北京作出新的贡献。青年兴则国家兴，青年强则国强，我们作为新时代的密云青年，将不断传承和发扬密云水库精神，争做水库精神的传播者、弘扬者和建设者，共同守护好祖国的绿水青山，使之在新中国的历史上留下浓墨重彩的一笔。

姥爷的军功章

首都经济贸易大学　邵益楠

对于孩子来说，军功章可能是随手把玩的玩具；对于青年来说，军功章可能是随风而逝的缥缈；对于姥爷来说，军功章却是那戎马关山的荣耀。

我的姥爷，是一名老兵。

军功章，是老兵的荣耀。

那几年，我还小，姥爷还很健硕。每当遇到重要的日子的时候，姥爷总会从柜子的最深处拿出他那珍藏已久的小木盒，用雪白的毛巾仔细地擦拭。我有时候会好奇地凑过去，不解地望着聚精会神的姥爷。出于一种溺爱，姥爷曾为我戴上过一枚军功章，那是一枚由齿轮和麦穗组成的徽章，中间立着一名持枪的军人，上面还有一个带黄杠的小红牌。当时，我恨不得马上跑出去炫耀一番，却硬被姥爷拉了回来。后来，听姥爷讲述每一枚勋章的故事，他讲得非常投入，有时潸然泪下，有时又慷慨激昂。随着姥爷的情感波动，一屋子的人也会跟着掉眼泪。那时候不太懂事的我，总是弄不懂大人们为什么会哭。

我在姥爷的战斗故事中慢慢长大，逐渐理解了姥爷当初的深情，懂得了那一枚枚凝结着青春与热血的金黄与血红。这些都蕴藏着曾经的苦难与辉煌，代表着往日的艰难与峥嵘。姥爷也曾是那枚军功章上的战士，头顶着边关的明月，身披着雨雪风霜，坚毅的目光里透露着的是对国家的热爱与使命的担当。从那时起，每当看到姥爷看军功章的眼角浸染着泪水，我都会悄悄地离开，不想再去打扰他，给他一个宁静的空间，任凭他的思绪回荡在那个激情燃烧的年代，那场金戈铁马的战争，那些为了光明的未来牺牲的战友……

后来，姥爷老了，再也没有了战场上冲锋陷阵与刺刀见红的威猛。如今的他，起身靠拐杖，出门靠轮椅，不听使唤的双手微微颤抖，曾经挺拔的脊梁变得佝偻，不由自主地向前弓着腰。曾跑遍大半个中国的铁脚掌，如今已然无法大步流星。只有那伤痕遍布的身躯，继续诉说着那时的沙场岁月。

姥爷老了，军功章静静地躺在那里，随着时光流逝，遍看斗转星移，直到那天……

阳光下，一枚枚刻满鲜血与荣誉的军功章闪烁着耀眼的光芒，静静地躺在被珍藏多年的绿色军装上，诉说着主人在风云年代的悲壮故事，昭示着这老朽的身躯曾是中国坚硬的脊梁。这便是我的姥爷，是的，他老了。但在这场阅兵盛会上，他挺起了多年驼背的腰。他是年轻的，一如当年的征战沙场，气吞万里如虹。

姥爷坚定地缓慢站起，枯瘦的双手虽有些颤抖，但一丝不苟地整理那套军装。军车随着庄严的交响曲缓缓驶过人群，他颤巍巍地举起布满褐斑的右臂，紧绷的手臂排排青筋暴露，鬓角的汗珠在当空烈日的照射下格外晶莹。泪水从眼角处悄然滑落，抚摸着浑浊而晶莹的双眸，绕过眼角碧波荡漾的纹路，亲吻着被子弹掠过的红痕，沿着下垂而深陷的脸颊灌入衣领。看着此时繁荣昌盛的伟大祖国，想到曾经出生入死为国而战的日子，抚摸着胸前余温尚存的军功章，他愈加挺直了身躯。

那时的姥爷正值年轻力壮，将最宝贵的青春年华奉献给了祖国：左脸狰狞的疤痕是掩护群众转移留下的，右臂的长长刀伤是与敌奋战的烙印，还有一颗弹片仍留在小腿处，不时隐隐作痛……后悔吗？并不！胸口的军功章给出了答案。他永远忘不了老幼无助的眼神，忘不了同胞的鲜血浇灌的土地，忘不了残破的战旗在北风呼啸中飘动！他，要为人民撑起一片天。

胸前的军功章是人民赋予的，是热血浇灌的，是灵魂铸就的。想到这儿，姥爷再向天安门敬上庄严一礼。

明亮的阳光穿透薄絮般的云层，在庄严驶过的装甲车上涂了一圈又一圈的金色光环，姥爷身上只留得淡淡光晕轻轻摇曳。但再黯淡的光影也遮盖不住闪闪发光的军功章，它将久久留于心间，洒下温热的余光，激励我们前进。

我的姥爷，是一名老兵。军功章，是老兵的象征。

老兵永远不死，只会慢慢凋零。

军功章永远留存，赓续当时的热血军魂。

我父母亲历的改革开放史

北京电子科技职业学院　田家玮

我的父母都是上个世纪六十年代初生人，1978 年改革开放时他们刚好步入成年，亲身经历了改革开放 40 年波澜壮阔的历程，也目睹了 40 年来中国发生的翻天覆地的改变。作为老党员，他们对于"四史"有着更深刻的感触，他们亲历的事情自然也就成了我经常性接受"四史"教育的生动教材。

孩童时代——农村的童真记忆（1959—1978 年）

父母从小在农村长大，他们儿时恰逢三年自然灾害时期，生活很艰难。当时居住条件比较差，住的是低矮、简陋的土坯房，一家人挤在狭小的房子里。下雨的时候房子经常漏雨，遭遇大雨或连阴天时更是提心吊胆，大人们会因为担心房子被水泡塌而彻夜不眠。

饮食上，主要是生产队分配的玉米、红薯和高粱等粗粮，小麦作为细粮每人每年也只能分几斤，平时没人舍得吃，多留给生病的人以及孩子过生日或过年过节时包饺子、蒸馒头打牙祭用。肉类、蛋类更是"稀缺品"，一般只在过年过节时才舍得买几斤，一来年夜饭是全家一年到头来的"盛宴"，再者也是亲朋好友相聚时的"门面"。

学习方面，母亲说那时很多课程都没有，化学和物理的实验器材更不可能有，书桌都是石板木头制作的，非常简陋。那时没有英语、体育、美术等课程，数学叫算数。

虽然生活艰辛，但没有什么能够挡住孩子们的童年快乐！没有钱买玩具，就地取材、自己动手制作的玩具同样使童年充满了别样的快乐，比如自制的鸡毛毽子和沙包、自画的棋盘和自己磨制的棋子。大自然中的各种东西都是他们的玩物，石片、树枝、雨后的泥巴、田里的蚂蚱和土蜘蛛，甚至一堆叶子他们都能玩得很尽兴！每到秋天，河沿上结满红彤彤小枣的树林诱惑着成群的孩子争先恐后地爬上树，尽情享受大自然馈赠的"甜品"。

幸运的求学时代——改革开放迈向新起点（1979—1997年）

1977年恢复高考，母亲是在1979年考入大学的，是当时村里第一个考出来的大学生。她经常说，是改革开放、恢复高考制度给了她上大学的机会，从此也就使她拥有了不一样的人生。像母亲这样，幸运地赶上了改革开放这个波澜壮阔的好时代，进而改变命运和人生的中国人又何止万千！而这批恢复高考后进入大学的莘莘学子没有辜负党和国家的培养和期望，毕业后奔赴祖国建设最需要的岗位，成为祖国建设和科技进步的主力军。

伴随着改革开放的深入和发展，国家对外交流变得日益广泛，国家的建设和发展需要世界上最先进的科学和技术，需要培养具有国际视野的人才。1994年，母亲很幸运地考取了国家卫生部公派留学生，由国家资助赴日本攻读医学博士学位。留日期间，她非常珍惜这宝贵的学习机会，如饥似渴地投入医学知识的学习和研究中，立志学成回国、为祖国的医学发展贡献自己的力量。她经常参加各种学术活动，凭借自己的勤奋和努力获得了丰硕的研究成果，赢得了日本同行的赞誉。

她经常教育我说，个人的命运和祖国是休戚相关的，我们这一代人幸运地生活在中国共产党领导下的新中国，赶上了改革开放的新时代，国家为我们提供了平安幸福的生活和施展抱负的平台，我们必须全力以赴，为祖国的强大和富强贡献自己的一份力量。

改革开放新时代（21世纪）

我生活在一个幸运的时代，现在的生活和以前有着翻天覆地的改变：从土坯房到现在的公寓高楼；从番薯棒子面到现在的追求科学饮食；从1分1角到现在的1万2万……以前16岁的父母在田里辛苦劳作，现在16岁的我们正在享受着优质的教育资源，我们应感激他们用双手和汗水托起了我们的今天和未来。

我们应该懂得，今天的幸福生活来之不易，是前辈们浴血奋战、艰苦奋斗的结果。中国共产党成立100年以来，为了新中国的成立和广大人民能够过上好日子，无数先烈抛头颅、洒热血，前仆后继，献出了宝贵的生命。无论是在炮火纷飞的战争年代，还是在挥汗如雨的建设岁月，都涌现出许多可歌可泣的英雄和楷模，他们是我们学习的榜样。

"少年负壮气，奋烈自有时。"我们一定要不忘历史，不忘初心；知史爱党，知史爱国；学史创新，学史奋进，继承先辈们的奋斗精神和优良传统，为了实现中华民族的伟大复兴和中国梦不懈奋斗！

乔木亭亭倚盖苍　栉风沐雨自担当

中国人民大学　马怡婧

　　一山晴照龙池暖，四瓦百年流光寒。作为 2020 "红船领航"计划党员先锋营的学员，寒假期间，我回到乡村的外婆家，寻找家乡古迹中凝固的"四史"，听外公姑婆用家乡话道来鲜活的"四史"，看老照片中黑白的书院、荷塘是如何由勤劳朴实的人民用历史的调色盘赋上时代的斑斓的。

　　正月初二，我回到外婆家所在的福建省龙岩市新罗区小池镇。听外婆提到那座充满着历史古韵和浓烈红色印记的龙池书院近期经过修缮已对外开放，我请外公外婆带我去走一走，再给我讲讲凝固在墙瓦中的历史与故事。

　　外婆说起龙池书院历史的神情，就仿佛我们对外国留学生同学提起长城。从她的讲述中，我得知这座有三百多年历史的书院依山而建：中书院建于清康熙二十六年（1687年），过去供奉孔子像；上书院建于清康熙七年（1668 年），包括龙池塔和鼓吹亭，登上龙池塔可以俯瞰小池镇全景；光绪二十二年（1896 年）为了办学馆，再建下书院也叫建龙堂。我又问道："那到了现代，这座书院就荒废了吗？"外公说："并没有！龙池书院，不仅是一座有着悠久历史的书院，还有着浓烈的红色印记。我小时候听我父亲讲起，在土地革命战争时期，这里发生过很多波澜壮阔的革命事件，还有许多优秀人物从这里走向光荣的革命征程。那是 1927 年左右，（中共龙岩县）党组织派郭滴人和邓子恢等党员干部到我们这里（小池）宣传党的主张，发动农民开展革命活动，首先就发展了在龙池学校担任教师的陈茂钟、陈甲昌等为中共党员。1923 年 9 月，邓子恢等革命先辈创办了《岩声》报。那时，小池可是《岩声》报销量最多的乡社，龙池学校也成为小池和周边地区宣传革命思想的主阵地！"我还从外公的讲述中得知，1929 年 6 月，按照上级党组织和苏维埃政府的总要求，中共小池区委、区苏维埃政府把原龙池学校改为"龙池区苏维埃学校"，不久又改名为"列宁学校"，提出"苏维埃教育总的方针在于以共产主义的精神教育广大的劳苦民众，在于使教育与劳动联系起来"。在建龙堂的壁上，我看到了这样一段故事："1929 年 9 月间，小池区群众大会及党团员会议在龙池书院召开。适逢出击闽中、驰骋漳平、回师龙岩的红四军朱德部，驻在小池龙池书院。朱德军

长指导了这次会议并作了重要讲话。会议期间，朱德军长亲自将一把闪着亮光的军号授予了红军女战士廖仁美，廖仁美成为红军第一位女号手。"

登上龙池塔，俯瞰着小池镇全景，外公对我说："咱们的家乡龙岩是著名的革命老区、原中央苏区核心区，是红军的故乡、红军长征的重要出发地之一，在这里也曾召开过彪炳党史的'古田会议'。今天你让我们带你来这里看看，又要听我们讲讲党留在这古书院中的红色历史，我和你外婆很高兴，更希望的是你们这些孩子都不要忘记……"我点点头，想起电影《金刚川》中"最可爱的人"唯一的心愿就是"让咱们的老百姓能过上好日子"，曾经的共产党人以人民幸福为原点，以民族振兴的理想为半径，在神州大地上画了一个圈。岁月行走，或许我们已经看不见硝烟弥漫中高高飘扬的旗帜，但今天的青年与百年以前的青年血脉相连，精神赓续。我们之所以要学"四史"，寻找身边的"四史"，是因为历史作为对先前已逝事物的有教养的记忆，是个不应被轻易抛弃的教益源泉。现今总是有其历史的方面。"历史能够通过澄清往昔和理解其部分含义，来帮助我们思考当今和未来。"

晚饭后，我来到去年脱贫的姑婆家中，看着门内贴着的"脱贫户年收入清单"和"已脱贫"的字样，听姑婆笑着对我讲："为了帮助我们这些贫困户脱贫，前年村镇里给我安排了承包一片荷塘。收莲子、挖莲藕不说，夏天开的满塘荷花还成了'小池文化旅游节'的景点呢！还有其他的种百香果、猕猴桃、柑橘、莲藕、葛根……""是特色农业项目吧！还有旅游观光农业——这叫一二三产业融合可持续发展。""你说的什么一二三的，我可听不懂！不过都说要把那1500多亩的百香果从'扶贫果'变成'致富果'呢……"结合姑婆的讲述，我还了解到小池镇的百亩荷花养鱼生态观光农业基地是小池镇新创建的激励性扶贫项目点，镇里还不断探索以百香果、猕猴桃为主的观光采摘农业、开拓线上销售渠道，并带动文化旅游产业融合发展。

这次走进乡村，亲耳听亲人讲"四史"，站在龙池书院中巨大的树荫下望着苍苍老木的擎盖，重新解封凝固在墙瓦中的红色岁月，亲手接过那一瓶初心和希望凝结出的藕粉，我不由得想到"四史"经典研习读物《社会主义发展历程》中的一段话："社会主义的历程是波浪式前进、螺旋式上升，有高潮也有低潮，但总的说是像万里长江一样，一浪高过一浪，有一泻千里也有迂回曲折，但大江东流去的方向不会改变。"在中国特色社会主义的道路上，打赢全面建成小康社会的"脱贫攻坚"战是一个里程碑式的节点，而我们作为发展的受益者与参与者，应铭记那份跨越历史时空的初心，把自己深深嵌在这个国家成长的年轮里，方能在奋斗中成小我、立大家。"乔木亭亭倚盖苍，栉风沐雨自担当"，去南国北疆，赴五湖四海，与辽阔山河同歌，和千秋伟业共舞。

爷爷眼里达州的变迁

北京邮电大学　罗雪萍

我的家乡——达州,一个坐落在四川与重庆交界处的现代化小城市,在经历了四十多年的改革开放后,发生了翻天覆地的变化。

说到达州的历史,不得不请我的爷爷讲讲。我的爷爷是一名伟大的抗美援朝志愿军战士,他19岁就离开家乡到朝鲜与美军作战。战争胜利结束后就回到了达州的农村,和奶奶一起过起了晨兴理荒秽、带月荷锄归的日子。时光荏苒,转眼间孩子们都已经长大成人,而爷爷也日渐老去。虽然爷爷不再有年少时的活力四射,但看到达州在共产党的带领之下不断迈进新征程,他也时常因此热血沸腾。爷爷平时最喜欢讲的一句话就是"没有共产党,就没有新中国"。

最让爷爷感到自豪的变化是达州的交通。达州是一个四川的小山区,改革开放初期时,达州交通还不发达。每到逢年过节串亲戚,爷爷得翻一个又一个的小山坡,走一个又一个的小石桥。爷爷那双军绿色胶底鞋的花纹也被这崎岖的山路磨平了。但现在不一样了,宏伟的金南大桥穿过了达州的凤凰山、火峰山;美丽的通川桥、红旗桥也作为达州的脊梁骄傲地横跨在洲河之上;达渝高速、成达铁路的建立也将达州打造成了川东重要的交通枢纽。交通的便利极大地缩短了人们的出行时间和距离,而我从城镇回乡下看望爷爷也变得更加方便快捷了。

最令爷爷欣慰的变化是达州的教育。新中国成立之初,我国4亿人口中有八成是文盲,高等教育毛入学率仅有0.26%,振兴教育刻不容缓。我的爷爷只有小学文化程度,但他迫切地希望后辈能够好好读书,把握知识带来的力量。爷爷说掌握知识就是掌握命运,只有掌握了科技知识,才能更好地推动祖国的发展,为国家做贡献。这四十年间,达州的教育事业也从"有学上"发展到了"上好学"。达州一直坚持着学前教育公益普惠,义务教育均衡推进,高中教育提质增效和职业教育特色发展。从我的角度来说,我的高中——四川省宣汉中学,从本科上线率极低发展到了现在的年年有清北,岁岁有重本。从我爷爷的角度来说,他虽然文化程度不高,但他的孙女孙子现在个个都是大学生,这是最让我爷爷感到欣慰的事情。现在我能在北邮校园里继续学习深造，得益于家乡教育事业的发展，更得益于中国的改革开放！

最让爷爷感激的变化是达州的医疗。以前，爷爷的村子里只有一个土医生，周围的村民生病了只能去这个小诊所看病拿药。小诊所的卫生条件不好，医疗设施也不到位，很难满足居民对看病的需求。现在好了，大大小小的医院在达州相继建立，卫生条件、医疗设施都得到了充分的保障，人们看病变得更加方便快捷。而且我国建立了相对完善的医保制度，人们也不再害怕看病。医保政策使绝大部分人不会再因为疾病陷入经济困境，人民的安全感也因此得到了极大的提升。爷爷年龄大了之后，身体不如从前了，今年还因为心脏病的问题住进了ICU，在来北邮报到之前我一直在ICU照料爷爷。在医院陪护的日子里，我也切实地感受到了达州医疗水平的进步。高精尖的检查设备、人性化的基础设施和医护人员的悉心照顾使爷爷转危为安。回到北邮之后，我也时常和爷爷视频通话，关心爷爷的身体状况，爷爷的病情逐渐好转，我也就渐渐放心了。因为爷爷有医保，所以住院产生的医疗费用能报销80%，家里也不会因为费用而焦虑。此刻，我由衷地感激共产党领导人，因为有他们的带领，我们的家庭才会在生活中有奋斗的目标，才会不断走向幸福之路。

从新中国成立到如今，达州的各行各业都得到了极大的发展。党的光辉照耀着达州的每一个角落。在党的伟大领导下，我的爷爷见证了祖国的历史、家乡的发展，而我也有幸能够享受改革开放后国家和社会给人民带来的种种福利。在当前及今后的任何一个时期，我将和千千万万个同胞一起砥砺前行，为实现中华民族的伟大复兴而不断努力！

牢记历史 砥砺前行

北京邮电大学 林麒

回家已经十来天,昨天闲来无事,和家人一起看电视,电视上正在演重庆这几十年的飞速变化,我忽然发现其实自己对家乡重庆并不完全了解,于是我就请教了一下我的老爸,请他讲讲重庆的历史。

老爸对历史颇有研究,首先就从法国水师兵营讲起。

法国水师兵营位于重庆市弹子石。1891年3月1日,重庆海关正式成立,重庆开埠。经与清政府议定,法国政府于1896年在重庆设立领事馆。随后建成法国水师兵营作为法国在长江上游的控制站,担负着长江航道上水上警察的任务。

重庆法国水师兵营,本来是重庆的一处名胜古迹,居然有这么一个心酸的故事,实在出乎我的预料。一个主权国家,自己的内河海军基地,却由敌对国家的海军进驻,实在是大清积贫积弱的明证。

见我愤愤不平,老爸又讲了一个更悲惨的故事,那就是抗战中的重庆大轰炸。

1937年,抗日战争全面爆发,国民政府连失上海、南京、武汉,不得已迁都重庆,继续抗战。作为国民政府的战时陪都,重庆经历数年之久的大轰炸。1941年1月至8月,超过3000架次飞机空袭重庆。6月5日,从傍晚起至午夜连续对重庆实施5个多小时的轰炸。重庆市内的一个主要防空洞部分通风口被炸塌引致洞内通风不足,洞内市民因呼吸困难挤往洞口,造成互相践踏,以及大量难民窒息,估计数以千人死亡。

现在每年的6月5日,重庆都要拉防空警报,以纪念大轰炸中不幸遇难的同胞,激励全市人民爱国热情,增强国防战备意识。

见我有些沮丧,老爸又说,孩子,在中华人民共和国建立之后,在中国共产党的领导下,古老的中国,已经发生了翻天覆地的变化。

1950年,新中国就派出了中国人民志愿军,把世界头号强国美国从中朝边境打回到三八线。御敌于国门之外,这是所有国家军事战略的最高境界。再不像积贫积弱的大清,屡战屡败,割地赔款。

抗美援朝战争不仅取得了完全的胜利,而且是击败了拥有绝对海空军优势的世界头号强国美国,极大地提高了中国的国际地位,令世界各国刮目相看。

有了和平的环境,才能开始国内的民生建设。说到和重庆相关的社会主义建设,新中国成立之初建成的成渝铁路,无疑是值得浓墨重彩的。

成渝铁路,是四川人民梦寐以求的民生工程。早在清末,清政府就规划修建成渝铁路,但因处理不当,引发保路风波,间接促进武昌起义,从而引发辛亥革命,直接埋葬了清王朝。国民政府统治时期,也曾数次试图修筑成渝铁路,终因种种原因而耽搁。在一个战乱频发的国家,根本不可能进行大的基础建设。

而在中国共产党的坚定领导下,从1950年到1952年,历时2年时间,被数代四川人民翘首期盼的成渝铁路终于建成了。这条铁路是在极其艰难的条件下建成的。其时,新中国刚刚成立,百废待兴,同时还在进行抗美援朝战争,资金非常紧张。伟大的中国共产党以人民的愿望为自己的使命,克服了无数的困难,把这条铁路建成了。成渝铁路是中国西南地区第一条铁路干线,是新中国成立后建成的第一条铁路,是新中国成立以前任何时代不可想象的奇迹。

最大的变化发生在改革开放时代。

老爸说,毛主席让中国人民站起来,邓小平使中国人民富起来,这话一点都不假。

就说重庆的变化吧。在改革开放前,重庆主城只有两座桥,一座在嘉陵江上,一座在长江上。在两江三岸往返,大部分时间需要坐轮渡。重庆是山城,爬坡上坎,又辛苦又费时。截至2020年底,重庆主城有多少座桥呢?30座!真是天堑变通途。重庆的轨道交通,规划的有17条线,现建成通车的有9条。交通设施的不断完善极大地便利了市民的出行。

再说收入,老爸是1988年参加工作的。大学本科,50元基本工资,再加粮贴、副食补贴,每月的工资收入是77元。2019年重庆的年人均收入是多少呢?28 920元!这是涨了多少倍啊!

还有举世瞩目的三峡工程。孙中山先生就有此理想,毛主席也有高峡出平湖的夙愿,终于在我们这个时代建成了。万吨级船队可直达重庆的朝天门码头,极大地改善了重庆的物流条件,进一步促进了重庆的经济发展。

重庆的经济建设还体现在文化旅游上。红色教育基地有白公馆、渣滓洞、红岩村。红崖洞景区是全国著名的网红打卡地,还有磁器口、来福士广场、轻轨穿楼、一棵树观景点等一大批旅游景点。

说到旅游,这不仅是旧中国想都不敢想的事,就是改革开放前也不是普通市民消费得起的。现在重庆的市民不仅可以游览这些本地旅游景点,还可以在国内欣赏祖国

的大好河山。出境游更是稀松平常,中国人在欧美国家扫货,已经上不了新闻了。

去年,我国已经完全消灭了贫困人口,国民生产总值稳居世界第二。国泰民安,这是一个伟大的时代。我们要珍惜现在的美好时光,加倍努力,把她建设得更加富强美好!

过往与今朝

北京化工大学　姜艺宁

桂花树下，少女摇着躺椅，静静地听着旁边老人诉说过去的故事。老人自顾自地说，激动时手不自觉地跟着摆动，老人的眼眶里时不时闪着微光。少女被沁人心脾的花香安了神，在老人此起彼伏的声音的安抚下，呼吸逐渐变得平稳……

年少时听的故事是老人的回忆，是城市曾经的模样。不再有香气氤氲的清晨，也没有了巷口人挤人的早点摊，取而代之的却是食堂前井然有序的人群和穿梭在高楼间的外卖小哥。从粮票到现金再到电子支付，老一辈们虽然不适应信息时代，但从他们稍有埋怨的语气中能隐隐地感受到自豪和享受。

然而，言语的讲述往往不如行为讲述得生动，他们时常也会做出似乎与这个时代不符的事情，但后来我才知道那是一个时代的烙印，也是一段刻骨铭心的历史。"回来啦？快来尝尝这个煎饼！"奶奶笑着说道，脸上的皱纹堆在了一起，手里连忙把刚热好的煎饼递过来。"这是我上午去集市里遇到的，闻着可香了，就买来给你尝尝！"奶奶眯着眼，期待地望向我，想通过我的神态来判断煎饼是否美味。年幼时的我不解风情，也不会很在意这种食物的美味程度，便会随意应付他们的热情。但后来通过听他们讲故事，渐渐能够理解他们心中藏着的爱。老人们总是习惯性地把好的食物省下来给子女吃，因为在他们那个时代，不仅粮食紧缺，种类也很稀少，所以总想把好的留给下一代。尽管老人们生活在当今食物种类良多的时代，仍无法改变曾经的习惯，甚至当我上了大学，他们仍然会给我留许多学校里就能买到的食物。现在看来，老人们这样的行为是讲述新中国发展史的另一种方式，它体现了两个时代的不同观念，也可以从另一种角度诠释新中国发展之迅猛。人们不仅能吃饱穿暖，也能安逸地生活着。人们生活水平不断提高，人民幸福生活，这是中国迅速发展的成果。

年长时听的故事是老人的经历，是拼搏岁月的经验。世界好像随着彩电的出现而变得五彩斑斓，城市不再像过去那样"弱不禁风"，城市设施变得越来越高端，砖瓦房逐渐被钢筋混凝土楼所替代，社会环境变得越来越美丽，公共卫生也越来越好。2020年初，一场突如其来的疫情打乱了人们生活的阵脚，但党和国家并没有因此慌乱，而

是以人民生命健康为重，积极地领导着人民进行抗疫斗争。我奶奶曾是一名传染病科的护士，她教我们怎么消毒、如何戴口罩等有关疫情防控的知识，但更多地，她总是分享曾经抗击传染病的事情。那个时候，还处在战争年代，一些战士会因为染上传染病后而无法上战场，我方战力也会因此被削弱，但我们采取阻断隔离制度，在全力治愈的同时，也要确保传染源不被进一步扩散。这些小小的故事，却饱含着一代人的经验，它是我们再遇到相同情况时的一叶方舟，能够让我们快速作出反应，驶入正确的航道。从"东亚病夫"到"健康中国"，中国经历了许多磨难，而这些磨难都将成为中国卫生事业发展道路上的里程碑，是创造出一个又一个卫生奇迹的基石。"居安思危，思则有备，有备无患，敢以此规。"老人们的故事流露的不是落后的思想而是宝贵的经验，这是我们未雨绸缪的资本，就犹如我国国防一样，并没有因为处在和平年代就停滞不前。中国日益强盛，发展历程令世人刮目相看，震撼人心，而这一切都离不开一直带领着人民勇往直前的党和国家。

桂花香气扑鼻，少女坐在躺椅上，望向旁边讲故事的老人，与老人进行着眼神交流。花瓣随风飘落，女孩的神情从不解到欣喜再到自豪与坚定，她张了张嘴，想与老人交流……

家乡的梨花又要开了

北京交通大学　耿茂城

又是新春，又见家乡。我的家乡位于河北省古城赵县的范庄镇孝友村。说起家乡的历史记忆，可谓兴味盎然。我和父母在这个居家防疫的春节里，围坐漫谈，提起诸多往事。同时结合此次学"四史"的主题活动，我像个孩子一样回望家乡"梨花节"的记忆。

关于家乡"梨花节"的发展由来已久，虽说不上久负盛名和声名远播，但这一独特而鲜活的春季赏花文化之旅，伴随着我的成长，赏花、采摘的活动都历历在目，也见证着家乡一带农村的发展与变迁。大到国家和整个民族的历史，小到一个家庭、一座家乡小城的变迁，都是这个浩荡历史长河中的一个标记、一抹亮色，承载着当地人民生生不息、勤劳致富的劳动赞歌！

听父母讲，"梨花节"这一称谓是近10年才确立下来的，不过这样的节日意义早已扎根，成为每年4月梨花盛开时节的文化习俗。就梨树的种植与生产来说，每年到梨花盛开的时节，需要大家到梨树林子里进行"数花"——这一劳动形式不需要太多的技巧，只需旁人指点几句人人便可操作。通过对梨树每根枝条上所盛开的成簇梨花进行摘落和打理，让每根枝条仅剩下疏密得当的花朵使其继续成长，等到五六月这些梨花合拢结成"小梨"的样子时，人们还要进行同样意义和形式的"数小梨"。因此，"数花"数得好了，"数小梨"的工作量也便会大大减轻。这一系列的劳动都是为了减轻梨树的能量输送负担，也为了在金秋的日子里人们能够拥有黄澄澄的甘美的梨子。可见，"数梨花"是入春以后在梨树种植中的第一个环节，也是包括小孩子在内的人所皆享的观赏性实践。这样一个梨花盛开的季节是整个赵县东部梨区的春之欢腾。

我的家乡就在这里。童年时的我可谓嗅满了整片整片梨花的淡淡幽香，也亲手采撷过含苞待放的小花，因为"数花"必须要在梨花各个花瓣开展之前进行，确保花瓣所包含着的花蜜不至于掉落，借此机会还能卖给收花的人，凭着花的质量和斤两正好卖个好价钱。不过，这样春日里烂漫的日子是我的记忆独享，父辈们只是忙于花海的机械的劳作中，无暇嗅闻梨花的幽香、欣赏瀚海一般的白色浪花。

父母年轻的时候，当时村子里还是生产大队的劳动模式，每个人就是在农忙时分准时到地里开始劳作，把"挣工分"当作个人劳动的唯一动力。父母给我讲，就拿"数花"来说，父母一辈人要听取大队的统一生产计划，每天集体准点统一到田、统一劳作、统一休息，人们往往得过且过、敷衍应付，生产没有积极性，仅仅"数花"都能干一个多月，从初期的花骨朵一直到花瓣凋落。正是由于懈怠的生产劳动方式，只讲劳动时间而忽视劳动效率，多余的花本应该掐掉，却在看似忙碌的劳作中"逃脱"了，这就又为接下来的"数小梨"增添了劳动任务，那又是一场忙碌且低效的劳作了。这种大队式的劳动方式极大地耽误了梨树的生长，家乡的梨树往往病虫害多发，树木枯干、叶子枯黄，成形的梨子经过一个夏天的成长口味也并不甘美，村子里和乡民们都收效甚微，只能节衣缩食，经济生活中的"凭票制"严重束缚着那个年代人们的生活。"数梨花"在那个年代是梨区乡民们必要的劳动之一，展现了农业生产的艰辛与不易，体现出特定时代背景下人们经济生产活动的工具化样态。至于其中所蕴含的观赏性、娱乐性的价值要素在纯粹的"计划集中""统一劳动""工分挣取"的热火朝天中消逝殆尽了。我想，乡民们在大好的"数梨花"季节里，内心一定充斥着无奈与悲凉，他们的劳作也往往是一味地苦干而别无选择；他们的劳动没有乐享、没有收效，不见幸福的回味，亦难见长远的希望。只是在那时，朴实的乡民们也不会丧失劲头儿，依然在撸起袖子干，他们也有笑容，他们善于知足，他们以无华的身影守护着那片田野，等一场浩荡的东风吹来！让父母这一代人感到庆幸的是，农村"大包干"的东风终于吹来了，"包产到户"的好政策成为家乡梨业发展、土地种植、果树经营的"春雨"，也使得我自孩提时期就乐享其中的"梨花节"得以确立，进一步成为家乡当地每年吸引数万游客观赏的文化盛景。

"梨花节"的时间很短，往往仅持续十几天。在这十几天的日子里，梨花从枝头的骨朵绽放开来，遒劲的枝干吐露着层层白烟，那时还有着略带寒意的春风，风一吹，白烟似的花片簌簌飘落，恰似风吹雪的浪漫，一时间让人由置身花海的陶醉走向初春落雪的静谧——那样慵懒与舒适。随着家乡当地政府的宣传与鼓励，"梨花节"成为近些年吸引周边数省、市游客前往观光游览的农家生态体验盛宴。人们不远千里，走进梨园林中，畅游于雪白花海。他们专门带着摄像机，相拥花海、轻嗅芬芳、驻足观赏，其间若经过农家同意，还可以把树上多余的花枝折下，小心包裹好，回家插入水瓶子当摆饰，枝条上的花朵也能新鲜好几天不凋。这样的农家文化节日，成为我孩提时代难得的畅游，伴随着我中学、大学学业的开启。"梨花节"不仅仅是对如雪梨花的游赏，也是春天劳作的欢愉，更是这一年新的生活的节日寄语，洋溢着乡民生活如火的热情和无限收获的希望，真实记录着我的家乡农业农村的发展以及田野里动人的场景气象。

"梨花节"是千古赵州大地的欢歌，是当地自然与人文的萃取，是生活的馈赠。在历史的长河中，"梨花节"承载着这片沃土上人们质朴无言的感动，诉说着曾经黄土地上素面朝天而笑靥在花间的生活乐趣。在这里，片片梨花当之无愧地贯联起家乡的味道，沟通着每一位乡民的记忆，也成为时代浪潮中波澜不惊的一抹亮色，不露痕迹地蕴含着朴实的乡风民情和悠悠的乡间历史。于今，"一年之计在于春"的岁月启迪又充盈于脑际，春节的气息、新年的祝福洋溢着新时代里家乡父老们最朴实的幸福，我也明白这就是乡亲们一年一轮的奋斗、一年一轮生生不息的踏实吧，毕竟这样的奋斗本身就是一种幸福了。

历史的回望总是容易引起心中的诗意。过年的团圆，同父母的围炉夜话，关于梨花的遥想，不断蒸腾起我与家乡田野对话的冲动——到乡间田野中去散心、散步，相信那里有着诗意的回答。

自行车载过的那段岁月

华北电力大学　裴霁雪

爷爷家的储物室里放着一辆年久失修的自行车，虽然锈迹斑斑，但总透着一股子精神劲儿。早已上不了路的它静静地靠在墙角，默默地陪伴着老人，仿佛和年轻时一样。喜欢喝酒的爷爷略带醉意时总会和我叨叨起这辆自行车，以及他和这辆自行车共同度过的那段漫漫青葱岁月。

爷爷从小生活在成都的一个小镇里。他出生在上世纪四十年代初，当时很多的城市还是荒野，即便太阳每天都在升起，也不能抵挡那种猛烈的颓势和哀凉，天灾人祸下，生存下去便是那个年代的人们的愿望。终于，1949年迎来了新中国的成立，也正是这一年，爷爷入了小学。那时的事情已经太过遥远，爷爷的记忆早已模糊起来，但每每谈及那位从大城市来的国文先生时，他的眼里总会闪着亮光，因为先生总是骑着一辆他从未见过的名叫"自行车"的东西。后来爷爷去县城里念了中学，路途遥远，交通不便，去学校的路得走上大半天，国文先生骑着的自行车便成了他心心念念的宝贝。随着时代的进步和社会的发展，自行车也走下了千金难买的神坛，爷爷终于在工作的第二年，拥有了他幻想了整个少年时代的自行车。从此，这辆自行车便成了他生命中不可或缺的一部分。

骑自行车驮米驮面是爷爷最常谈及的趣事。那个年代实行计划经济，粮食必须凭票购买，他每个月领到粮票便去粮站排队领粮食，再用自行车驮回家。在那个粮食稀缺、自行车还不普及的年代，一路上总会引来不少羡慕的眼光。那时需要凭票购买的不仅仅是粮食，还有日用百货。在吃穿用的方方面面以票证严格控制，反映的是人民日益增长的物质文化需要与落后的社会生产之间的矛盾。但随着改革开放政策的实行，物资逐渐丰富起来，自行车篮子里的粮食越来越多，路上狭路相逢的车友也越来越多了，自行车也逐渐成为年轻人上班的必备品。再到后来，随着市场经济不断发展，他们从凭票购买自行车、手表和缝纫机"老三件"，到自由购买电视机、电冰箱、洗衣机"新三件"，生活在不经意间发生了沧海桑田般的巨变。

尽管有那么多新鲜事物，但爷爷最爱的还是他那辆自行车。他骑着自行车上班，

接奶奶下班，接爸爸放学。他驶过的地面从泥泞小路变成石子路再变成了柏油路，他路过的地方从荒地变成粮田再变成了城市。在自行车上，爷爷度过了他的青春岁月，书写了他的青春故事，也见证了在中国共产党领导下国家取得的巨大发展成就。

爷爷退休了，那辆破旧的自行车也退出了历史舞台，在储物间安享晚年。但爷爷仍喜欢去那棵他曾经无数次骑车路过的黄葛树下坐坐。他说这树终年长青，只是总是在太阳初盛、万物生长、夏日开始绵延的五月，极迅速地在三两天之内掉完所有的叶子，再长出新叶。这是这棵黄葛在践行自己的生活哲学，巧妙地和环境相适应，我们也应如此。时代已经褪去了属于过去的旧叶，在度过那短暂的严寒岁月后，正在迎来新生与新一轮的枝繁叶茂，我们的国家也如是。爷爷将我这一代年轻人比喻为长青树木的养料提供者，面对历史的选择、时代的重任，我们责无旁贷。

短短几十年，我们的祖国已经焕然一新，人民的生活水平得到了质的飞跃，汽车也替代自行车成为代步工具的首选。作为出生在这个新时代的年轻人，我们感到无比幸福，同样也无比珍惜现在美好的生活。作为新时代的新青年，我们既是社会发展与时代进步的受益者，更是建设中国特色社会主义重任的接棒者。记得去年五四青年节到来之际，"B站"推出了献给年轻一代的演讲——《后浪》。《人民日报》在《后浪》点评中说道："这是最好的时代，这也是最好的青春。时代的馈赠、个人的探索，汇聚成青春的蓬勃、生命的丰盛。一次与青年的对话，让人沉思青春的价值、成长的意义。"《后浪》给予了大众一个看待当代青年的平台和视角，也给予了我们一次反观自身的机会。我以为，每一个青年人都并非全然相同，也无法用一个笼统的词语来概括这样一个多元而丰盛的整体。但每个青年人都在时代筑成的大背景下撰写着自己的故事，只有切实做到了和历史同方向，和时代同步伐，和人民同命运，只有将祖国和民族需要、社会和人民利益置于首位，只有将自己的小我融于祖国的大我之中，才能活出自己精彩的青春人生，用自己的故事造就这个万花筒般绚烂的伟大时代。

潜伏在特殊战线的"风筝"

北京林业大学　李伯新

"那时候啊，我的年龄比你还小，解放战争走到了决战关头，咱们这一带是华北通往东北的战略重地，多次遭国民党军队的猖狂进攻。在这样艰苦卓绝的条件下，我父亲毅然决然地投身到革命战争中去，像一只'风筝'一样潜伏在特殊战线……"

时常听起爷爷讲述新中国成立前夕的故事，在他慷慨激昂的叙述中，我了解到在新中国的建立和巩固的进程中，有这样一群人：抛头颅、洒热血，从事着最危险、最煎熬的工作，随时可能有牺牲的危险，并且由于工作性质不得不隐姓埋名，他们就是地下工作者，新中国成立后也被称为"隐秘战线工作者"，而我的曾祖父就是其中一员。

1938年，年仅19岁的曾祖父怀着一颗赤子之心积极投入到抗日救亡运动中去，并在一批优秀党员同志的影响下加入中国共产党。为及时了解和掌握敌情动态，做到"知己知彼，百战不殆"，曾祖父一开始便服从组织上的安排，冒着生命危险潜入敌人内部，成为一名光荣的地下工作者，并应上级指示安排冠以新的名字。曾祖父原名庆仁，为掩护身份躲避敌人追捕，更名为义田。所谓"义田"出自范仲淹的典故，即有"兴办义田，福泽后代"之意，以名字立下志向，胸怀博爱情怀与仁义之心。在戎马倥偬的余生里，曾祖父用实际行动印证了那句话：忘了我是谁，我为家国而活。

这里虽没有如战争一线中充斥的炮火与硝烟，但却是最真实的"潜伏"。1948年1月，新中国成立前夕，国民党密云政府想要夺回已被人民武装解放的地区，企图增强"伙会"的战斗力，破坏活动再度猖獗起来。1948年6月，华北解放军为执行全国统一战略部署，将敌人在密云三个重要盘踞地之一的石匣城包围。在这场关键战斗中，曾祖父担任"内红外白"的角色，在特殊战线负责统计敌方的枪支弹药、秘密运输武器以及负责联络站通信等工作。

曾祖父不惜冒着生命危险完成组织上交给的任务，采取各种方式搜集敌人情报，并秘密发动群众做好宣传工作，恰恰是这些看似平凡却意义重大的工作，为密云的解放和战争的胜利奠定了重要基础。然而身份的特殊性免不了敌方的怀疑与猜忌，短短一天时间内曾祖父被按压到地上拷打十余次。尽管身心遭受双重折磨且敌人不断威逼利诱，但是曾祖父始终坚守一名共产党员的原则，绝不让"风筝"的线断送于此。

在那个动荡的年代，不乏和曾祖父一样的人，为了新中国流血牺牲甚至不能见光的特殊群体，他们心系着民族存亡，为革命不惜牺牲，没有想过名垂千古，只是为了信念和人民而自觉地奋斗着，以一种特殊的方式贡献着自己竭尽所能的力量。所有隐蔽在后线的地下工作者，他们的一生于国家和人民来说无疑是功劳卓著，而于他个人来说是一种信念以及对党和国家的忠诚与责任。我不禁仔细一想这个身份承担了何其重的担子，但凡情报泄露，便犹如天空中断了线的"风筝"，牵一发而动全身，自身的安全、同志的身份、组织的任务都将面临巨大的威胁与风险。所以我一直不明白，能一直潜伏不被敌人发现的"风筝"究竟是如何做到的，这必定需要强大的内心，以及坚若磐石的信念在背后默默支撑着。

几代人有着不同的成长经历，烙印着不同的时代印记。我时常会想，如果我们这一代人生在战争年代，是不是真的能够不惜牺牲一切地保卫自己的祖国。然而，并没有如果，当今我们正处于另一个发展历程，正在经历百年未有之大变局，作为新时代的大学生，我深知我们肩负着建设中国特色社会主义事业继往开来的重任，被时代赋予了新的历史使命，因而我们就必须首先认清当前的形势，坚定我们的信念。

顾炎武曾在《日知录·正始》一文中提道：天下兴亡，匹夫有责，其意是指天下大事的振兴、衰亡，每个百姓都有义不容辞的责任。这句话对当今的青年人更是具有激励作用。长久以来，受曾祖父那一段激情岁月的影响，被他那坚定的信念、舍身卫国的勇气所感染，加入中国共产党便是我自幼年就一直存在心中的理想，且随着年龄的增长我越来越坚定。加入中国共产党，全心全意为人民服务，为建设更加美好的社会贡献自己的力量并在此过程中完善自我、展现人生价值是我内心深处的愿望。因此，成年后第一件事我便向党组织递交了入党申请书，并一直努力在思想与行动上积极向党组织靠拢，如今我如曾祖父一样已成为一名光荣的共产党员。

习近平总书记曾指出：历史，总是在一些特殊年份给人们以汲取智慧、继续前行的力量。老一辈的革命到底精神，其中蕴含着无数的优秀特质，我将继承曾祖父的革命精神、艰苦奋斗的优良作风，始终坚定理想信念，为中华民族的伟大复兴努力奋斗。

我的祖辈与父辈的家国情怀

北京中医药大学　崔璐

2021年是建党100周年，我作为一名入党积极分子，认真学习了党史、新中国史、改革开放史和社会主义发展史，特别是我的爸爸作为一名共产党员，结合我们家族的历史，对我讲解"四史"，使我颇有收获。我的太爷爷、爷爷和爸爸成长的不同时期，正好对应着我们党从成立到现在发展壮大的时期。可以说，他们三位亲人的成长故事就是我们党带领全国人民从站起来到富起来、强起来的三个阶段的具体反映。

在苦难中成长的我的太爷爷

我的太爷爷名叫崔应祥，出生于1923年。他那个年代，国家积贫积弱，军阀混战，民不聊生。太爷爷的父辈由于吸食鸦片家破人亡，太爷爷为了生计，先开始学习打制银器，后又学习西医，参加国民党的军队担任军医，并在抗战时期在南郭寺疗养医院治疗抗战伤员，其间遭受了日本飞机在天水的轰炸，险些丧命。这段经历对他来说是刻骨铭心的。为了我们家族的生存，太爷爷辗转不同的地方，维持生计，最后当上了一名农民兼村上的赤脚医生，救死扶伤。但最不幸的是，我的太奶奶年仅33岁在难产中去世，对我的太爷爷打击很大。一方面是由于自己的医术不精导致的这样一个悲剧，另一方面也反映出当时国家贫穷，医疗水平低下，我们的好多亲人都不幸早早去世。我的太爷爷经常给我的爸爸讲他所经历的旧中国和新中国的故事，而这些故事一直影响着我们家族的年轻人：我的爷爷成为一名共产党员，我的爸爸也成为一名共产党员。我的太爷爷总是说，我们不能忘记中国共产党为人民翻身解放所做出的重大贡献。

在建设中成长的我的爷爷

我的爷爷名叫崔双林，出生于1952年。他成长于新中国成立之后，比起太爷爷，他的生活有了很大的变化：完成了小学的学业，后来又入了党，担任了村上的支部书

记。特别是家庭联产承包责任制实施后,爷爷家有了自己的七亩承包地,温饱问题基本解决了,而且盖了新的房子,生活条件有了很大的改善。同时,我的爷爷也从一名村干部变成了乡干部,并担任了两个乡镇的主要领导。他带领群众修路、栽植果树、兴办乡镇企业,使我们农村有了新的面貌。最可喜的是,爷爷家有了当时梦想的"三大件":自行车、电视和缝纫机。我爷爷所经历的改革开放初期的变化,让他对中国共产党又有了一个新的认识:跟着共产党,我们一定能够富起来,走社会主义道路是适合我们国家发展国情的。

在改革中成长的我的爸爸

我的爸爸名叫崔文刚,出生于1974年。他学习和工作的时代刚好也是改革开放后,特别是中国进入新的发展时期。他先后到城市建设、农村脱贫攻坚、城市治理等不同的岗位上工作。我对他在农村参与脱贫攻坚的印象十分深刻。四年多的时间里,他不管是白天晚上还是节假日经常加班加点奋战在脱贫攻坚的一线。我印象最深的就是,在高考完的假期,我跟随在乡镇任职的父亲到一个很偏僻的村中去了解情况。我之前一直以为乡村的贫穷是我可以想象的,但真正看到之后,仍深受震撼。有的人家里的房子都裂了缝仍无钱可修,有的和我年龄差不多的孩子辍学去打工……农村开始推进精准脱贫政策,对危房进行改造,帮助贫困学生上学,定期看望孤寡老人……乡村逐渐脱掉了贫困的面貌,走向富裕之路。

雄关漫道真如铁,而今迈步从头越。个人的命运和我们国家的命运紧密相连,中国共产党成长的一百年,也正是我们家族三代人成长的历史。今天,我们在中国共产党领导下进入全面建设社会主义现代化国家的新征程,作为北中医青年学子,要围绕"健康中国"建设,以更加饱满的热情、更加坚定的信心、更加拼搏的精神投入政治思想和专业知识学习中,以优异的成绩回报国家和社会,为实现中华民族伟大复兴的中国梦贡献自己的力量。

家国八十年

北京外国语大学　刘逸涵

我出生那年外婆六十岁,如今外婆八十岁了。从我有记忆开始,她一直是慈祥的老阿婆,然而在她人生的前六十年,在动荡浮沉的岁月里,她是家里排行第八的小女儿、新时代的大学生、两个女儿的母亲、党的干部、祖国的栋梁。八十年峥嵘岁月,外婆的命运和国家发展紧密相连。

坎坷童年:兵荒马乱的旧社会

1939年,外婆出生在上海郊区的一个小镇,她是家里的第八个孩子,家里人便叫她"八妹"。而她出生前的1937年"八一三事变",上海沦陷。从小外婆便饱受颠沛流离之苦。逃难时卫生条件差,外婆的母亲在生"九妹"时难产去世,"九妹"也不幸夭折。

1950年,外婆在镇上读小学。恰逢解放初期,蒋介石疯狂叫嚣着反攻大陆,国内局势风云变幻,社会动荡不安。上海数次遭到飞机轰炸,镇上的小学也无法继续办学,而外婆却没有放弃学习,她在家人的支持下到乡下继续上学。据外婆回忆,那一年春天,她穿着崭新的红色毛衣走在上学路上,突然空中有轰鸣声,原来是几架国民党的飞机在天空盘旋,伺机进行轰炸。外婆的红毛衣成了最显眼的目标。幸亏老师路过,叫外婆赶紧脱下毛衣扔掉,这才躲过一劫。然而此后很长一段时间,外婆都不敢再穿亮色的衣服。

战争将苦难带给人民。外婆家只是普通的农民,却也经常遭遇这样那样的惊扰,从未享受过平静安宁的生活。他们在战争的夹缝里勉强呼吸,就像大地裂缝里随意撒下的种子,有一点阳光和雨水就拼命生长,被践踏也从未断过生的信念,因为他们始终相信:苦难是一时的,希望总归会来临。

蓬勃青年：求学工作，国家初建

外婆从小就喜欢读书，小学时战火连天也没让她放弃学习，初中考上了奉贤县重点中学，紧接着中考考上了江苏省松江中学——当时全省的重点中学。

1958年，外婆参加全国高考。那个时候的她"不知道想读什么大学、读什么专业，也不懂怎么填志愿"。恰巧此时国家号召向邢燕子学习其立志务农的精神。邢燕子家庭条件良好，却选择留在农村，为建设社会主义新农村贡献自己的力量。当时的农村正是最困难的年头，这样一位"发奋图强，扎根农村，大办农业"的优秀青年在全国影响颇大，外婆也被这种精神打动了，便毅然填报了南京农业大学的农业经济与组织专业。

1958年5月，中共八大二次会议正式提出"鼓足干劲、力争上游、多快好省地建设社会主义"的总路线。这次会后，全国各条战线就迅速掀起了"大跃进"运动。当时外婆正读大一。为响应毛主席"全国知识分子接受贫下中农再教育"的号召，学校安排大一新生到徐州邳县的人民公社，与农民同吃同住同劳动。当时正值收红薯的季节，学生用独轮车搬运红薯，农民在后面推车。外婆和同学们用绳子在前面拉车，手和脚都磨出了血泡。老大娘心疼这些娃娃，就让他们去厂里做工。有次外婆在给机器填料时，右手食指被切掉了一小节。劳动持续了一年，外婆终于成功通过了"生活关"和"劳动关"，当地群众对他们的评价也都非常高。

1962年，外婆大学毕业。由于1958年"大跃进"运动和三年自然灾害，国民经济的正常运转遭到严重破坏，国家进行了第一次经济调整。外婆也因此被分配到农场工作，担任农场机关党委秘书，其间从事大量文字工作。

1963年至1966年，中共中央在全国城乡开展社会主义教育运动，即"四清运动"，外婆因此给小女儿取名"清"。

不惑之年：忙于工作，国家拨乱反正

1978年的十一届三中全会，是党和国家发展的转折点。此时全中国百废待兴，各行各业急需人才。外婆和外公投身改革开放大潮，举家迁往南京。之后，外婆就在江苏省农林厅从事人事、财务、审计等工作直到退休。据姨妈回忆，外婆和外公一心扑在工作上，常常出差，连中秋节都不能在家度过。

幸福晚年：老有所养，老有所依

我出生那年，外婆退休了。外公早已离世，外婆却没有因此一蹶不振，众多的爱好充实了她的生活。

外婆从学生时代起十分喜爱运动，退休后也是如此。在政府出资建设的老年活动中心，她清晨和伙伴打羽毛球，下午打乒乓球、扑克。面对逐渐老龄化的社会，国家加大政策力度，老人们可以免费乘车、进公园，还可以上老年大学。相较于童年的颠沛流离，这样平凡又安稳的幸福让外婆获得了真正的快乐。

外婆一生中的重大转折和决定都与国家发展和时代脉搏相契合。外婆是不平凡岁月里平凡的小人物，被历史洪流裹挟向前，也将自己融于国家血脉。

这次听外婆讲"四史"，让我明白了长辈们生活的不易、国家发展的艰辛。时代在进步，作为一名新时代的北外学子，我们应该在了解历史的基础上，发挥语言专长，为建设更好的国家、创造美好的未来贡献自己的力量。

铁路上的青春年华

北京语言大学　于子桐

说到"铁路",你能想到什么?

从米轨铁路到高速铁路、从淞沪铁路到京张高铁,中国的崛起与那一条条铁轨有着密不可分的联系,更是有千千万万青年人走进铁路,将千千万万的青春留在铁轨之上、工地之间。我的父亲于启利就是这样的一名基层铁路工作人员。

当我问起父亲的青春时,他滔滔不绝,洋溢着那个时代特有的热情与光彩。在父亲的描述下,八九十年代的轮廓逐渐清晰,我仿佛穿越时空,和二十多岁的父亲并肩而站。

父亲与铁路的缘分从1993年便开始了。当年9月,他进入哈尔滨铁路工程学校。四年学习生活结束,他被分配到了山西榆次的铁三局五处机械厂,从实习生做起。

四年后,父亲已经定职助理工程师了。父亲在努力工作,我国的社会主义市场经济也在快速发展:市场日趋活跃,竞争也在升级,市场更加需要物美价廉的产品,这对众多公司、企业提出了更高的要求。为应对市场变化,铁路单位进行了企业改制,全力推进市场化进程,铁三局变成了中国中铁第三工程局,由国有企业变为股份制企业。

2000年11月,中铁三局集团完成改制。资金的注入、管理结构的优化,解决了国有企业活力不足的问题,中铁三局的效益越来越好,先后承建了海南西环、胶济、秦沈、青藏等一大批国家重点铁路工程。父亲的工资也从当初的一百来块涨到了一千多块。股份制让他尝到了甜头,等到工资满足生活后有剩余,他也拿着工资买了一点股票,在中国股票市场快速发展的九十年代成为一名股民。

为满足东部地区用煤需求,国家开始筹建朔黄铁路以利于西煤东送。根据领导安排,父亲被调到该项目上工作,这也是他参与的第一个铁路项目建设。虽然他在工作中还起不了决定性作用,但作为一个助理工程师来说,参与一个大型项目建设是一种全新的体验。朔黄铁路的开通,对加快沿线地方经济发展、保证华东与东南沿海地区能源供应、扩大我国煤炭出口能力具有极其重要的战略意义。项目完成的欣喜、铁路通车的重要意义,让父亲更加无悔成为一名中铁人。

随着国家对铁路建设的重视，父亲的事业也达到了一个新高度。他成了"空中飞人"，全国各地到处跑，祖国的大好河山几乎都留下了他和工程队的脚印。这样的付出总算是有回报的：一座座桥、一条条铁路纵贯南北，便利了诸多人的出行，中国的经济也因为铁路的修建被按下了加速键。让他印象最为深刻的是2005年开始建设的中国首条客运铁路——石太客运专线。这是新中国第一条双线电气化铁路，是中国中长期铁路网规划的"四纵四横"客运专线的"一横"——青太客运专线的重要组成部分，是一条沟通华东和华北的交通动脉。他在这个项目干了三年，吃在工地，住在工地，地为床，天为被，其间回家的次数少之又少，在家待上两三天就又得马不停蹄地奔回工地……

工地条件差，又不能回家，委屈吗？当然委屈。但是所有委屈都在一次次工程完成的瞬间消散。一段段铁路在父亲的眼中是有灵魂的存在，一段段铁路都是他的孩子，这是他作为铁路工作人员的骄傲。

我同样对石太铁路印象深刻。小时候，父亲时常说起这条让他三年中吃不好、睡不好，却又令他牵肠挂肚的石太线，我更是惊讶地发现，这条铁路竟是我每年从山西回山东老家的必经之路！从那以后，每当走这条铁路时，我总觉得疲倦会少些，大概是因为坐上父亲参与修建的铁路，让我真正体会到了作为铁路子女的归属感。

2016年，父亲正式加入中国共产党。这一年，父亲已经四十岁了。退去了少年的热血，如今的父亲更加冷静沉稳。而当他看着面前那面红得像一团火般的党旗时，心中热血沸腾。这种感觉熟悉而又陌生：原来，生活固然让他尝尽苦涩，却从未磨灭那颗赤子的心。入党六年，父亲时常作为项目党代表参加中铁三局的党代会，参与单位的党风建设。

如今，父亲已经在铁路的岗位上工作二十四年了。他从一个技术员到助理工程师、工程师，再到高级工程师。如今是云南项目的党支部书记。当年的小伙也已经步入中年，头发白了不少，脸上也有了皱纹。每一条皱纹中夹杂的酸甜苦辣，也只有他能体会；每一个值得起舞的日子，都因他的努力不曾辜负。

父亲的芳华岁月，和中国共产党的发展与新中国的发展有着密切的联系。从技术员到党支部书记，他勤勤恳恳，兢兢业业，展现的是基层群众不怕苦、不怕累、为国家建设添砖加瓦的信念。我的父亲并不是什么重要人物，他就是一个普普通通的中铁工作者。但是新时代的建设，不正是需要千千万万像父亲这样的兢兢业业的基层工作者的不懈努力吗？父辈将努力的、拼搏的、务实的、前景光明的中国交到了我们手上，我们应骄傲接过，建设祖国，也建设自己的芳华岁月。

当我完成这篇文章的时候，父亲正在云南建水"滇中引水"项目的工地上，支洞的开通让他开心得像个孩子……

铭记山河岁月 传承红色基因

中央民族大学 金真慧

文明圣火，千古未绝者，与日月同光。北京这座古城具有历史的厚重感，经历过强盛的辉煌，破败的落寞，重塑的坚挺。岁月不居，时节如流。北京这座城像极了英雄的一生，跌宕起伏、回声嘹亮。我的爷爷奶奶从没来过这座城市，他们已是耄耋老人，但仍想来到祖国的中心，讲述他们与共和国的故事。那个世界有战争、有炮火、有英雄，有生离、有死别……尘封的回忆如潮汐般在脑海里荡漾着，对于亲历者，人生无非是经历、回应、跨越、再经历。

这个世界的某一个小小角落里，有一个"大大的世界"，而这个世界的一切过往正因为我的落笔而慢慢拉开帷幕。

身埋异国，魂归故里

这个故事我要从去年开始讲起。中国人民志愿军抗美援朝出国作战 70 周年——

2020 年 9 月 27 日，电视正在直播第七批在韩志愿军烈士遗骸归国，机场水门最高礼遇迎接烈士。机场坐着烈士曾经的战友，他们已经满头花白，穿着当年的作战服，颤颤巍巍地举起右手，向他们敬礼。奶奶看到这一幕激动得热泪盈眶。我的太姥爷——我奶奶的爸爸，18 岁参军，24 岁牺牲。他是本可以不用参加志愿军的，他是家里的独子，但是为了心中的理想，把身子埋在了异国。抗美援朝，197 653 位战士留在异国他乡，如今他们正在分批回家。跨过鸭绿江需要多少步？根据一位抗美援朝志愿军老战士的回忆，805 步。奶奶好像是问我，又好像在自言自语："什么时候我爸能回来呢？"

我无法回答，但不知为何，莫名地觉得奶奶能等到那一天。人间骄阳正好，风过林梢，逝时他们正年少。这里的一切都有始终，能容纳所有的不期而遇和久别重逢，世界灿烂盛大，祖国欢迎您回家。

我听亲人讲"四史"

一片丹心，清醒的爱

我的爷爷今年84岁，由于10年前得了小脑萎缩，近些年来他的记忆已经混乱。他只记得奶奶和爸爸，连我他也渐渐记不得了。近两年来病情越发严重，爷爷从前温和的脾气也变了。他真正地成了一个"老小孩"，会把糖果藏起来偷偷吃掉，会把卫生纸收集起来不让我们用。奶奶调侃爷爷，说他什么事都不记得了，是个只知道吃的傻子。过年那几天，爷爷突然没有反复念叨起来：今年是建党100周年！也就那一刹那，我突然意识到这个老人并没有完全糊涂，我也第一次以一名记录者的身份采访他。

金同志一直在解放军部队，曾经参与过朝鲜战争，帮助过朝鲜重建。"我啊，入伍之前就是党员，19岁入的党，我是我们部队入党最早的啊！现在也很少有比我入党还早的。"谈起这件经历，老爷子面色红润，声音洪亮，十分激动。在部队时，因为思想觉悟极高，曾经担任过政治处秘书。在朝鲜战争后期，在侦察部队担任排长。归国后依旧为新中国事业忙碌着，顾不上家里，因此我爸爸的童年里缺少父亲这一角色。退伍后在单位担任党委书记一职，其间多次受到表彰。谈起这段经历，我的爷爷总是眉飞色舞，十分骄傲。时至今日，我还经常看到神志不清的他在白天看那本颇具历史、厚重的《党员手册》，边看边做手记。这位只要喊他"金书记"就会开心的老党员，在他混沌不清的世界里依旧清醒地热爱着党与祖国。

清澈的爱，只为中国

2020年6月，中印边境加勒万河谷爆发冲突，为了捍卫祖国的领土和主权，面对挑衅滋事的印度军人，解放军毅然面对冲突，共有4名战士牺牲，最小者仅19岁。陈红军烈士还有4个多月就要做爸爸，肖思远烈士一直憧憬娶上他心爱的姑娘。很可惜，他们并没有等到这一天，他们把青春和生命永远留在了高原。战地日记中写道："清澈的爱，只为中国。"我们生来不是王者，但是我们的骨子里流动着不让我们低头的血液，面对外敌的挑衅，他们用生命演绎了什么叫中国主权神圣且不可侵犯。倘若盛世将倾，深渊在侧，我辈愿万死以赴。无数看似微不足道的小人物，为国防事业奉献终身，才有了我们祖国今天的强大。历史面前，没有重来，没有借口，当整个国家的尊严交付给中国青年的时候，作为一个中国人，我必须全力以赴。

青春向党，不负韶华

人必须摆脱冷气，只是向上走，不必听自暴自弃者的话。愿中国青年都敢面对惨淡的人生，向上走，不必面对鲜血。先烈们曾经对中国青年的所有期许，都在随着时间推移一点点实现。学习"四史"，更加明白新中国这一路的艰难险阻。

英雄永远不朽，应该被铭记。解放军、边境战士、海军、维和兵……生命不能被略过，一定有人敢选最难的那条路，一定有人把生命排在利益前。那一天，我也曾看到花团锦簇；那一夜，我也曾梦见百万雄兵。

习近平总书记说："历史是最好的教科书，也是最好的清醒剂。"回看历史并不仅仅是为了痛恨、驳斥，更是为了辩证、全面地去看待问题，坚定地去维护与爱。中国青年，你有一分热，就发一分光，就如萤火一般，也可以在黑暗里发一点光，不必等候炬火。此后若没有炬火，你便是唯一的光，你有光明，中国便不再黑暗。

我们和我们的祖国

中国人民公安大学　林彦达

"五星红旗迎风飘扬,胜利歌声多么嘹亮",一听到这首歌,我就情不自禁地感到骄傲与自豪。作为新时代的青少年,伴随着我们的祖国越来越强大,我们也由衷地感到幸福和快乐。习近平总书记说,走过万水千山,不忘来时之路。我想我们在享受幸福生活的同时也不应该忘记过去的不易和艰辛。过去的一百年,正是因为中国共产党的努力奋进,才有我们今天的美好时代。而发生在我身边的几个故事,完整地向我们讲述了一部壮丽的党史、新中国史、改革开放史、社会主义发展史。

太姥姥和纪律歌

太姥姥以前会给家人们唱一首歌:"红军纪律最严明,出发宿营样样要记清:上门板,捆卧草,房屋扫干净,借物要送还,损坏要赔偿,解溲找茅坑,不搜俘房身。三大纪律,八项注意,个个要实行。"

太姥姥说这是她小的时候,一个小红军教她唱的。虽然记忆不太清楚了,但她还深深记得平时大家都是挨家挨户院门紧闭。直到有一支军队来到村子,他们虽然穿着很破,但是军容整齐,士气高涨,而且不会拿百姓一针一线。村民们也不再像以前那样不敢出门,反而纷纷为战士缝衣服,做鞋子。太姥姥说,村里的人都讲,这是红军,是毛主席共产党的队伍,也是咱们穷人的队伍。也就是那个时候起,太姥姥感受到了这支队伍的温暖和力量。最后一碗米送去做军粮,最后一尺布送去做军装,最后一个儿子送去上战场,一个个真实的故事书写了党和人民生死与共的动人篇章,有了人民的支持,最终迎来了新中国的成立。

爷爷和"追星"

爷爷经常对我说,他最骄傲的事情就是他出生那天见证了一个伟大国家的诞生,

一个他一直深爱着的国家——中国,他也一辈子都在追随着他深爱的国家。

我记得小时候最喜欢和爷爷一起看他珍贵的老照片,听爷爷讲新中国的故事。爷爷喜欢幽默地说:"按照你们的说法,我当年很喜欢'追星'。"爷爷笑着翻着泛黄的老照片,"你看这一年咱的潮流是红旗渠精神,想那时仅仅靠着一锤一铲,两只手,十个春秋,在太行山悬崖峭壁上修成了1500公里的红旗渠,结束了十年九旱、水贵如油的苦难历史。自力更生,艰苦创业,团结协作,无私奉献这是我们那个时代的潮流精神。"一边说着,爷爷在相册中继续翻着,"你看这个邮票,上面的这个人,就是我的偶像雷锋。他光荣而又朴素的事迹感动了所有人,将一生都奉献在全心全意为人民服务,是我们的榜样!"

爷爷继续翻着相册,突然目光停留在了相册中保存的一张细心裁剪过的旧报纸上,那张旧报纸已经泛黄并且微微破损了,但可以看出爷爷很珍惜地保存它。只见那报纸上用大大显眼的红字写着"我国第一颗原子弹爆炸成功"。爷爷翻书的手有些微微颤抖,不一会儿眼眶也红了,声音略微颤抖地说:"我只记得那是我这辈子最难忘的一天,当时街上人潮涌动,大家都流出了兴奋的泪水,因为我们心里都知道,咱的国家站起来了,再也不用受别人的欺负了……"爷爷的相册,就是一部新中国的奋斗史,在那个一穷二白的年代,无数中国人顽强拼搏,艰苦奋斗,为新中国筑牢了家底子。

父亲和学英语

我其实一直好奇一件事,那就是父亲的英语是怎么学的?因为据我所知他的文凭并不高,在学校也没学过英语,但是他却能流利地用英语和外国人交流,甚至还报名参加了2008年奥运会志愿者。

有一次我忍不住地问父亲原因,他跟我说:"这还不是为了响应国家号召抓住机遇嘛。改革开放,我们和世界接了轨,只有学好英语,才能更好地引进来,走出去,和外国人流畅地交流,只有这样才能更好地建设我们的国家。"父亲这一代人始终把国家发展的责任扛在自己的肩上,共同谱写了波澜壮阔的改革开放史。如今我们还在不断深化改革开放,一代又一代人努力接力,当今的中国更像一艘扬帆起航的巨轮,面对全球化的浪潮,中国也会乘风破浪,航行得更远。

姐姐和支教

今年过年家里格外热闹,父亲母亲忙里忙外,脸上都洋溢着按捺不住的兴奋,这

是因为姐姐去贵州支教终于回来了。

看着姐姐不仅瘦了一圈,皮肤也变得黝黑,父母眼眶都有些微红,但是姐姐说她不后悔这样的选择,"这不仅是国家的需要,也是我报答国家的方式,"姐姐笑得很开心,"况且脱贫攻坚已经取得全国性的胜利了,我们那里不但修了新学校,孩子们还有了新课桌新课本,我们教室里还有多媒体呢!"我们一家人听了兴奋不已。在脱贫攻坚的道路上,许多像姐姐一样的年轻人放弃大城市的舒适区,毅然扎根在脱贫攻坚的第一线,她们不畏艰辛,砥砺向前,为贫困地区的人民带来希望,也带来发展,更为他们带去党的温暖。这是新一代年轻人的担当,这是社会主义发展史浓墨重彩的一笔。

我和我的祖国

今天的中国,已经站在了世界舞台的中央,综合国力和影响力都达到了空前的高度,这是一代代中国人不懈奋斗的结果。路漫漫其修远兮,吾将上下而求索。作为新时代的青年,我们更应当以国家发展为己任,传承好红色基因,努力学习好科学文化知识,不断提高自己的综合素质与本领,为我们的祖国建设贡献更大的力量。"中国的昨天已经写在人类的史册上,中国的今天正在亿万人民手中创造,中国的明天必将更加美好。"习近平总书记要求深入学习党史、新中国史、改革开放史、社会主义发展史,就是让我们青年,以"为有牺牲多壮志,敢教日月换新天"的大无畏气概,砥砺奋进,让我们的祖国变得更加灿烂辉煌!

心中有所信 方能向远行

对外经济贸易大学 武嘉祎

我的外公出生于1943年，1963年考入山西财经大学贸易经济专业，毕业后分配到市外贸局工作至退休。外公今年已经是78岁的耄耋老人了，但身体还算硬朗，退休在家享受着养老医疗的社会保障，无忧无虑地安度晚年。外公很满意很知足，啥时候看见他都是乐呵呵的，他常挂在嘴上的一句话就是"我赶上好时候了……"

是的，正如外公所言，他老人家真的是赶上好时候了，生在旧社会，长在红旗下，沐浴着社会主义的春风踏进了象牙塔，见证了改革开放中国大地旧貌换新颜，见证了新中国成立、发展、壮大、走向富强的伟大历程。外公的一生是平凡的，虽没有战争年代枪林弹雨的传奇人生，但安定祥和的生活不正是我们伟大祖国繁荣昌盛国泰民安最真实的写照吗？

外公一生从事外贸行业，对改革开放的感受比常人尤为深刻。外公的讲述是碎片化的，他老人家喜欢讲，我也喜欢听。

2019年正值我们伟大祖国70华诞，作为一名在校大学生我有幸参加了国庆天安门庆典，全家人都自豪极了，爸爸妈妈来看我，把外公也带来了，想让外公在有生之年再看看首都北京，再看看国家的发展变化。外公一见到我就忙不迭地说："太快了，现在的高铁太快了，还没觉得坐多久就到了。我年轻的时候经常出差，那个年代长途出差主要交通工具是绿皮火车，车上很拥挤，好多人都没有座位，路程远，车速慢，车程时间长，一坐就是两三天，没地睡，就各想各的办法。我经常就多带几张报纸，一上车就麻溜地把报纸铺在两个座椅底下中间的位置，然后把包往里一塞，整个人钻进去头枕着包可以躺一路，能抢到这样的位置就算是很有福气啦……"是啊，外公这样激动的心情可能年轻人是无法真实体会到的，在他眼里，祖国的发展变化日新月异，翻天覆地。

长安街上超大显示屏不停地播放着介绍祖国发展的宣传片，吸引着无数游客驻足观看，外公看着看着就老泪纵横，记忆的车轮把外公带到了40年前。他拉着我的手告诉我："当年我搬回来一台9英寸的'春笋'牌黑白电视机，全院的男女老少都挤在咱

家看电视,场面热闹得像过年一样。那个年代家家户户没什么家用电器,只有结婚才给准备'三转一个扭','三转'是缝纫机、自行车和手表,'一个扭'是收音机。这么一台小电视简直就是个大物件……"外公绘声绘色地给我讲,满脸喜悦,像个幸福的孩子。是啊,在那个物资匮乏的年代,那台小小的电视机简直就是"奢侈品",虽然频道比现在少得多,但它是全大院的精神寄托,是人们了解外部世界最直接的窗口。

今年过年家里从网上置办了一大批新鲜的年货,快递一到,外公惊讶得合不拢嘴,连连问我为啥不去云南也能买到鲜花饼,不去北京也能买到一口酥。这简简单单甚至对我们来说已经习以为常的网购小事,在外公那个年代却是想都不敢想的。"现在真是太方便啦!过去买东西必须长途跋涉去产地买,要是街坊邻居谁家出差带回来点当地特产,那简直太稀罕了……"外公连连感叹!

外公给我讲,由于80年代初他经常去广州、深圳、汕头出差,参加"广交会",他亲身感受到了改革开放前后南方沿海城市的变化,"城市建设真的可以夸张地说是翻天覆地,每天都有新变化,年轻的劳动者们活力四射总有使不完的劲……"外公那时去过中英街,一街之隔,对面的香港高楼大厦林立,人们穿着时髦,物质生活充裕,而内地相比之下显得逊色不少。外公每次出差都会买些家乡没有的稀罕东西——什么泡泡糖啦,手镯表、夹克衫、磁带啦,小小的东西带来大大的欢喜,大姨小姨和妈妈都开心得不得了。现如今香港和澳门已经回到了祖国的怀抱,40年的改革开放成绩斐然,我国人民的生活水平不断提高,中国制造已遍及全世界。

外公只是一名普普通通的劳动者,他经历过从苦到甜,平凡的生活使他对祖国发展的感受更加真切,平实的话语更能彰显他由衷的自豪,朴素的情感映射的正是千千万万中国人民的经历和感受。让每个老百姓都切身感受到幸福和骄傲,正是我们的奋斗目标。

习近平总书记谆谆教导我们:不忘初心,牢记使命,努力为实现"两个一百年"奋斗目标、实现中华民族伟大复兴的中国梦贡献智慧和力量。我们新一代青年人,必接起祖国发展之大旗,昂首挺胸,向着中国梦奋发前行!

最后,谨以一首自作"四史"小诗表达我对祖国母亲的无限热爱。

问答

你问我,
伟大的中国共产党一路走来经历了什么——
从无到有,从弱到强,

披荆斩棘,艰苦斗争,
像大海汇集万千支流,
从胜利走向新的胜利。

你问我,
1949年10月1日天安门城楼上
毛主席的一声呐喊意味着什么——
国家成立,民族崛起,
几亿同胞,共续华章,
甜蜜的果实来之不易,
终于有一天笑着"站起"。

你问我,
改革开放对中国经济的增长多么重要——
温饱到小康,闭塞到开放,
思想解放,国家富强,
世界舞台上增添的
不仅是"中国产品",
更是"中国声音"。

你问我,
中国特色社会主义特殊在哪里——
道路理论、制度文化,
结合国情,立足实践,
坚定不移地走下去,
实现中国梦与民族的伟大复兴。

观今宜鉴古,无古不成今;
心中有所信,方能向远行。
面向过去我们学习"四史",
面向未来我们大有作为。
在学思中坚定理想,

在践行中奋发图强。
共产党先辈的精神气质时时鞭策，
年轻的中华儿女岂为蓬蒿之人？
明确使命、大胆前行吧，
一切光明属于我们！

终日乾乾初心不改　数年砥砺伟业终成

对外经济贸易大学　虎殊格

2021年2月15日，我和爸爸一起在电视机前观看了全国脱贫攻坚总结表彰大会。全国脱贫攻坚模范欢聚一堂，习总书记的发言掷地有声，字句铿锵。灯火熠熠，照亮脱贫攻坚的峥嵘之路；共襄盛举，谱写彪炳史册的锦绣华章。我看向爸爸，他的眼中闪烁着泪光，他说："我们国家能有今天这样的伟大成就，是无数人用无尽的努力拼出来的，这真的堪称人间奇迹。"我以前只知道爸爸是扶贫工作者，却对这其中的不易与坎坷一无所知。今天，我终于有机会听着爸爸将他的扶贫经历细细道来……

2005年，爸爸以农村指导员的身份来到宁夏固原市彭阳县古城镇中川村。他说，那个时候，那个地区是难以想象的贫困。群众都住在危窑、危房内，潮湿漏雨、墙体龟裂；耕地零碎，人均占有基本农田少；路途遥远崎岖，晴时尘土飞扬，雨季泥泞不堪；电力通信设备落后，没有电视和固定电话，与外界信息隔绝，邻里联系也不畅；人们思想落后，对下一代的教育投入积极性不高……爸爸说，那个时候的工作任务真的很重，缺钱缺人手。需向上申请项目资金，争取银行贷款，对接"闽宁帮扶"；向下联系群众。白天走访，搞调研、摸实情，言辞恳切地劝说村民解放思想，配合改革与脱贫工作，经常一天徒步十几公里山路，一天只吃一顿饭。晚上开"两委"班子成员会议，学习贯彻党章和中央文件精神，增强思想意识，提高工作能力……终于在两年后，全面完成了整村推进目标任务和向群众承诺的各项工作。

2015年，爸爸作为"第一书记"来到了固原市原州区寨科乡东淌村。爸爸说，十年前的扶贫，各方面条件不佳，工作并不十分细致，现在的精准扶贫工作，重在"真扶贫"，贵在"稳脱贫"。他说，一些脱贫计划列在表上，但不符合贫困户实际情况，农民不买账；有的扶贫产业，市场没摸清就扎了进去，结果水土不服，投入打了水漂。"精准扶贫"的推进实属不易。并且，在这种资源匮乏，只有土地可经营的农村，会出现脱贫后返贫，再脱贫后再返贫的情况，如何做好全面协调可持续发展，亦是严峻的挑战。最终，经过艰苦卓绝的努力，他们使建档立卡户基本实现了"两不愁，三保障"。在村党支部的领导下，成立养殖业协会，规范经营管理，提高

群众进入市场的组织化程度;深入实施了农业科技入户工程,培养了有文化、懂技术、会经营的新型农民。通过农村产业结构的调整,促进了农民由解决温饱向增收、由粗放经营向农业产业化的转变。最终使东淌村经济呈现出全面协调可持续发展的良好势头。

我问爸爸,为什么能够这么多年无怨无悔地坚持扶贫工作,爸爸说:"其实扶贫工作者就像'挑夫',一头担着党和政府的重托,一头载着人民群众的期望。一方面,我是一名共产党员,我要时刻牢记'为中国人民谋幸福,为中华民族谋复兴'的初心使命,不负党组织的重托;另一方面,当你真正深入脱贫工作,与朴实的农民深入交往后,就会深切体验到他们的心酸无奈,感受到他们善良友好的品质,会因他们为了生计任劳任怨、无私无畏地与自然抗争精神而肃然起敬。扶贫工作,其实就是与农民群众一起工作,当我们怀着满腔热忱去尊重、服务农民,像对待自己的亲人一样关心、关爱农民,和他们谈话交心拉家常,为他们排忧解难办实事,你就会在艰苦冗杂的扶贫工作中体会到充实、欣慰与幸福。"爸爸在"驻村日记"里写道:"在工作方面我确实不负党和人民,但是在生活中我对不起孩子和妈妈。这些年,我……"底下附着一篇新闻报道:虎同志一扎进中川村就数月不回家,一次他到村民家劝说失学儿童入学时,三岁的孩子发高烧住进了市医院。平时由着丈夫去农村扶贫的妻子吓慌了,山里信号不好,一直打不通他的电话,妻子将电话打到中川村党支部,放声大哭:"他为了别人的孩子,连自己的孩子都不要了吗?"这字字句句让我忍不住探寻脑海深处被尘封的记忆,三岁的事情已经模糊,但我仍清晰地记得,那一个个没有爸爸陪伴的日夜,那段妈妈含辛茹苦的时光,那些偶然相聚的欢喜与相聚之后被迫长久分离的卑微的希望……但在我逐渐长大的过程中,我渐渐理解了爸爸的不易,也更懂得了,其实全国上下所有的脱贫攻坚工作者都是如此,他们都是谁的父母,谁的子女,他们都是"舍小家顾大家""位卑未敢忘忧国"。也正因如此,我们的祖国才能完成消除绝对贫困的艰巨任务,取得脱贫攻坚战的全面胜利。终日乾乾初心未改,数年砥砺伟业终成。他们的每一份力量,都将化作朵朵浪花,汇入盛世的洪流!

2021年2月15日,习近平总书记郑重宣告:"现行标准下9899万农村贫困人口全部脱贫,832个贫困县全部摘帽,12.8万个贫困村全部出列……"这须臾数年,是我从襁褓婴儿到十八芳华的成长史,是爸爸从而立之年到知命不惑的驻村史,更是决胜脱贫攻坚、建成全面小康的奋斗史,而这一切,都是社会主义发展史的一部分。诚然,脱贫攻坚是中华民族伟大复兴历史进程中的"逗号",展望未来,为圆满实现全面建设社会主义现代化国家的历史宏愿,我想,吾辈青年该接过历史的接力棒,与国家命脉同频共振,紧密相连,将人生理想融入民族复兴之伟业,共谱祖国前途之大美华章!

追光

中国矿业大学（北京） 董瑞琦

  此次以"我听亲人讲'四史'"为主题的征文创作，我的素材形式特别，它并非来源于采访，而是基于我的太姥爷的回忆录。我的太姥爷是一名抗战老兵，也是一名共产党员。如果他依然在世的话，今年，他刚好一百岁。在太姥爷去世的几年后，我无意间找到了一本被姥姥珍藏着的写太姥爷的回忆录，于是，我将透过这本回忆录的窗棂，回望那段激情燃烧的历史。

  基于回忆录的主体，我将此次探究的重点放在党在抗日战争中所发挥的中流砥柱作用。我凝望着那一张张沧桑的脸庞上清澈坚毅的眼眸，感受着那一颗颗为祖国热烈跳动的心脏，"向出发的地方问求远行的智慧和力量"。

  我印象中的太姥爷是一位慈祥、和善的老人，从前我们每年都去看望他和太姥姥，却总是来去匆匆。也许他也曾想向我们讲述曾经的故事，但最后却未能如愿。在太姥爷生命中的最后几年，我们去看望他时，他有时拉着我们的手，给我们唱红色的歌听。我们只当是老人上了年岁，喜欢回忆从前，听着，笑着。后来我突然意识到，当时的我们或许真的应该坐下来好好听听从前的故事的。他曾遇到过何等的光景，曾经历过怎样的风雨，那段艰难困苦却又激情燃烧的岁月到底怎样度过的，如今只能在这苍白的纸页中窥得了。

  那本回忆录将我带回了那个战火连天的年代。我看到当时还是青年的太姥爷背上行囊，告别妻女，奔赴战场。他用最朴素的语言向我们讲述最平凡的家国情怀，字里行间，对妻女的思念与卫国的志向相互交织，是平凡与伟大共生，是战争年代每一个共产党员的缩影。那一个个浴血奋战的身影此刻更加清晰，他们无畏，因为红色基因居于生命的高地。那千千万万个赤色的英雄，怀着跳动的炽热的红心，迎着喷薄的日出，创造了千千万万个红色的奇迹。后来，新中国成立了。那一晚，歌声回荡在城市上空，我们用血肉铸成新的长城。我再次惊叹于精神的力量。正如诗人吉狄马加所说："让我们用成千上万个人的意志，凝聚成一个强大的生命，在穹顶散发出比古老的太阳

更年轻的光。"

我们接受教育，和所有青年人一样，了解的仅仅是书中扁平的历史，一个年代，一个地点，对应一场战争，那段历史最真实的样子，离我们还是远了。

这本回忆录，一直写到了太姥爷去世的前几年，年华老去，当他回望这漫漫岁月，"原来，那眉眼盈盈的故土，是我赤忱一世的山河"。

那天，我久久地伫立在太姥爷的墓碑前。诗人穆旦说，我们无言的痛苦太多了，然而一个民族已经起来。今天我们回望，意义不止于苦难。陈虹说："痛苦就是痛苦，对痛苦的思考才是财富。"历史不是一行行铅墨印刷的字句，而是一段段活生生的经验；历史不是干瘪生硬的年代符号，而是在时光长河中徘徊的思想与灵魂。我们凝望那段困顿的历史，为了收获一种精神。《人民日报》称："在历史前进的逻辑中前进，在时代发展的浪潮中发展。"历史的回响，也是对未来的昭示。我想，这是我们学习"四史"的最终意义。

探究的最后，回归主题，我想重新定义一下"光"。光是一群人。中国共产党从战火纷飞中走来，枪炮连天，断壁残垣，他们迈着坚定的步伐而来；危难四起，遍地荒芜，他们举着鲜艳红旗而往。他们像一束光，照亮中国前行的路。光是一种信念意志、文化基因。"山因脊而雄，屋因梁而固。"红色基因是一种于革命中被激活的精神密码，是中华民族的精神内核，是连接过去、现在和未来的精神纽带，是"十年饮冰而热血难凉"的内生力量。光是一份愿景与梦想。中国正在崛起，光亮就在眼前。

2021年，建党整整一百年。这是故事重新开始的地方，而主角成了我们。"桐花万里丹山路，雏凤清于老凤声。"习近平总书记说："青年是整个社会力量中最积极、最有生气的力量，国家的希望在青年，民族的未来在青年。"青年的我们，应以更积极、更主动的姿态，去实现自己的价值、寻求自身的存在。我们初心如磐，使命在肩，应自觉从红色历史中汲取更丰富的营养和更强大的动能，"高山仰止，景行行止"，怀着对历史的敬畏和国家的热爱，我们直面未来的一切挑战。时代大有可为，期待我们大有作为。

逐光前行，心之所向；步履所往，即是远方。

人间正道是沧桑

国际关系学院　郑璐

"春日载阳，东风解冻。"再回到故土，又是大地复苏的季节了。阿奶已年近九旬，却仍在每年的这个时候，亲自给已逝的阿爷做上一顿饭。和往年一样，阿奶让我给阿爷上了香，献了饭，以表孝心。不同于往年的是，今年，趁着这次征文的机缘，我请求阿奶给我讲讲她和阿爷经历的"四史"。

"当年忠贞为国酬，何曾怕断头？"阿奶回忆，她和阿爷从小在星云湖边长大。可是到一九四二年的时候，阿爷放弃原生家庭安定富足的生活，毅然参了军。那一年，阿爷十五岁。阿奶说，从那之后的军旅生涯里，阿爷从黑龙江打到海南岛，经历了大大小小数不清的战役。阿奶跟着阿爷随军，也见证了不少战火硝烟。

"携来百侣曾游，忆往昔峥嵘岁月稠。"阿奶印象最深的就是解放战争。据她讲，一九四五年那会儿，大家都不希望内战。昆明的学生娃娃们还用罢课来反对内战。可是蒋介石政府单方面撕毁了协议。于是第三次国内革命战争就打响了。"一九四八年，你阿爷参加了辽沈战役，随部队转战辽西，解放锦州。那时候行军都是步行，记得有一次转战途中，你阿爷因为连续几天没有休息，太累了，走着走着就要睡着了。可是转战途中不能停啊！怎么办呢？你阿爷就抓着马尾巴，让马拖着他走。这样就可以一边走路一边打盹了。"阿奶陷入了久远的回忆。"累倒没什么，打仗嘛，能活着回来就万幸了。辽沈会战最惨烈的几仗，漫山遍野都是尸体。军队条件也艰苦，我们家属去探望的时候，战士们每人都只有一小碗饭，再加上是寒冷的十月份，又饿又冷的。想想那么多你阿爷的战友都是饿着肚子牺牲的，我心里就难受。好在最后终于换来东北全境解放了。"听了这段讲述，我才醒悟，原来战争远比我想象的更惨烈，原来胜利远比我所认为的更来之不易。

"岂敢定居？一月三捷。"辽沈战役胜利没多久，未及休整，阿爷所在的第四野战军又投入平津战役。"攻打天津期间，因敌军防御工事较强，你阿爷的部队伤亡惨烈，战士倒下了一批又一批。于是他给我写信说，如果哪一天他也光荣了（牺牲了），我一定不要想不开。"阿奶说，她的眼睛就是那时候哭坏的。"天可怜见，天津解放了，你

阿爷只是受了轻伤。他还说，海河两岸的红旗飘得特别好看。"是的，一定很美，即使在七十多年后的今天，我也忍不住发出感慨。

"钟山风雨起苍黄，百万雄师过大江。""次年四月，'打过长江去，解放全中国'的口号响彻全军，你阿爷所在部队一路挥师南下，渡黄河，过长江，追击逃敌……"阿奶激动地讲道。谁能想到一个年近九旬的老人，在回忆起这些往事的时候，竟会如此饱含激情，就好像一个正值青春的热血青年，面对家国情仇时的慷慨激昂。

"天若有情天亦老，人间正道是沧桑。"七十多年前，我的祖辈把血泪洒向祖国大地；七十多年后，我与这片土地血脉相连。曾经，战云四起，杀机四伏；而今，日月已换，别有新天。历史已成白首，我辈尚在青春。面临百年未有之大变局，我们自当珍惜来之不易的生活，传承祖辈吃苦耐劳的精神，勇敢地投入时代发展潮流中去。

又是大地复苏的时节，我心中的那片赤忱也被唤醒。新时代的人间正道，由我辈来走。

三代人的读书梦

中央美术学院　初楚

"布衣暖，菜根香，诗书滋味长。"这是我家的三味家风。取自鲁迅先生三味书屋的"三味"。衣不必奢，保暖就好；食不必精，菜根最好；书不可少，涵咏滋味最是深长。书，在我们家受着顶礼膜拜的尊敬。这最不可少的诗书之味，承载了我家三代人的读书梦。

梦碎

上世纪四十年代，我的祖辈们出生了。这一代人出生于战火纷飞的抗战年代，成长于新中国百废待兴的建设初期。国家贫弱，百姓贫弱。读书，是在填饱肚子之后才敢想一想的梦。我的爷爷奶奶是其中的幸运儿。他们顺利读完了中学，爷爷参军入伍，奶奶考上了山东师范大学外语系。可惜，奶奶的大学只读了一年多，就被"文革"中断了。奶奶的读书梦是残缺的。

相比之下，外公是那么地不幸。外公出生于1946年，因内战爆发，外公那一支苗氏家族从祖居地威海卫辗转迁移到昆嵛山下的一座小镇。多舛的国家命运，多舛的家族命运，反而激发了外公读书求学的意志。他是远近闻名的学霸。遗憾的是，1959年，中国遭逢严重的自然灾害，外公的爸爸病重，已经考入中学的外公只好辍学养家。

那是一个飘雪的冬天，15岁的外公带着病重的老父沦落街头，好心的邻居把一间草厦借予他们。寄人篱下的外公酷爱绘画，却买不起纸张，就在墙上练笔。画什么呢？一只大公鸡。五彩的羽毛，火红的鸡冠，引吭的雄姿，像在催人早起。陋室之壁，因为外公的一幅金鸡报晓图蓬荜生辉，邻里来看，赞不绝口。因为绘画才能，外公后来被招工到县里一家工厂刻模型。再后来，改革开放，外公当上了这家工厂的厂长。生活富裕了，有钱买书了，但是外公的读书梦却永久地遗落在岁月的夕阳残照里。

读书梦碎，成了外公永久的心结。他最支持儿女读书。早年的贫穷年代，他省吃俭用为妈妈和舅舅订阅书刊——《儿童时代》《少年文艺》。妈妈和舅舅读书每有进步，必有奖励。奖励什么呢？外公亲手制作三棱镜，和他们一起研究光的折射；亲手制作铅笔盒，笔盒虽小，但是松木制作，木榫拼接，盒盖采用推拉结构，上面刻着妈妈的名字——春笛。外公说，妈妈出生的时代好，赶上了祖国的春天。这是妈妈名字的寓意。

梦圆

妈妈是"70后"。"70后"，那是多么幸福的一代人啊！

1972年，基辛格访华，中美解冻。

1976年，"文革"结束。

1977年，恢复高考。

1978年，十一届三中全会召开。

1993年，"汪辜会谈"，海峡两岸开始对话。

……

中国的一切都在向好。"70后"赶上了读书的黄金时代。

妈妈六岁时，自己去镇上完小报名入学，一时传为佳话。

外婆带她和舅舅去照相馆拍了一张入学纪念。这是妈妈出生后的第一张照片。外公说这是开蒙纪念，足见此事之重大。

妈妈的读书生活清贫而充实。祖国正处在"文革"之后的恢复时期。人的心灵就像暴雨洗过的山川大地一样洁净。中断了十年的高考制度开始恢复，人们对知识的渴望真如久旱盼甘霖，到处可见捧着书本苦读的年轻人。

那是个敬惜字纸、崇尚读书的贫穷年代。一本书常常在全村传阅。书太少了！好在每座小镇上都建起了文化馆，租售书刊，兼放电影。每天放学，妈妈都揣上两分钱，常常一看看到闭馆。看书的人群中有工人、农民，有像妈妈一样的小学生。看完书回到家，家家都通的有线广播开始正点播放《岳飞传》，一家人围坐在饭桌旁，边吃边听，听到兴头上，说书人刘兰芳戛然而止："欲知后事如何，且听下回分解。"哪里等得及？妈妈索性去文化馆里早早占了《岳飞传》自己囫囵吞枣地读。回家可以一口气续讲半个小时。两分钱，给妈妈带来了多少快乐啊！

为了挣得这读书用的两分钱，妈妈在上下学的路上总是低头走路，一路寻"宝"——废塑料、小铁钉、马掌钉、螺帽螺栓、铁锁铁链这些废品在妈妈眼里全是宝贝，可以拿去废品收购站卖钱的宝贝啊。自力更生，才有书读。

十几年后，妈妈考入了烟台师范学院。

妈妈的读书梦，圆了。

梦续

21世纪了。"00后"的我出生了。

"多么幸福啊，孩子，你一出生，就有这么多的书！"我的祖辈们都这么说。是啊，多幸福！还在妈妈怀里的时候，我就开始了读书生涯。我是听着书里的故事长大的。家里唯有书多，一屋子的书。

生活小康了，家家的书都多了。但是人们读书的时间却少了。现在，妈妈又有了新的读书梦——引领孩子们读经典文学。妈妈是中学语文教师，她最痛心同学们读坏书。工作之余，她致力于经典文学阅读的公益推广工作，她讲《每个人心中都有一个李白杜甫》《对联——寻常百姓家的中国诗》……她在学校讲，在图书馆讲，在市民大讲堂讲，在文登电台、电视台讲，在城市书房讲，听众有妇孺，有老弱……2014年，妈妈被威海市委宣传部授予"优秀阅读推广人"称号。

听，此刻她又在讲："孩子们，美好的文字就像光，那是作家用生命最甘美的汁液写下的，充满了生命的智慧与力量。它会朗照心房，它将进入我们的大脑，化为生命的养料，代代不息，回音嘹亮，像一支动听的大地之歌……"

这个读书梦，我，我们，还有无尽的后来者，会代代不息延续下去的。

因为，那是世纪之梦，是强国之梦。

长征接力有来人

中央美术学院　郭帅

党的百年华诞前夕。我采访小兮学生的爷爷，一位老转业军人、老共产党员。

"欲知大道，必先为史。"这位老爷爷深知学习党史的重要性。我们的党从小到大，由弱到强，不畏艰难险阻，不怕流血牺牲，艰苦奋斗。

"知所从来，方明所去。"正在迎接党的百年华诞之际，爷爷深情怀念父辈们的功绩。小兮爷爷讲述了父亲和叔叔，分别在烽火连天的抗日战争、解放战争中加入党组织，英勇作战，不怕牺牲，最后参加上海战役，以及进藏平叛、中印边境反击战，几十年中为国戍边，他们为革命胜利和建设做出了自己的贡献。在和平年代，忘我工作，鞠躬尽瘁。他们是无数为人民谋幸福、为中华民族谋复兴的共产党员的缩影。作为山东籍的老战士，他们的英名镌刻在山东济南老战士广场上。

爷爷的父亲1923年出身于一个革命家庭，小时候读过几年书。"七七事变"爆发后，父亲参加抗日先锋队进行抗日救国活动。1938年，在日伪的进攻下，掖县沦陷，父亲冒着生命危险，与地下党取得联系，为党工作。在这样艰苦的条件下，阅读马克思主义经典著作和毛泽东同志的文章。1940年，父亲服从地下党安排，回到山东掖县大沙埠庄家乡，以教师身份做掩护继续开展革命活动，第二年就加入中国共产党。1941年，毛泽东同志指示延安抗大到敌后办学，培养干部。父亲积极报名上抗大，西进途中，为突破敌军封锁线，父亲腿脚有伤仍然每天行程一百余里坚持战斗。父亲同抗大学员一起配合部队作战，取得了"反扫荡"斗争的胜利。1942年，父亲毕业后奔赴抗日战争前线，多次立功受奖。1945年至1948年领导人民开展查奸反霸、减租减息、土地改革斗争。和群众一起支援前线，配合主力部队，巩固解放区人民政权。1946年底被敌人包围，掩护人民脱险不幸被捕，遭到敌人严刑拷打。父亲始终严守党的机密，没有暴露组织和党员身份。1951年，担任县长，领导翻身人民，恢复安定生活。1962年，因积劳成疾，不幸去世，被评为革命烈士。

"初心如磐，使命在肩。"1969年初，小兮爷爷带着老一代的期望，迎着珍宝岛的

战斗硝烟走进军营。1970年入党。无论是战备训练、抢险救灾、军工生产,还是地方工作,不忘初心,努力工作。小兮爷爷曾任装甲兵军事代表。1979年中越自卫反击战时,爷爷所在部队抽调几批坦克驾驶员、炮手支援前线,因需要的是战士,爷爷参战申请未被批准,奉调生产军火装备。今年在得知中央要为五十年以上党龄的老党员颁发"光荣在党五十年"纪念章的消息时,他十分激动,满满的荣誉感、自豪感。五十多年来在党的培养教育下,不断成长进步,更坚定了为党的事业奋斗终生的信念。

今天革命的胜利,改革开放的成果,祖国的繁荣富强,是一代一代努力的结果。在新的长征路上,任重道远,不忘初心,让老一代革命精神薪火相传,开创未来,这正是我们纪念党的百年华诞的重大意义。

"长征接力有来人,红色基因代代传。"作为央美党员学子,要像老一辈党员同志那样对党忠心耿耿,艰苦朴素,兢兢业业,尽职尽责。用我们的专业特长真正地把中国传统文化发扬光大和传承,给历史留下绚丽的一笔,不辜负党和父母对我们的厚望。

感谢我们的前辈们,助我们进一步感知、了解老一辈革命党员平凡却又不平凡的一生。

何以立志　何以承志　何以达志

中央音乐学院　高欣然

访谈对象：外祖父

访谈内容：

我：伴随改革开放政策的实行，我国对外交往不断展现新气象。我知道您曾参与国家体育援外教练相关工作，可以讲一讲您在援外工作生涯中所感受到的变化吗？

外祖父：改革开放的历史性决策开启了中国体育事业的新局面。我国的体育外事工作也进入新阶段。提到这段时期的体育外事工作，有一个重要的时间点，即1979年10月25日。这一天，中国恢复了在国际奥委会的合法席位。此后，在党的领导下，我们在提高自身竞技体育实力的同时，也竭尽所能帮助更多国家提高竞技体育水平。这一时期援外工作者人数与合作国家数量都有明显增多。某种程度上讲，援外工作者们为中国促进世界体育发展，乃至服务于我国全方位、多层次、立体化的外交布局都做出了积极贡献。比如，2011年，在中国教练指导下，墨西哥"跳水公主"埃斯皮诺萨和队友们包揽当年泛美运动会跳水项目全部8块金牌。习近平总书记在访问墨西哥时也提到这个故事，还祝愿墨西哥跳水队今后夺取更多金牌，祝愿中墨两国合作夺取更多的金牌。

我：请问您当年是因为什么契机参与了这项工作呢？

外祖父：因为工作更加全面化、系统化，在上世纪七十年代末八十年代初特别成立专门机构，负责体育援外相关事宜，力求加强各个专业领域的务实合作。我也与这份事业结下不解之缘，在近27年的时间中，全身心投入体育援外工作。

我：在这段高速发展的时期，有什么让您印象深刻的人或事吗？

外祖父：让我印象最深的或许不是一个人、一件事，而是一代人在一段时期心怀相同的愿望，与世界各国友人携手与共、同心拼搏的奋斗群像。体育援外工作者，他们来自祖国各地，不同年龄、不同背景，但却有着相同的对党和国家的忠诚。他们与

队员们相互尊重、相互信任、相互认同,建立了深厚友谊,用自己的敬业精神,在专业领域全心全力帮助所在国家实现零的突破或取得极佳成绩。援外时间不同、地点不同,但许多人都有一个相同的经历,在所带队伍获得重要比赛的冠亚军时,会有所在国家的朋友们热烈地向他们欢呼鼓掌,有的人还会喊出"中国!中国!"那是一个无论何时想起都会深感自豪与骄傲的瞬间。

我:您觉得为何会有这样的共性呢?

外祖父:我想大概可以从原因、动力与途径三个维度来回答。根本原因,是每个人深植于心的爱国情怀。能够为祖国与世界各国的体育交流做出贡献,是很多人发自内心的追求。根本动力,是改革开放的时代背景让每一个人都能解放思想,拥有更高远的志向,善于突破、敢于创造。根本途径,则由大家高超的专业水准与克服重重困难的耐力与定力所组成。志存高远,脚踏实地,他们真正把这句话融入每一日的训练中,积小流成江海,当越来越多的人做到这一点,便形成了这一事业数十年来发展的风貌,也成为一生中共同的荣耀。

访谈感想:

"解放思想、实事求是、与时俱进、求真务实。"永恒的真理,指引一代又一代的人踏荆棘、平风浪、铸传奇。他们心怀家国,他们敢于突破,他们一往无前地向未来迈进,以中国人的身份,用中国智慧与中国方案汇聚为中国力量,促进世界共同发展。与外祖父的访谈令我深思,更让我找寻到内心深处三个根本问题的答案。

何以立志?

"为学须先立志。志既立,则学问可次第着力。立志不定,终不济事。"立志是做人之基,是一切努力与奋斗的前提。其本质内涵,正是一颗纯粹的爱国之心,一个对中国特色社会主义制度的强大信心与为实现中华民族伟大复兴的坚定决心。那些支撑体育援外工作者克服语言环境、生活差异,面对各种挑战的信念,也正是每个中国人心中温暖而坚定的支撑。

何以承志?

外祖父用自己的专业之长,尽已所能投入体育援外工作迅速发展的阶段。这让我更加明白,虽然每一代人都有属于自己的时代,但我们都在以自己的不懈努力回答各自的时代课题。把握历史发展大势、时代发展际遇、社会发展阶段,是我们找寻人生方向与自我价值的出发点与落脚点。

同时,外祖父的体育外事工作经历也给予我另一个启发。作为一个中国民族音乐的学习者,积厚流光的中华优秀传统文化与当代融汇中西、兼收并蓄的国际文化交往

环境为我们构筑起传承与弘扬的双重责任。当我们用放眼世界的眼光看向身旁已在祖国大地行过千余年的乐器时,我们看到,让民族音乐成为向世界传递当代中国价值观念、丰富世界文化多样性的生动载体,是时代交予我们理应承接、必应承接的责任。

何以达志?

怀大格局、练真本领、开新生面,更应知道知行合一是连接理想与现实的桥梁。报国之情是躬身力行的实干、守正创新的奋斗。赛场上的荣誉来自经年累月的认知与实践。认真完成每一日的训练,精研技巧背后的逻辑与方法,在此基础上锐意进取、致知力行地完成每个阶段任务,最后步入广阔天地,体育如此,音乐亦然。正如习近平总书记所讲:"奋斗不只是响亮的口号,而是要在做好每一件小事、完成每一项任务、履行每一项职责中见精神。"

"浩渺行无极,扬帆但信风。"正心力行,筑梦逢时。未来明耀,我们扬起自己的风帆,驶入时代的浪潮。

忆峥嵘岁月　赴未来之约

中央音乐学院　夏若彤

在历史的浩瀚长河中，中国朝代更迭，人才辈出，但自古以来不变的永远是对中华文明的认同感。中国古代有四史——司马迁的《史记》、班固的《汉书》、范晔的《后汉书》、陈寿的《三国志》，而今我们又有了新的"四史"，即习近平总书记提出的党史、新中国史、改革开放史、社会主义发展史。虽然当今的"四史"各有侧重，但整体围绕的都是为人民谋幸福，为民族谋复兴，为世界谋大同的实践史。借这次的"我听亲人讲'四史'"活动，今年春节去老家拜年，我有幸听到舅姥爷给我讲述他眼中的中国变化。

混沌初开　雄狮觉醒

舅姥爷出生于1936年。舅姥爷的父亲是当地有名的教书先生，每天都在镇上的私塾里传授孩子们知识，虽然当时生活清贫，却是安宁快乐的。直到日本军得知第十一兵工厂在烟溪镇附近后，隔三岔五地派轰炸机进行轰炸，镇上的人们也无心生产，每天都是提心吊胆的，只要听见了刺耳的警报声，便惊恐万分地躲进小镇旁边的防空洞里。当时才六岁的外婆就背着三四岁的舅姥爷东躲西藏，后来就一直躲在烟溪的防空洞里，饿了的时候就吃观音土、树皮，日机轰炸过后，又赶紧回镇上收拾破烂不堪的家园，幸运的是舅姥爷一家都侥幸地活了下来。在舅姥爷的叙述中，我听出了他对日本军深深地憎恨。讲到1949年10月1日那天，舅姥爷的眼中满含激动的泪水，他哽咽地说道："那是我最激动的日子，那一天我终于切实体会到了什么是苦尽甘来，我最想感激的就是共产党和毛主席，是他们给人民群众带来了新的希望，我们有了新中国！"

我听亲人讲"四史"

艰难前行　转危为安

舅姥爷忽然起身，从书架里拿出了一本泛黄的相册，翻开第一页，上面是一桌人围着大桶菜边吃边聊的画面，他指着照片说："这是当时公社里的工友们。1958年，全国各地开始兴起了大办人民食堂的热潮。'吃饭不要钱，大办集体食堂'就是我们的口号之一。大家都一起在公社吃饭，不愁饿肚子，只要加紧搞生产就行，当时遍地都是'多快好省，力争上游'的标语，人民的热情也很高涨，总觉得努力搞生产就能追上美国的经济水平，但是后来因三年自然灾害的来临，物质供应越来越匮乏等，集体食堂也就解散了。"当时舅姥爷一家也是吃了上顿没下顿，能有红薯充饥已是万幸。到后来又赶上十年"文化大革命"，舅姥爷也因为老师的身份被造反派批斗，冠上了"臭老九"的罪名，白天被赶去农场劳改，晚上关在茅棚里写悔改书。舅姥爷说那十年每天过得都是诚惶诚恐的，只见舅姥爷拿出一张平反通知单，叹了口气说："这样的日子直到粉碎了'四人帮'，完成拨乱反正任务之后才结束，整个中国也终于安定了下来。"

春风徐来　万象更新

年纪快90岁的舅姥爷回想着这一路走来的艰辛，神情激动地跟我描述着如今家乡的变化。他带着我参观了去年新盖的两层小洋房，指着楼前面不远的高速公路说："想当年这里还是一片荒地，没想到现在已经变成了一条高速公路了，今年夏天马上就要开通啦！以后来看你们也就方便喽！"紧接着舅姥爷拿出手机绘声绘色地跟我描述起他新一年的计划："舅姥爷我前大半辈子都没能看看祖国的大好河山，未来这几年得好好出去开开眼界了！现在交通方便，支付也方便啦！一部手机就能走天下，这个玩意儿真的太神奇，太稀罕了！"听着舅姥爷眉飞色舞地描绘着他未来的蓝图，我的思绪不禁飘向了远方……

这次春节看望舅姥爷的时间虽然短暂，但他的话语令我深思。一代人有一代人的担当，在之前我的理想与自己与家人有关，但现在我明白这并不是全部。我们只有打开胸襟，用开放、吸收的眼光看待世界，才能有所进步。人如此，国家亦然。百年前的忍辱负重我不想再次品尝，所以在这个开放而又暗流涌动的新时代，我会用最积极的状态去迎接，珍惜现在，开创未来。虽然不知道前方有何凶险，但大江大河奔涌的趋势，不是任何险滩暗礁可以阻挡的，就像电视剧《大江大河》里所说："道之所在，虽千万人吾往矣。面对艰难险阻，我愿意为之奋斗！"

七十载岁岁安澜　黄河交响奏新篇

中央戏剧学院　张珈畅

这条大河，是中华民族的母亲河；

这条大河，是中华文明的摇篮；

这条大河，曾是历代的治国忧患；

这条大河，更是今朝的幸福源泉……

2021年将迎来中国共产党建党百年，也是"十四五"开局之年。在这个春天里，中华儿女和祖国一起再出发，为实现新的百年梦想再续新篇章。

习近平总书记在2019年9月18日主持召开黄河流域生态保护和高质量发展座谈会，并指出保护黄河是事关中华民族伟大复兴和永续发展的千秋大计。作为一名有担当的新时代青年，作为一名被黄河水哺育成长的中原人，在这个寒假里，我参观了黄河博物馆，走访了黄河科研专家、黄河水利科学研究院总工程师姜乃迁博士，听他讲述新中国成立七十年以来，在中国共产党领导下人民治黄的伟大奇迹。

叹：命运多舛

黄河是我国的第二大河。她发源于青藏高原巴颜喀拉山，流经九个省区，最后注入渤海。《诗经》有曰："坎坎伐檀兮，置之河之干兮。河水清且涟猗。"可以想象，我们的母亲河曾经是多么清澈见底，而黄河流域又是那么草木丰茂，鸟兽恣意。但是在后来漫长的历史年代里，由于黄河流域人口迅速增长，农牧业过度开发，致使这里的植被遭到长期大量的破坏，造成了严重的水土流失现象。在新中国成立前，限于社会、经济和科技等方面的条件，黄河的水利得不到开发，水患更无法根治。于是洪水、干旱、冰凌、风沙、盐碱、内涝成了危害黄河的六大灾害。据史料记载，在新中国成立前，黄河决堤1593次，较大改道26次，黄患所到之处"城郭坏沮，稼积漂流，百姓木栖，千里无庐"。"黄河宁，天下平"，黄河治理成为困扰中华民族几千年的重大难题。

赞：初心如磐

1946年，新中国还没有成立，中国共产党就领导成立了冀鲁豫解放区黄河水利委员会，翻开了人民治黄的新篇章。共产党人"一手拿枪，一手拿锹"，领导了故道堤防修复工作，确立了"确保临黄，固守金堤，不准开口"的原则，保卫了冀鲁豫地区的安全。王化云是黄河水利委员会的第一任主任，也是中国共产党的首位河官。他提出的"除害兴利、综合利用""宽河固堤，蓄水拦沙""上拦下排，两岸分滞"等治黄理念一直沿用至今。1992年王化云同志去世后，按照他的遗嘱，他的一部分骨灰安葬在了黄河边上的邙山脚下，一部分撒入了奔流东去的滚滚黄河之中。这位中国现代水利事业家、优秀的共产党员把毕生都奉献给了新中国的治黄事业，他把对党的无比忠诚和对祖国的无限热爱都倾注于治理黄河的伟大事业中。

1952年10月，新中国成立伊始，为国家大事日夜操劳的毛泽东主席决定亲自去黄河考察。一代伟人的心中时刻装着人民，关注着黄河的长远治理。10月30日上午，毛泽东主席前往兰考县东坝头查看。这是1855年黄河在铜瓦厢决口改道的地方，他特别关心治理黄河的长远打算。次日，毛泽东主席在离开开封将要继续北上的时候，对黄河水利委员会主任王化云，河南省委省政府领导同志再次强调："一定要把黄河的事情办好。"一定要把黄河的事情办好，这是一代伟人为国为民的初心。

为了把黄河的事情办好，新中国成立七十年来，黄河儿女在中国共产党的坚强领导下，对黄河科学施治、多措并举、凝心聚力、勇于担当、共渡难关，确保了黄河七十载岁岁安澜！实现了化害为利，造福人民的目标，创造出了人间奇迹！

谋：生态发展

三门峡水利工程是新中国成立后黄河上第一座大型水利工程，是新中国治黄事业的起点，是国家"一五"期间唯一的水利工程项目，更是中国共产党初心的实践、延伸和见证。三门峡市首批市民就是由当时来自全国四面八方的八万水利精英和建设大军组成的。这是何等撼天动地、人民治黄的伟大历程！如今的三门峡山清水秀，民生富足，是著名的旅游城市，也是美丽的天鹅之乡。良好的生态环境每年都吸引着成群结队的天鹅呼朋引伴，来此筑巢安家。

习近平总书记曾经指出，治理黄河，重在保护，要在治理。要加强对黄河流域生态保护和高质量发展的领导，要让黄河成为造福人民的幸福河。

"功成不必在我，功成必定有我"，这是共产党人志存高远的铮铮誓言，更是共产党人义不容辞的责任和担当。中华儿女必定紧密团结在党中央周围，用践行"三牛"精神，奏响新时代黄河交响曲的华彩新篇章！

曾共苦　今得甘

中央戏剧学院　辛颖超

百年建党，历史的长河中甘苦共存。坐在桌前，拭去眼角泪水，亲人的故事里变迁深藏。侧耳倾听长辈讲起曾经的艰苦岁月，踏步走进中国发展经年的沧桑历史。

饥荒

秋风荡漾稻田的香
田垄上弯腰的汉子面上是藏不住的笑意
冬雪覆盖积累的粮
丰收过的田连同腐烂的庄稼化成乡亲解不开的心结
刚懂事的娃娃匆匆离开学堂
来不及转过身跟桌上泛黄的课本告别
便背上竹筐　走上山野　寻几口野菜
大山的胸怀庇佑不了一村庄饥饿的人们
碗里的水越来越多　寻不见米粒和青菜的痕迹
挺胸抬头的人们佝偻起身子
与牲畜嚼起一样的菜糠
凉水和不开稻秆磨成的粉末
喉咙咽不下这无味坚硬的吃食
可人要活着啊，一片树皮都成了生命的必需
春到了，田里覆盖上一层又一层
不是庄稼谷稻，而是肚皮高胀的人们
他们就此长眠在一生最爱的庄稼地里
——采访新中国的同龄人：1949年生人的外祖母

重生

岁末秋风吹干眼角的泪滴
六二年的变革装满空落落的碗
日子如稻草又生出希望
历经磨难活下来的人们有了温暖的被袄
团一个菜团裹上浅面
咬一口是忆苦思甜，终生难忘
——采访来自地道渔民家庭的舅妈

迎接初阳

花岗岩的土地上建起新式的立交桥
呼啸而过的汽车有了昔日人们盼望的模样
石灰铺的砖石上跑过一群新生的娃娃
成群结队悄悄藏在工厂的角落
小手捧起煤核
与小伙伴赛数目争个能干
捧回家告诉爸妈隆冬有了温暖的源
昨日的娃娃挑起家庭的担子　骑上铜铁的自行车
掺着咸味儿的海风撩动青年留长的发
新建的农贸市场里摊位一个挨一个
女子亮堂堂的笑声和风而来
街头巷尾的阅报栏前排起长长的队
穿着深蓝棉袄的老人眼里看着读报的青年咧开嘴角
手里的纸牌发出雷鸣般的响声
沙滩上的渔船彼此相依
海面上的渔歌互相应和
孩子们织的渔网是父亲手中最得劲的武器
趁着阳光正好
渔人打捞起大海里沉甸甸的海鲜
渔人的孩子捡拾起沙滩边的鱼虾

踏着夕阳正美

一家人背起满满的箩筐

你挽着我　我挽着你　回家去

——记青岛八十年代兴建的商品市场

新新世界

青年啊

你乌黑的头发染上了白

环绕在身边的儿女走出了家门

逗乐怀里隔代亲的孩子成了你每日最要紧的任务

青年啊

你手里的黑白照片添上五彩

眼前的红瓦平房垒成反光的大厦

听不明白的外国话代替了街头海蛎子味儿的方言

青年啊

你骑过的自行车早就不见了踪影

地上地下的交通工具好不便利

你踏过的缝纫机早就生上了铜锈

一来一往的缝纫机器绝对精巧

青年啊

子孙满堂的岁月盛满了欢歌笑语

现代快捷的日子缀满了日新月异

青年啊

你不再年轻

但年轻的人儿正在生长

这新新世界

既属于你　也属于我

听爷爷讲那过去的事情

北京服装学院　李思睿

爷爷离开我已经九年了，我想念爷爷，时常想起爷爷右臂上那块半个巴掌大的伤疤。

"爷爷，你的胳膊怎么流脓了？"小时候，放暑假，我坐在树荫下，仰起头问爷爷。

"爷爷打仗时，被敌人炮弹炸伤的。"他的轻描淡写激起了我的好奇心，硬是缠着他给我讲讲他的战斗故事。

爷爷讲的故事很精彩，但那时年龄小，时间有点久了，印象有些模糊，但我仍清晰记得爷爷说的四个字：解放战争。

后来，我长大了，但爷爷去世了，他右臂的那块伤疤，也和他一起飘向了遥远的天国。

今年放寒假回家，看到爸爸在整理爷爷的档案，我才知道，原来爷爷竟然还多次荣立了特等功和一等功！《人民海军报》还曾报道过他的英雄事迹！原来爷爷给我讲的故事就是解放战争中著名的晋中战役和太原战役！

看着爷爷年轻时颇为英俊的照片，我的思绪不禁飘回了小时候，似乎又在听爷爷讲那过去的事情。

爷爷1930年2月出生于一个贫苦农民家庭。从小给地主家放牛，累死累活，却衣不蔽体、食不果腹。15岁那年，作为一个少年民兵，就参加了上党战役，配合解放军阻击敌人。就是在那时，他知道了解放军是来解放全体受苦老百姓的，中国共产党真正让老百姓过上了好日子。

1947年10月，他参加了中国人民解放军；18岁那年，加入中国共产党。参军后，他跟随解放军队伍，参加了大大小小10余场战斗，其中有晋中战役和太原战役等著名战役。

我帮着爸爸一起整理那些尘封已久的档案，眼前似乎在播放着一部壮烈的战争片：

1948年6月，晋中战役。爷爷在太岳军区担任晋中张兰镇和小常镇战斗突击队队长。他们历经3小时激战，歼敌5000余人，缴获火炮36门。部分国民党部队退入张

兰镇，被太岳军区包围，连同第45师新兵团一起被歼灭。爷爷因作战勇敢，荣立华北军区15纵队44旅大功一次。

1948年10月，太原战役前夕。爷爷所在的第1兵团第15纵队由太谷、榆次向西出击，直插武宿机场以北，与第7纵队形成东西夹击之势，切断已进至小店镇和武宿机场国民党军通向太原的退路，准备阻击太原守军南援。

16日，阎锡山集中第30军和暂编第10总队，在炮火支援下向牛驼寨实施多次猛烈反扑，在不足300平方米的阵地上，每天倾泻炮弹万发以上。

26日，国民党在空军飞机配合下，凭借太原险要地势固守顽抗，施放毒气弹和燃烧弹。第1兵团等部勇猛突击，多次打退敌军反扑。

11月13日，经过19个昼夜反复的激烈争夺，解放军全部占领了东山等四大要塞，缩紧对太原的包围。爷爷时任第15纵队战斗突击班长，带领突击队占领了敌阵地，为最后全部攻占四大要塞、解放太原奠定了基础。因俘虏多、缴获大，荣立华北区第1纵队团特等功一次。

1949年3月底，司令员徐向前、副司令员彭德指挥总攻太原作战。4月20日，开始全线进攻太原，解放军迅速突破敌军防线；24日，突破城垣攻入太原城内。爷爷时任第18兵团62军885师553团1营2连副排长，与敌守军展开了激烈巷战，带领突击班以小型爆破等作战手段，向太原守军指挥中心勇猛穿插，配合大部队攻入太原绥靖公署（现晋商博物院），最终全歼太原守军。爷爷因指挥灵活、作战勇敢，荣立第18兵团62军特等功1次。在此次战役中，一枚炮弹在他身边爆炸，爷爷身负重伤，右臂和双手掌多处被弹片击中。

太原解放了！在太原战役胜利之后半年，新中国成立了！档案记录得很翔实，我想爷爷那时一定有中国人民解放军必胜的信念。

寒假结束了，我的回忆却没有结束。坐在回北京的高铁上，看着夹在书中爷爷的照片，窗外，一排排树木飞快地向后退，思绪万千，可惜时光永远也回不去了。

想起爷爷讲故事时，总是眯着眼睛，笑得很满足："我经历了那么多场战争，许多战友都牺牲了，而我还能活到现在，看到了新中国成立、过上了衣食无忧的幸福生活，我很知足！"

时光飞逝，解放战争已过去了70多年，战争硝烟早已散去。解放战争时期，爷爷他们那一代人，无数年轻人，离别家乡父母，扛起枪，冲锋陷阵，带着坚定的共产主义信仰，不忘初心、不畏生死，为了梦想中的新中国，献出自己宝贵的生命。忆往昔峥嵘岁月，是无数革命先烈用自己的生命才换来我们今天的幸福生活。

思念断人肠。我好想对爷爷说："爷爷，过去我听您讲故事，现在我真想让您听听

我讲的故事啊！您知道吗？高铁跑出了中国速度；微信支付宝连现金都不用了，方便快捷到让老外眼红，足不出户就可以网购；我国的航空母舰、神舟五号飞船成功发射、"天问一号"探测器着陆火星、载人潜水器"奋斗者号"成功完成万米海试等，令世界瞩目。爷爷，这就是你们前辈梦想中的新中国！"

爷爷，我将来会把从您那里听来的故事讲给我的孩子听，讲给我孩子的孩子听，把您的故事一直讲下去。因为我知道，这不仅仅是在讲红色故事，而是在传承，让红色基因、革命薪火代代相传。

把爷爷照片夹进了书中。那里，有爷爷的梦，有我的梦，有千千万万的老一辈无产阶级革命者和新中国建设者的——中国梦。

学史·惜今·追梦

北京印刷学院　蔡祎然

华夏历史之长远，悠悠上下五千年。一段又一段中华史，记录着一代代王朝更替，更蕴含着历史中人的志士精神与力量。党的十八大以来，习近平总书记高度重视对历史的研究学习，强调"历史是最好的教科书，也是最好的清醒剂"。

作为"生在新中国，长在红旗下"的幸福的一代，我们没有经过战争的洗礼，没有经过苦难生活的磨炼，没有经过祖国由弱到强的奋斗岁月，缺少对于党和国家光辉历史的认知与理解。所以学"四史"，是新时代青年成长的需要，也是时代发展的需要。

每个时代都有独特的形势，对时局的认识和把握，关乎党和国家的生死存亡。从农村包围城市到建立全国抗日民族统一战线；从国共合作到建立共和国；从一穷二白到改革开放，再到全面建成小康社会；从SARS到新冠肺炎疫情的控制。

历史是过去传到将来的回声，是将来对过去的反映。学习"四史"，让我深刻认识中国为什么选择马克思主义、为什么选择中国共产党、为什么选择中国特色社会主义道路，建立对我们国家政治制度和社会制度的历史认同和政治认同。"四史"的内容各有侧重：党史是智慧源泉，新中国史是理论支撑，改革开放史是新中国逐步变强的现代史，社会主义发展史彰显制度力量。但"四史"整体讲的仍是中国共产党坚定理想信念，矢志不渝，前赴后继，为中国人民谋幸福、为中华民族谋复兴的奋斗史。

通过查阅资料和与妈妈交流，我明白了："四史"不是铅墨印刷的字句，也不是干瘪生硬的年代符号，而是一段段活生生的经验；更是在时光长河中徘徊的思想与灵魂。我们既要探索与铭记，更要以史为鉴，立足现实，开创未来。正如费孝通所言："历史对于个人并不是点缀的饰物，而是实用的、不可或缺的成长基础。"学习"四史"知识，与祖国共成长。

学习"四史"知识，不能只看一本书、只吸收一种观点，而是要综合各种思想去发掘它们的营养价值，从而获取自己需要的养分。因此，为了更好地去了解、感知"四史"，我又一次来到圆明园三一八烈士墓碑处，也采访了几位长辈，听了听他们经历过的"四史"。

我听亲人讲"四史"

我尤记得我初中团校开学典礼就是在烈士墓前举行的。革命烈士陵园内松柏环抱、绿荫满园，安静庄严。烈士，一个让人敬佩又感动的词语，生活在和平年代的我们似乎已经遗忘了这个词语。美好而安逸的生活让我们心中很少有激情，但那天的参观，让我的血液再次沸腾，也为之感动。

我的姥爷是位退休老党员，人退但心不退，平时仍然关心党和国家大事，从电视和手机等媒介对相关精神进行学习，但不系统也不全面。让姥爷感动的是，每年"两会"结束后，原单位都会组织精神宣讲，去年党支部还准备了"沉甸甸"的资料包，里面包括《民法典》《党章》等政策法规供老同志们学习。平日里姥爷也会给我分享公众号的好文章一同学习，姥爷用他丰富的经验将党的正能量传递给我，也一如既往关心、关注着党和国家事业的发展。

我的高中语文老师最喜欢的一篇课文是《我爱这土地》，因为它表达了作者满怀对祖国的挚爱和对侵略者的仇恨；我爷爷奶奶作为知青去了新疆，他们把整个青春献给了祖国；新冠肺炎疫情发生后我伯伯大年初一就奔赴武汉，尽管不是在抗疫一线，但做好后勤工作也至关重要……

去年没有返校的时候，我和爸爸也积极在小区做起了志愿者，白天黑夜连轴转，做好小区看家护院工作，值守在小区大门，做好排查、测温、登记工作，为小区的一方平安默默做着无私奉献。

从和长辈们的交谈中，我深切感受到了祖国几十年来发展的不易、党带领人民奋斗的艰辛，也明白了正是有党和国家的正确领导、有他们这些基层党员干部的不断奋斗才有了几十年卓越的成就。因此，学习"四史"是一次重要的坚定我们信心的机会。

心有所信，方能行远。学习"四史"是一场精神上的长征，能帮助广大青年坚定理想信念，矢志奋斗拼搏，在深入学习与不断领悟中找准自身的历史方位，凝聚起实现中华民族伟大复兴中国梦的磅礴之力，从革命精神中获得文化自信。

祖国的变化翻天覆地，身边的长辈对这些变化更是感触颇深。我在听亲人讲"四史"的过程中能切身感受到过去生活的艰难困苦。我们的祖国能够一步一步发展到如今的强大，离不开一代又一代的青年奋勇拼搏。我们身为新时代的新青年，要坚持爱党爱国，知"四史"，我们要为实现中华民族伟大复兴而奋斗。

作为一名班干部、学生党员，我不能仅仅沉溺于自己学习的小天地里，我也需要感受时代的脉搏。从去年假期开始，"学习强国"已悄然成为我的密友。早起收听国家大事的同时做出营养丰富的早餐；午后打开手机浏览阅读各种文章；晚饭后和爸爸妈妈共同收看党史和红色故事，日子仿佛就这么简单有序循环着……通过"学习强国"这个学习平台进行学习，就像吃饭、运动一样，成为我生活中不可或缺的一部分。我每天从这里获取时政新闻、重要资讯，实时紧跟思想前沿和时代发展变化，提高思想认识，扩充知识储备，提升精神境界，生活变得更加充实。

学习于我，甘之如饴。作为一名党员，我会充分利用好各种优秀平台，向身边的榜样学习，争做新时代学习型党员干部，用自己的学习热情感染身边的同学、朋友、家人，以更加饱满的热情投身到未来的学习和工作中。

听"四史" 学"四史"

北京印刷学院　李姝颖

新中国成立已70多年,70多年来我党栉风沐雨,风雨兼程,为了人民群众的幸福生活艰苦奋斗。时至今日,我国成为世界上第二大经济体,再也不是过去那个被外国列强随意践踏的"东亚病夫"。中华民族迎来了从站起来、富起来到强起来的伟大飞跃。听老人讲"四史",学"四史",我们在一字一句中看到了百年来中国创下的绝美画卷。

2020年我国终于啃下了脱贫攻坚的"硬骨头",跨过了新型冠状病毒的"娄山关",每一项成就都离不开中国共产党的领导和人民群众的艰苦奋斗。爷爷曾生活在大山沟里,由于交通限制,那里的人几乎很少外出。如果夏季遇到暴雨,大家都要去水库轮班,防止堤坝溃堤下涌冲坏庄稼。冬天的时候遇到暴雪,连一条能走的路都没有。很小的时候,爸爸经常给我指着那早已残破坍塌的一幢平房,和我讲那就是他曾经的学校。因为离家太远,小时候上学要起很早,冬天的时候走得鞋里都是雪,到了学校四肢也早已没了知觉。还要自己背着柴火去上学,中午吃饭的时候,大家一起把饭盒放在炉子上面,要是没抢到好地方,中午吃的饭可能就是凉的。

上下同心,尽锐出战,精准务实,开拓创新,不负人民。今日,国家的扶贫政策带动村集体经济发展,地面光伏入户等政策让村里面貌焕然一新。一条条尘土飞扬的泥路变成了平整结实的水泥路,今年夏天又拓宽改成了柏油路。外地的收粮车也愿意进来了,村民的玉米和水稻变成了一张张钞票揣进了自己的腰包。过去农民们面朝黄土背朝天地耕种,清晨蒙蒙亮就要下地,抓紧每一分每一秒的自然光用来耕种;而现在播种机、收割机、无人机播撒等机械化产品让农民的耕作效率大幅提升,过去花一天时间才能完成的工作,现在坐着动动手几个小时就能完成。农民有了更多的属于自己的时间,省下了更多的力气去做其他能增加收入的事情。过去打座机都会串线的通信,如今扯进了宽带网络,过去一个个的"小锅盖"如今变成了小巧精致的机顶盒。过去走家串户还要踩着泥泞的路,而如今村民们拿起手机就能记录自己的生活,也将这一片片绿油油的田地展现给了全国各地的人。以前的水库仅仅是在雨季、旱季用来调节土地用水的"水塘",现在水库周边建起了整齐干净的房屋,承包者在水库边建起

了农家乐，增加了安全设施，再也不怕生命会被这深不见底的水面所吞噬。过去无人问津的沟塘，如今却是络绎不绝的孩童的嬉闹地。曾经的那片废墟也被重新规划，上课的铃声又按时响起，小孩子们也不用再背着沉重的木柴，安全校车让孩子们再也不用在漆黑的夜摸索着前进。脱贫攻坚的全面胜利，9899万贫困人口全部脱贫，这是世界上任何一个国家都做不到的，但是中国做到了，凭借着中国共产党的领导和中国人民坚持不懈的共同努力，我们向世界证明了中国人的精神和力量。

中国共产党建党一百年来，有无数的党员为了人民群众的利益东奔西走，甚至献出生命。有像张桂梅一样为了孩子的教育奉献一生的党员，有像张小娟一样为了村民脱贫而奉献生命的党员，也有像李玉一样为了农民能科学种植而钻研一生的党员。尤其是新冠疫情发生以后，无论是在疫情初始还是在疫情最艰巨的时刻，每一个共产党人都没有退缩，没有人认为疫情与我无关，哪怕自己不是医护人员也要在不同的领域奉献出自己的力量。共产党始终为人民服务，以国家利益、人民利益为第一位。老吾老以及人之老，幼吾幼以及人之幼。无私奉献、艰苦奋斗、脚踏实地都是共产党员刻在骨子里的精神。人的一生其实很短暂，但为了能向人民交出一份满意的答卷，无数的共产党人一代接着一代奉献着自己的全部。人民群众不会忘记每一个辛勤付出的共产党人，历史也不会忘记他们。就像习近平总书记说的，要让有为者有位、吃苦者吃香、流汗流血牺牲者流芳。

当代青年接受到了最好的教育，享受着最好的成长环境，也肩负着实现中华民族伟大复兴的艰巨任务。青年是祖国繁荣昌盛的后备军，是未来的冲锋人，因此青年要完善自身，将中国共产党舍己为人的精神、中华民族百折不挠的信念铭记于心。面对近些年来外国反华势力的打压和污蔑，中国青年应当挺直腰板，将中国人最好的一面展现给世界，让那些企图给中国抹黑、扰乱中国内政的图谋终将落空。

史话实说

北京信息科技大学　张向燕

没有一种文明，能够如中华民族五千年的历史演进一般，绵延不绝，辉煌灿烂；没有一种力量，能够如新中国几十载的风云巨变一般，迅速崛起，焕发生机；没有一种信仰，能够如中国共产党近百年的模样品格一般，执着坚守，不改初心。

朝代更迭，世事变迁，也曾金戈铁马、浴血沙场，也曾忍辱负重、硝烟弥漫。然而，顽强的中华民族屹立不倒，百折不挠，因为我们的文化底蕴，把中华儿女的心紧紧拧在一起；我们的艰苦奋斗，把国家和民族的前途和命运牢牢掌握在人民手中。

尽管岁月荏苒，时过境迁，然而那些珍宝一样的记忆，却深藏在血液，历久弥新。

听姥爷说——饮水的情怀

姥爷如今已近八旬，经历过灾荒，经历过改革开放，也经历了新时代。他曾经是一名乡村教师，在基础教育的岗位上一站就是四十年。然而，他常常跟我提起的不是他恢宏大气的书法，不是曾经教过的书，不是挨过的饿，而是家乡的水。

我的老家甘肃省秦安县，属陇中黄土高原西部梁峁沟壑区，山多川少，是甘肃省十八个干旱县之一，吃水一直是这里的卡脖子问题。姥爷常常教育我要节约用水，要一水多用。有了闲暇，他会反复跟我讲起水的故事：

"以前这里是个靠天吃饭的地方，你们小的时候，家里的大人都要从坡顶走好几里的陡坡路，到沟底的水洼里去舀水，然后担着两桶浑浊的水，再爬几里的上坡路回去，吃个水确实不容易，水质也不好，泥沙多，经常容易吃坏肚子。到后来国家给咱们这里家家都修建了母亲水窖，吃水难的问题才得到解决。也许外地人觉不着啥，但是对我们当地的老百姓来说，这对吃水不知道带来了多大的便利，水够吃了，也不用再跑那么远的山路了。现在你看，国家想尽办法居然给我们这样的大山川里通上了自来水，地势这么陡，每家又隔得这么远，能通上水，真是比登天还难。我现在每天煮一杯茶，这个水甜丝丝的，我的心里就是感动，感谢国家的支持，感谢党的关怀。"

听父亲说——硝烟的凝魂

父亲爱看电视剧，只爱看抗战时期的电视剧，每次看到兴奋处，就会跟我讲起抗战的一段段历史，讲起曾经的苦难岁月和今天幸福生活的来之不易：

"毛主席当年带领老百姓打江山的时候，思想见解就是不一样。大革命失败以后，能够想到在井冈山建立革命根据地。井冈山我那一年去过一次，山大得很，地势很陡。有一段当时革命年代留下的挑粮小道，我走了一趟，台阶窄得很，气候也潮湿，台阶又陡又滑，我还算脚力好的，走了一公里就满身都是汗。听那的讲解员说，为了给前线送粮食物资，共产党带领部队担着装满粮食的担一走就是三十几公里。听完爸爸心里真的是一阵酸楚，佩服老一辈人身上的吃苦耐劳和纪律意识。你不要看我们现在生活这么好，这都是一辈一辈人苦出来的。"

听舅舅说——道路的兴迭

我舅舅原来是大山里的一名司机，专门跑货物运输。有次我和家人回老家探亲，舅舅开车来接我们。去往姥姥姥爷家的路上，一路都是陡坡急弯，路边就是深不见底的崖，恰好还下着小雪，地面湿滑。一路上舅舅保持速度，稳若泰山，而我的心却提到了嗓子眼。到达后，舅舅看出了我的惊恐，跟我说起了一些路的往事：

"老家的路，你别看比别处的陡，对于我们来说能有这么一条路，简直觉得不能再好了。你小时候也回过老家，不知道你还记不记得了，以前的路全是窄窄的陡崖，那时候不管是上学去还是种地去，走的路都把人难肠的。我们刚走的路都是后来才修下的，在这样的大山大川里修一条路哪有那么容易，以前这修了一条土路，人走上已经猛然轻松多了，到后来土路又变成了水泥路，我们开车的人就能把车开到家门口了。你看现在这路宽敞的，是后来又加宽了的。细想想这些年咱们这里变化大着呢，还是国家的政策好，就是咱们这里穷，地势差，党和国家还是管顾我们着呢。"

听"亲戚"说——信仰的荣辉

我在读研之前，是学校的一名教师，为了维护民族团结和社会稳定，教师都会分派与当地群众建立"亲戚"关系，以互帮互助，凝聚思想。有一位老党员至今让我印象深刻，虽然他不是与我结对的亲戚，我甚至不知道他的名字。

这位老党员因为疾病已经没有很清晰的意识了，但他容光焕发，精神饱满，尤其

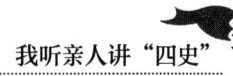

是说起他自己写给党的打油诗,更是精神抖擞。"共产党好啊,解放人民建中国,带领人民来致富;吃苦总是挺在前,享乐却等在群众后;不拿群众的针和线,不计自己的得与失……"他写的给党和国家的诗还有许许多多,每一篇他都能背诵得滚瓜烂熟,他总是用这样朗朗上口的句子去抒发着自己对党和国家的无限忠诚与热爱。

没有无源之水,没有无根草木。我们要铭记历史,铭记我党的艰难探索,铭记改革的峥嵘岁月,铭记新中国的孕育成长,铭记文明进步的点点滴滴。继续把优秀灿烂的文化传承下去,把纯洁本真的党性发扬下去。

寄中华情,这是每位中华儿女心中的骄傲;圆中国梦,这是每个中华儿女肩头的责任。青年一代是国家的未来、民族的希望,更要担当使命,在时代的洪流中搏击浪涌,顽强拼搏,坚定理想信念,增强"四个自信",为实现"两个一百年"奋斗目标和中华民族伟大复兴的中国梦不懈奋斗。

蚁

北京信息科技大学　罗明睿

编者按：上世纪六十年代，中国基层的科技工作者面对技术上和生活上的诸多困难，毫无退缩，没有怨言，用辛劳和智慧换来了科技突破。蚂蚁团结、无私、任劳任怨。征文选用蚁为题，一是对中国所有科技工作者那种默默无闻的精神的敬畏之情，二是对于像爷爷这样因默默无闻像蚂蚁一样的基层工作者的纪念。

坐落在京西南的山中，有一个神秘而历史悠久的研究所。研究所研发出了我国第一枚氢弹、第一艘核潜艇，拥有我国第一个核反应堆、第一个重水反应堆。从这里走出了钱三强、邓稼先、于敏、王淦昌等为国防事业献身的科学家。中国在核技术方面的历次突破都离不开这所研究院——四〇一所。而在这藏龙卧虎、名不见经传的地方，有位默默无闻、为祖国科研工作付出了近50年的老人，他就是毕业于名校却不求功名与回报的我的爷爷。

爷爷的一生并不顺利。孩提时见证了日寇在祖国大好河山的肆意蹂躏，从此在心中埋下了报效祖国的梦想。青年时代，爷爷艰苦奋斗、刻苦学习，以周总理为榜样，梦想着穿上军服报效国家。在升入大学的前夕，爷爷经历了人生中的第一次坎坷：本来已经政审通过了北京航空航天大学的飞行员选拔，但因为假期帮家里砍柴，摔断了左腿，因此与命运失之交臂。失落之时，校长找到了我爷爷，告诉他北京大学要招核物理专业的学生，这个专业是秘密招生，因此不在统招范围内。爷爷喜出望外，因为不仅可以实现上大学的梦想，又可以换一种方式报效祖国。从此爷爷的梦想从军人变成了科学家。

1969年春天，20岁出头的爷爷在经历了四年的学习后怀揣着一腔热血与报国的理想，来到了这里。当时的四〇一所刚从罗布泊戈壁搬到北京，在一条小溪旁依山而建，条件十分艰苦。整个研究院内甚至没有一栋楼房，办公室和宿舍都是泥土房和工棚，只有几个实验室是砖瓦房。前来迎接毕业生的老同志挠了挠头，有点不好意思地说："刚安顿下来，条件有些艰苦，你们凑合着住，等过几天就能住上宿舍楼了。"一起

来的几个毕业生们连忙摇头,纷纷表示物质上的艰苦没什么,只要能发挥自己的作用就好。

爷爷被分到了中子物理研究室进行科学研究,时任研究室负责人是钱三强院士的妻子何泽慧先生。当得知自己被分配到伟大的科学家手下工作,并有机会向钱老夫妇学习时,爷爷十分激动。在采访爷爷时,爷爷回忆着说:"当时钱老夫妇都是德高望重啊,想进那个研究室工作可不简单了,当时的毕业生有很多比我优秀的,没想到何先生会选择我。"

刚工作不到一年,何先生就交给了爷爷一个重大项目,为我国第一艘核潜艇"09"进行核辐射屏蔽的科学研究,而让很多人都出乎意料的是,这个项目的负责人之一竟然是我爷爷,而其他负责人都是从戈壁滩上一路走来的老前辈,甚至有一位还是何先生在外国留学时的师弟。当时我爷爷有一丝害怕,他怕这么重要的任务在自己手上会搞砸,更担心的是因为涉及军事方面,容不得半点马虎,而如果出现任何差错,他这个年轻学生是担不起责任的。他找到了何泽慧先生,说出了自己的想法。在听完爷爷的顾虑之后,何先生只是微微一笑,对爷爷说了几句话:"放开手,好好干,不要怕,一点一点地干。"老前辈的这几句话牢牢地被爷爷铭记在心中。

"放开手,好好干,不要怕,一点一点地干。"就这样,爷爷和他的同事开始了紧张而忙碌的工作。他们小组的任务是中子通过铁、铅、聚乙烯及其不同组合体后能测得的量。那个时候没有计算机,也没有任何高精度仪器,一切的一切都要靠天平、手、尺子和笔。从对实验材料的制作,到放到仪器中用中子击打,再到测得数据写数据分析报告。如此循环了好几百次,终于测出了一个令所有人都十分满意的数据。爷爷说起了当时的场景:正值盛夏,小组里几位同志一天从早到晚地挤在一间小房了里,爷爷负责记录数据,几位老同志负责测量;每个人都十分辛苦,而实验室内要求不能通风,否则会影响数据的精准度;就这样哪怕是中暑也要在实验室里忍着,到傍晚吃饭的时候才能出来。说到这里,爷爷微微一笑。那时候伙食还算不错,大家都吃不上饭时我们竟然能天天吃到肉,但他们当时不知道,这些伙食补贴中有很大一部分是几位院士、老科学家从自己补贴里扣出来犒劳科研人员的。就这样,在紧锣密鼓之中,爷爷负责的小组比原计划提前两个星期结束课题,得到了时任四〇一所院长钱三强的口头表扬。结题之时,爷爷长舒一口气。

逐渐地,爷爷在科研方面崭露头角,并在之后几十年的工作中负责了很多核技术方面的项目,而他也从一位小同志变成了一个研究室的顶梁柱、老同志。每当有刚参加工作的小同志找他说顾虑之时,爷爷总会说:"放开手,好好干,不要怕,一点一点地干。"这短短的几个字虽然很朴素,但道出了老一辈科研人员的心声——不怕麻烦、

艰苦朴素、吃苦耐劳。而我的父亲也在大学毕业后被爷爷拉回到所里，参加了重水实验堆的建设，成为"小同志"。

去年军事博物馆举办的国庆70周年军事展览，爷爷拉着我去了。看到第一艘核潜艇的时候，爷爷激动得像见到一个多年未见的朋友，指着"09"说，这里面可是有我的心血和梦呢！

以画书理想　漫笔绘家国

北京第二外国语学院　赵苏慧

2019年夏月，火伞高张、梧桐丰茂。手指轻触通知书上油墨喷绘的"日语（动漫文创）专业"几字，魂牵梦萦间，我终于迈入北京第二外国语学院这所拥有红色基因的校园。"动漫文创"，这深深吸引我的专业将带给我怎样的一番体验？我又将结识一群怎样的师长与同学……我曾心怀期待而又惴惴不安。

黑发积霜织日月，画笔无言写春秋。转瞬间，两年的大学生活使我蜕变。回忆过去，陶冶教授作为我们班的专家班导，用画笔带领我们感受漫画的灵动与力量。如今的我已明白了"动漫文创"四字的内涵及其赋予我的使命。从陶冶教授身上，我深切感受到一名学者发自内心的责任感、使命感，感受到作为一名外语专业人才应有的国际视野与爱国情怀。

把握时代脉搏　铸就奋斗底色

学生时代的陶冶，走过的是一条坎坷而又曲折的道路。中学时，陶冶教授便常承担班级画报之类的任务。一次机缘巧合，历史老师偶然看到了他的绘画天赋，因爱惜人才，便掏钱帮他买了邮票，还鼓励这个兜里连一毛钱都没有的穷学生给当地的报纸投稿。万万没想到，两周后，他收到了印有自己漫画作品的呼和浩特晚报版样。第一次投稿就被刊登，还是两幅作品一起发表，更不可思议的是还有5元钱稿费，这让他和历史老师都大为惊叹。"简直就是一夜暴富的感觉啊。"在那个年代，对于家庭条件并不宽裕的初中生陶冶而言，这5元钱是令他终生难忘的，而这也开启了他从事漫画的艺术大门，让他更加坚定了自己未来的梦想与目标。

1986年，陶冶教授考入北京第二外国语学院主修日语。虽然学习的是语言专业，但大学期间他依然不辍画笔。他常说："老师和同学们对我也很包容。"在这样一个宽松愉悦的氛围中，陶冶教授逐渐成长为语言和技能双优的人才。

从绘画爱好者到漫画家，从穷学生到高校教授，陶冶教授所走过的这40年也正是

中国改革开放快速发展的 40 年，时代提供给陶冶教授以机会和舞台，陶冶教授也在时代中为自己的人生书写下奋斗的底色。可以想见，正是有千千万万像陶冶教授这样执艰苦奋斗之毅力，秉开拓进取之勇气的人，才有今天之中国。

不忘来时之路　永存红色初心

在日本学习、工作、生活了十多年，陶冶教授成为日本历史上第一位漫画学博士，随后当董事长、办画廊、开公司，发展可谓顺风顺水。然而，当看到祖国在动漫方面与日本的差距，他总觉得不能做一个旁观者。"都说出国之后更爱国，有时候心里在意别人评价中国的那种程度，连自己都觉得吃惊。"当小学四年级的女儿回到家中，开始不愿意和他用中文交流时，他强烈地感觉到文化根脉的断裂。

"我也尝试过各种形式的为国服务，但总结起来还是回国最简单、最直接。"陶冶教授回想起自己读书时在"二外"遇到的授业恩师陈常好老师。陈老师也是一位学成归国、执教多年的学者。陈老师秉承"二外"教学特色和为师风范，治学严谨、关爱学生，不仅在学业上给予陶冶教授以指导，为他日后在日本生活、工作奠定了良好的语言基础，也在处事待人、情怀培育方面对陶冶教授产生过很大的影响。陶冶教授曾说："在'二外'学到的习惯，让我在日后的工作、生活中受益良多。"

此时，为培养"多语种复语、跨专业复合"型人才，"二外"正在进行"外语＋专业"的教育教学改革，学校向陶冶教授伸出橄榄枝。2013 年，陶冶教授带着对中国漫画事业的憧憬，回到了阔别 17 年之久的祖国，并在 2019 年回到母校任教。

正如歌中所唱："洋装虽然穿在身，我心依然是中国心。"陶冶教授受"二外"教育而成长，因祖国的发展而成才。在他心中，有两抹红色不能忘记：一个是"二外"红，一个是中国红。这份红色初心让他在学成后心念故土，愿为母校改革和国家发展贡献出自己的力量。

讲述中国故事　描绘理想蓝图

作为看着日本动漫长大的我，心里有着一个强烈的"国漫崛起"之梦。

自进入日语（动漫文创）专业以来，我时时受到陶冶教授的指导与关心。犹记第一次漫画创作时，我十分忐忑，没想到陶冶教授却从我稍显笨拙的笔触中找到亮点，毫不吝啬地予以夸赞，在我原本忸怩拘谨的心中点起一盏创作的明亮烛火。此外，陶冶教授总能一针见血地指出画稿的问题，提出让人灵光一闪的好创意、好点子。正是在陶冶教授的一步步指导与激励下,我才振奋起来努力创作出一幅又一幅作品。在这个过程中,我对如何构图上色、选材切入、细节刻画等有了进一步的认识,绘画技巧逐步提高。作品《月亮》甚至参与了中日青少年环保漫画交流展,这种突破,此前我想都不敢想。

"我们要对外讲好中国故事,讲好北京故事、首都故事,漫画可以说是一种非常有效的方式。"在陶冶教授主持的《光盘行动》《北京大运河文化节》《畅想我的 2035》等主题沙龙上,我思考科学、健康的生活方式,了解中国优秀传统文化,学习十九届五中全会精神。我发现,原来我的画笔不仅可以描绘小花小草,也可以讲述北京大运河悠久的文化历史;我的画笔不应只诉说青春之小我,更应成就家国之大我。

抬头前望,一幅以动漫叙说中国的理想蓝图在我眼前慢慢展开,我感觉"国漫崛起"的梦想正离我越来越近,而我也必将在追梦路上逐渐成长。

一个人 一段史

北京物资学院 郑琛

时间的沙漏在一点一滴静静地流淌，岁月的痕迹在一笔一画细细地描绘。而一些照片时常唤起我们美好的回忆，带给我们许多温暖和感动，永远不会磨灭。

年前收拾东西时，妈妈打开了那本已经泛黄但却被完好珍藏的相册，里面有妈妈还是一个婴儿时的照片，也有姥姥和姥爷年轻时的照片，还有姥爷戴着勋章的照片，有"援朝留影"四字。在抗美援朝战争中，我的姥爷是一名勇敢的人民志愿军。我对姥爷的印象停留在我两岁的时候，只记得姥爷身体不好，却经常抱着我陪我玩。

我笑着对妈妈说："姥爷年轻时候真帅！"

妈妈一边抚摸着照片，一边对我说："是啊，一点儿也不比现在的明星小鲜肉差。"

妈妈告诉我，姥爷1937年就参加了县大队，那时只有十六岁。1938年县大队编入晋察冀军分区，姥爷正式成为一名八路军战士。在分区干训班后，姥爷曾任代理连长。姥爷很少提及他的过去，那是他不愿回忆的伤痛。"村里出来九个，只活下来我一个"，是永远的伤痛。姥爷参加了解放石家庄战役，后随部队一直南下到柳州。姥爷还参加了抗美援朝。一次在朝鲜战场遭遇空袭，火车车厢的轮子被炸得在山坡上滚，一起的战友再也没能回到车上，而他坚持到了抗美援朝结束。

那场惨烈的朝鲜战争，爆发在新中国刚刚成立后的第八个月，爆发在新中国正在百废待兴之时。武器的悬殊也是难以想象的：中国人民志愿军基本上是靠步兵和少量炮兵作战，武器装备相当落后；而面对的是地面部队全部机械化、掌握着战场的制空权和制海权、拥有先进武器的美国军队。然而就是在这样极不对称、极为艰难的条件下，中国人民志愿军将士以劣势装备进行殊死搏斗，即使战斗到最后一人，仍然坚守阵地，顽强地同敌人血战到底。正是老一辈领导人超前的胆识和顽强的意志，以及无数个像姥爷这样为这场战争勇敢拼搏的人民志愿军，才保卫了我们安稳的家园，才有了我们现在的幸福生活。正如习近平总书记在纪念中国人民志愿军抗美援朝出国作战70周年大会上的讲话中所总结的："经此一战，第二次世界大战结束后亚洲乃至世界的战略格局得到深刻塑造，全世界被压迫民族和人民争取民族独立和人民解放的正义事

业受到极大鼓舞，有力推动了世界和平与人类进步事业。"

抗美援朝战争结束后，在战友们纷纷选择转业后落脚北京、上海时，姥爷选择回到家乡，到山西太原机务段担任火车司机，并且从不抱怨做火车司机的辛苦和劳累。从军十六年，铁路工作二十七年，他从抗日新兵到铁路老战士协会会员，走完了一个抗战老兵平凡而伟大的一生。

姥爷始终是一个温和善良的人。在妈妈还是个小孩儿的时候，买粮食需要粮票。有一次，姥爷在去换粮的路上，遇到了一个弄丢粮票的陌生人；而善良的姥爷把自己的粮票分一半给他，宁愿自己挨饿，也不想让别人空着肚子。这份无私奉献，不求回报的淳朴精神，让我更加敬佩。而如今我们拥有十分便利的生活，甚至不需要带现金，只需要一部智能手机就可以做任何事情。妈妈也时常提醒我现在的生活来之不易，勤俭节约是中华民族的传统美德，要一直延续传承下去。

历史虽然已经远去，但是我们不会忘。我们不会忘记团结统一、勤劳勇敢、自强不息、艰苦奋斗的民族精神。我们慎终追远，以史为鉴，面向未来；我们将在历史的疼痛和经验中砥砺前行，凝聚力量，做到吾辈当自强！

我们这代人最幸福了

中国音乐学院　尹琦证

　　奶奶名叫赵明珠，是家中长女，1946年元月生于成都。从小好读"闲书"，受古今中外名家之熏陶，志在四方，为实现建设祖国的理想，在16岁之时便响应国家号召，独自一人坐上了支援边疆的火车……

　　初到新疆，这个怀着雄心壮志的女孩被分配到了新疆生产建设兵团干农活，等着她的便是成天的劳动和夜晚大通铺宿舍被窝中的嗖嗖冷风。面对理想与现实的落差和每天十几小时的工作任务，她咬牙坚持着，尝过各种苦活累活的滋味后，她没有了城市女孩的骄纵，习惯了下乡青年辛劳而充实的生活。

　　1967年的寒冬，奶奶遇见了会画油画的爷爷，霎时间被才华横溢的他吸引，而碰巧，他望向她的眼神中也充满着不同寻常的情感。就这样，两个孤身来到边疆的青年相识、相知，两颗炽热的心很快便摩擦出了爱情的火花。过了几个月，他们买了些瓜子和糖，穿着半新的衣服，在单位举行了属于他们的婚礼。婚礼上没有父母、没有亲戚，在同事们热情的欢呼、祝贺声中爷爷为奶奶唱的一首歌，成为整场婚礼中最浪漫的场景。

　　婚后，奶奶随爷爷来到了克拉玛依，并在这里有了他们的三个小孩。伴随着孩子一个个出生，做母亲的幸福与满足感也慢慢上升，而生活的负担却变得越来越重。

　　"外头干了屋头干"是奶奶对当时生活状态最贴切的概括。作为三个孩子的母亲，在完成繁重的工作任务后，回到家里也不得一刻清闲。然而，即使是这样努力地干着也无法使家里的情况变得不那么拮据。作为普通工人，爷爷奶奶工资并不高，还要定期寄钱供养远在老家的父母，况且买东西都要票，就算攒了点钱也没什么地方花。只有过年才能奖励自己吃一些肉和"八五面"。满是补丁的衣服、裤子伴着她度过了一个又一个春夏秋冬。时间的车轮日复一日地往前滚动着，一家五口就这样过着平淡的小日子。

　　有一天，邻居家里搬来了一个银灰色的方盒子，大家都好奇地围过去瞧。那天，一家人第一次见到了电视，都不禁深深被这个"新发明"吸引住。在这之后孩子们便

每天去邻居家"蹭"电视看,直到邻居睡觉了也不愿回家。终于有一天,邻居不堪其扰,来到奶奶家"投诉"孩子们对于电视过高的兴致打扰到了自家休息。邻居走后,奶奶便做了一个重大的决定。"鉴于最近家里财政状况有所好转,我们就去买一台自己的电视!我们要买就买彩色的、进口的,一步到位!"奶奶自豪地描述当时的心境。

那么,是什么让这样普通的一家有了购置一台日本品牌彩色电视机的能力呢?没错,就是改革开放。这次的如愿以偿,让一家人在改革开放初期第一次享受到了它带来的红利,第一次实实在在地感受到了改革开放带来的生活品质的改变。

从这以后,克拉玛依这个偏远的小城不断发生着美好的转变:买东西渐渐不要票了,商户变得越来越多;科技发展迅速,从"大哥大"到满街的智能手机像是发生在一瞬间的事情;万丈高楼平地起,大通铺与小平房变成了舒适的套间与高层……在改革开放后的几十年间,这个不发达的边疆小城变得高楼耸立、车水马龙;爷爷从普通工人提成了干部,奶奶也从家属工转成了正式职工。退休后,他们更是搬回了成都生活,并在那里用自己的积蓄和退休工资买了称心如意的房子。现在,奶奶每天在平板电脑上看新闻、逛淘宝、下"跳跳棋",还能将电视剧投放到大屏液晶电视上观看,顺便时常回味一下过去,包括从前因为一台小彩电得到的欢欣。她最常说的一句话就是:"我们这代人最幸福了!"

在和奶奶交流的过程中,奶奶不断感叹着改革开放为人民带来的福祉:"我就从最简单的'衣食住行'说吧。先说'衣',以前一件衣服都要打上各种补丁穿好多年,如今也没有多少人需要用到补丁了,即使是偏远山区的年轻人也常常是穿着很时尚的。'食'都不用说了,天南海北的食物都是每天换着吃,沿街的各类饭馆、网上的各种店铺,只要你想吃,都能找得到。'住'的现在都是高楼大厦,农村里有许多人家盖的'小型别墅'更是'巴适'。然后是'行',想想当初从新疆到成都探亲,要坐几天几夜的火车,车票还是月工资的几倍之多,根本舍不得回去。现在交通真是方便得不得了,火车高铁甚至是飞机普通人都可以负担得起。平时出门还可以骑上共享单车,用最低的价格想到哪儿玩就到哪儿玩,这换到以前根本无法想象!"是啊,"衣食住行"是一个人生活中必不可少的要素,祖国在这四个方面的飞跃式提升老百姓是最有感触的了。

交谈了几个小时后,我问奶奶还有什么想说的,奶奶笑了起来,用她那带有浓浓"川味"的普通话说道:"祖国(guei),我爱你!"

爷爷的出乡之路

中国音乐学院　吴弈霖

> 爷爷的出乡之路虽坎坷颠簸，却是一条通往希望和光明的路。
>
> ——题记

1921年将永远被载入史册。中国共产党在荆棘丛生的山路中诞生，多少年来中国人民流下的鲜血终于凝成了一股火。起初，这火并不气势磅礴，但却锐利而锋芒，也正是这股子光明，引来了无数的希望之火。一簇簇的火焰像极了一根结实的麻绳，紧紧地相拥在了一起。当希望降临之时，这团希望之火直冲九霄银河，照亮神州大地。正所谓"星星之火，可以燎原"。

2021年7月1日，这一天虽尚未到来，但我无时无刻不在期待，因为这是伟大共产党母亲百岁的生日。整整一百年来，共产党母亲和我们中华儿女风雨同舟。鲜有星辰指引，大地黯然无光，却有一种无上的信念打破了沉寂。从此，中国人民巍然屹立在世界东方之舞台。正如习近平总书记所说"我们党的一百年，是矢志践行初心使命的一百年，是筚路蓝缕奠定基业的一百年，是创造辉煌开辟未来的一百年"。对于我们这代年轻力量，学好党史至关重要。"学史明理、学史增信、学史崇德、学史力行"这十六个字在我心中根深蒂固，仿佛像是座右铭一般，时刻谨记。想要更好地去深入学习历史，最好的办法之一就是采访我的爷爷。

爷爷生于上个世纪三十年代，现在已是八十多岁的高龄老人了。老人家有点耳背，甚至还有点健忘，但一提起中国共产党，眼里总是会泛起晶莹剔透的泪光，言语间年轻了不少。爷爷是一名老党员，打我记事起，爷爷便总是和我讲起他小时候求学的故事。爷爷出生在农村。在那个年代，爷爷住的房子都是自己用砖坯垒砌的。那时候，家里吃不起饭，孩子们也读不起书，村民们以种地为生，医疗水平并不发达，村里的乡亲大多都死于疾病。因此，爷爷从小就立志将来当一名医生，拯救这些无辜的生命，拯救这个不发达的穷僻山村。

那时的家里没有钟表，太奶奶只能靠看星星辨别时间。大约在凌晨四点的时候准

我听亲人讲"四史"

时叫爷爷起床。同龄的孩子们正打着香甜,爷爷已开始收拾书包。凌晨四点半左右,爷爷从家门口准时出发奔赴学校。村里没有中学,唯有一所小学,很多孩子读完六年级便辍学了。因为最大的问题便是距离,方圆十公里,最近的一所中学在县城里。那时的交通不发达,学校七点开学,为了避免迟到,四点就得起床。从家里到学校的路程整整十公里,爷爷徒步前行,一走便是六年。千疮百孔的双脚也曾停滞过步伐,但成为白衣天使的信念支撑着爷爷走完那条属于自己的出乡之路!无论严寒酷暑,还是风雨交织,爷爷都不曾畏惧。

一心求学的心使得爷爷几近走遍山中所有的路。直至今日,爷爷还时常开玩笑地说:"山里的每一寸土地都有我的脚印。"在学校里,爷爷钻研苦读,从不懈怠。初中毕业,爷爷顺利地考上了市重点高中。在学校里,爷爷艰苦奋斗,奋发图强。怀着这份对党的忠诚和当医生的梦想,爷爷如愿以偿地考上大连医科大学,并以优异的成绩毕业。毕业的时候爷爷已是一名光荣的共产党员了。走向工作岗位后,爷爷从普通医生成长为鞍钢铁西医院的烧伤科主任,后晋升院长。工作上兢兢业业,刻苦钻研学术。爷爷发现当地的烧伤药并不发达,每看到烧伤病人,爷爷便暗下决心做出一点贡献。1979年中央在四个地方设立经济特区,让爷爷再一次地看到了曙光。爷爷意识到要与时代同步伐,思想上要打破束缚,改变曾经的保守,向研制烧伤药剂的道路上进发。功夫不负有心人,耗时两年,爷爷终于研制出治疗烧伤的药剂"桃胶"。这款药剂很大程度上解决了当地人民的烧伤治疗问题。通过医院和人民的大力推广与支持,这款药剂逐渐被用于全国各地的烧伤治疗中。通过市卫生部门与省里有关单位的推荐,八十年代初,爷爷光荣地迈进人民大会堂接受颁奖表彰"医学杰出贡献奖",论文《论烧伤的研究与突破》荣获全国三等奖。爷爷成为村里的骄傲,也成为我们学习的楷模和对象。

采访完毕,爷爷的心情如同翻涌的潮水,时时不能平息。他反复强调改革开放解决了村民的温饱问题,使我们逐渐走上了富强之路。百年来,许多像爷爷这样为党和国家默默奉献的人让祖国变得更好,让改革开放的"药力"变得更加强劲。我们这代年轻人就是火炬的接力人,我们要让火炬里的火变得更明亮更旺盛。我们要珍惜来之不易的和平与光明,怀揣一颗感恩之心,不忘党的谆谆教诲,时刻牢记自己的梦想和使命。

爷爷的出乡之路指引着我的出城之路,爷爷的出乡之路亦激励着我的从艺之路。带着对音乐、对作曲的坚守与热爱,我如愿以偿地考上了中国音乐学院。作为一名新时代学生,我们应该弘扬社会主义核心价值观,学好"四史",秉承中国音乐学院的"承国学、扬国韵、育国器、强国音"办学理念,努力学好专业。希望我笔下的乐谱似爷爷当年研制的药,为党和国家谱写出新的宏伟乐章!

半生戎马

中国戏曲学院　万秋月

当我浏览到"我听亲人讲'四史'"主题征文活动的通知时,姥爷的面孔没来由地在脑海中浮现,每次远离家乡时最怀念的是依偎在他身边听他声情并茂地聊起过去。

这位头发花白的老人已近耄耋之年,头发黝黑时也曾为祖国扛起钢枪。问起姥爷当兵的故事他曾哈哈大笑说:"这个要讲起来那可得很长时间了!我的祖籍在河北景县一个小村,按成分来说我们家是贫农,生活非常苦。那时老人们都说部队是个锻炼人的地方,同时我愿意扛枪保卫祖国。我没什么文化,想法也就很简单吧!1959年,虚岁17的我入伍到北京军区74师221团,随后分配到4744工程兵部队。部队驻扎在天津塘沽修筑国防工事。我到部队就入了团,到了第四年入了党。当时年轻力壮,时运也好,组织还打算给我提干呢,结果呢,部队要一批人去支援边疆,需要一个带队的,就是带着这一部分人和他们的档案去新疆。我当时就想我是党员,得起带头作用啊,我就报名了。于是后来我带着部队的12位转业军人和他们的家属到了新疆,来到新疆生产建设兵团农二师34团。在武装部待了16年。这16年是非常艰苦的。刚去的时候,住地窑子,吃水都没有。粮食都是些苞谷面儿,没有白面,一个月只有半斤油,可以说一个月口粮都不够。我就和同志们开荒造田。六〇年那个时候,全国都一样,生活很艰苦。去新疆不久我提为参谋长,部队呢,按定量是45斤(粮食)。为了支援农村,我带领一部分兵从45斤减到了42斤。我刚入伍的时候,国家是很困难的。我们的第一套军装是朝鲜战场那些旧衣服洗涮晒干以后发给我们的。当时部队提出来的是'新一年旧一年,缝缝补补再穿一年'。那时条件真的很艰苦,你们年轻的这代啊,没体会过没吃没喝负重150斤跑五公里这种苦,那时候脚上全是血泡,回来找针刺破,让脓水流出来,第二天再跑。我当时呢,因为有沙眼怕晚上站岗看不清,我就拿我们那个时候一种叫'消炎粉'的药,把眼皮翻上去磨。在部队上真的吃了不少苦,常年脸上和手上都有冻疮,能淋一整夜雨也能挨一整夜的风,但我们是共产党员,我抱着对国家对人民贡献这么一个心情,还是坚持下来了。改革开放以后,我回到家乡。回来当了村支书,带领村民发家致富,让家家户户都吃上了饱饭。我觉得很满足。现在有退休金，我们也到了老年。现在的日子跟过去比，真的是一个天上一个地下。我们要感谢党的政策，感谢改革开放！可以说没有改革开放就没有现在的生活。新一代年轻人不能忘本啊！应该感谢党的领导，这样才对！"

夜里摇曳的灯光下，我们围坐在姥爷身旁，听他讲那个好像离我们很遥远的故事。这个老党员给我这个党龄不足五年的小党员上了一堂精彩的"走出大学围墙"的课。这位老人脸上已满布岁月的痕印，但讲起部队时光却依旧忍不住红了眼眶。他是生活在变迁时代的人，同时也是时代变迁的缩影。姥爷的一生算不上轰轰烈烈，可就是这些看似平凡的经历里，我也看到了姥爷甘愿守卫祖国的信念。同样就是在这些字里行间，我看到了那些年党的坚持不懈、努力探索的韧力和发展中的中国不屈不挠、勇往直前的拼搏。若没有党的正确领导与新中国成立这个奠基石，人民就没有饱饭；若没有改革开放和中国特色社会主义的发展，人们就没有如今的好饭。

历史是最好的教科书。听了祖辈的光辉事迹，我更加坚定了与党同心同路同向同行的信心。正值庆祝建党百年之际，谨以此篇表达我愿追随先辈之志，愿为实现"两个百年奋斗目标和中国梦"奉献青春、奉献自我、奉献终身！

坚守党员光荣牌　传承爱党赤子心

中国戏曲学院　班昭

"咱们家可是党员光荣户，无论到什么时候都一定要感谢党啊！"我从小到大听最多的就是爷爷说的这句话。自打我有记忆开始，老家的大门口就有一个一直被保护得很好的牌子，上面写着"党员光荣户"。小时候的我不懂事，还想把牌子拿下来玩玩，平时和蔼的爷爷一听我说这句话就皱起个眉头，好像有点要生气的样子和我说："这牌子可是咱家的宝贝，千万不能摘下来呀！"现在慢慢长大，我好像理解了爷爷说的话了。

我的爷爷是一位90岁的老党员。爷爷和我说小时候家里很穷，吃饱饭几乎是不可能的事情。爷爷和哥哥姐姐们借住在别人家的一个非常小的侧房里，一家五口挤在一张小小的炕上，吃住根本没法保障，更别说是有自己的土地。爷爷的哥哥白天下地帮别人家干活、放羊，爷爷去捡别人家不要的庄稼或者去要饭，这样的生活一直持续到爷爷十几岁的时候。

1949年10月1日，首都北京30万军民在天安门广场隆重举行开国大典。爷爷说他带着找别人家借的一个小小的收音机，用铁丝到处找矿石，立好杆子，时不时地能接上一点点微弱的信号，最后甚至爬上房顶，终于能听清一点点声音。爷爷一动也不敢动地站在房檐上。当收音机里传来毛主席高亢的宣告声"中华人民共和国中央人民政府今天成立了！"时，爷爷不由得激动不已。爷爷明白成立背后的故事，那是共产党人光荣牺牲所换取的。当一座座"永远的丰碑"如此高大地耸立在我们面前时，共产党人的英雄形象早就被牢牢地定格在爷爷的脑海中。爷爷的眼里满是激动的泪水，站在房顶上，看着破旧不堪的村落，心里暗暗发誓一定要成为一名光荣的共产党员！一定要让村里的人都富裕起来！一定要为祖国为人民作出自己的贡献！

自打1950年中央人民政府公布实施《中华人民共和国土地改革法》起，我们村里每家每户都有了属于自己的土地。爷爷在自己的一亩三分地上精心地研究怎么将粮食种得更好，并且总是帮助其他村民解决困难，也不忘阅读党的刊物。就这样，1958年，爷爷在别人的介绍下入了党，那一刻爷爷觉得自己终于有了归属感。他说话做事认真负责，积极拥护党的方针政策，1969年成为我们村的书记。爷爷从没有忘记自己在房檐上暗暗发的誓，于是带着全村的村民积极响应国家的号召，不仅让村里的农产品产量显著提升，村民收入增加，生活得到了较大的改善，而且还带领村里的党员同志和积极向党组织靠拢的同志们学习党的最新文件。让大家不只在生活上进步，也同样在思想上进步。就这样，在爷爷任职期间，我们村成为整个镇上党员最多的村。

爷爷爱党、敬党、护党的精神深深影响着身边的所有人。姑姑、大伯和父亲工作后也积极向党组织靠拢，并先后都成为光荣的共产党员。我们家也名副其实地成为党员大户，村里的党支部在我家门口挂上了崭新的牌子——"党员光荣户"。父亲说自打挂上这牌子以后，爷爷每天都会拿着板凳在大门口坐一会。阳光洒在爷爷脸上，皱纹深深浅浅地被映得十分清晰，但爷爷脸上的笑容是藏不住的。父亲讲给我听时，我转过身看着身边这位 90 岁的老人：现在依然还是会参与社区党支部组织的活动，融入党的事业中乐此不疲，实现着自我价值；最爱看的依然还是抗日爱国、知青下乡题材的老电影。这是一个老党员平凡的生活。爷爷在用实际行动影响着一代又一代的年轻人。

我一直在各个方面以一名党员的身份严格要求自己，不断加强思想政治学习，各个方面更加成熟。2019 年我光荣地成为一名共产党员。我先后到革命圣地西柏坡、井冈山亲身感受、学习革命精神。2020 年北京新发地疫情发生之时，我并没有选择慌乱地离开北京，而是留在学校，作为学校里仅有的 7 名学生志愿者之一帮助老师们做好学院的工作，保证一切工作的正常运行。我清楚地记得爷爷打电话和我说："你是中共党员，这时候你要冲在第一线！不要害怕，相信国家，相信党！"我一直秉承着我是共产党员、我是学生干部、我是国戏人的初心，在学校坚定地站好最后一班岗，直到疫情得到全面控制，我才安心地回了家。青年兴则国家兴，青年强则国家强。青年一代有理想、有本领、有担当，国家就有前途，民族就有希望。未来是属于我们这一代的，更是青年一代的。我要坚定理想信念，志存高远，脚踏实地，时刻牢记爷爷的教诲，用真才实干履行共产党员的义务和责任！

自打我入了党，爷爷就经常和我说咱们家"党员光荣户"牌子也算是传承下去了。看着爷爷那欣慰的笑容，我终于明白了，为什么我小时候爷爷不让我把牌子拆下来玩。那保持了几十年一尘不染的"党员光荣户"牌子，不仅仅是一个简单的牌子，那是一个党员家庭用一辈子书写出来的故事！

执着,是一条通往远方的路

北京电影学院　陈禹哲

我的家乡在福建省武夷山市。众所周知,巍巍武夷山脉在与天地共生的亿万年中绵延了数千余里,造就了东南地区名扬海外的山水奇景。相对来说不那么为人所知的是,这片土地上同时也延续着数代的红色血脉,百余年前先烈抛洒热血的"闽北红色首府"大安村便坐落于此。多年前,我在阅读家乡相关书籍的过程中,拜读了《闽北红色首府——大安》一书,这是一本详细记叙家乡革命年代红色记忆的著作,阅后令人肃然起敬并深受感动。冬月里,我有幸结识了此书的作者——张珍秀老师,并从她的言语事迹中感受到了无穷的力量。

"执着,是一条通往远方的路。"打开张珍秀老师的微信朋友圈,映入眼帘的这一句座右铭发人深省。张老师是一位在平凡中伟大着的普通人。作为大安村小学的一位教师,她二十余年坚守乡村岗位,教书育人不忘初心;作为革命先烈后代,张老师将巨大心血投注到了在地红色历史文化的志愿宣讲与建设中,多年前获评福建省优秀共产党员荣誉称号后,她不骄不躁,积极影响了更多的乡村女性投入宣讲团的队伍中,为"红色血脉"的延续注入了更多的心血。在张老师轻车熟路但依旧饱含深情的史料介绍中,一篇细致生动的闽北革命史诗在我脑海中渐渐浮现。第二次国内革命战争时期,在反动派的步步紧逼下,闽北分区党政军机关迁到了大安村,正式开始打造大安闽北苏区的历史。在那段岁月里,苏区的各项建设得到了迅速发展,工农业生产、文化教育、卫生事业欣欣向荣,原本荒无人烟的山区迅速呈现出一派繁荣的新景象——兵工厂、炸药厂、印刷厂布满了大安村附近的各个山头;列宁学校、训练班、医院有如雨后春笋般设立在碧波翠绿的山岗上;对外贸易处、造币厂、银行、邮电、总工会等机构组织更是日臻完善。武夷山脉由此获得了新生的血液,大安村也成为受到毛泽东主席赞扬的"方志敏式的根据地"的重要组成部分,被誉为闽北苏区的"红色首府"。

真实的革命历史振奋人心,但同样打动我的还有这位乡村教师的坚守与执着。在志愿成为革命历史讲解员的起初,张老师连基本的革命斗争史知识都理不清,但为了心中的信仰与情怀,她在工作之余向党史专家咨询请教,大量翻阅了《赤石暴动前后》

《武夷山革命史》《战斗在闽北》等书籍。随着数十年如一日的资料收集、文献阅读，她积累的大安红色故事越来越丰富，越来越明朗。从1996年至今的近25年里，她以家访的名义走访了众多的革命亲历者，爷爷辈、太爷爷辈的老人们和张老师讲起革命故事，张老师将这些故事一一记下，日复一日，记下了数百页的红色事迹。春去秋来，革命亲历者越来越少，但他们脑海里的往事都珍藏在了张老师的记事本上。

张老师的执着推动着红色记忆的延续，但倘若没有党组织和乡政府的大力支持，这条路将走得更加艰难。在庆祝中国共产党成立95周年大会上，习近平总书记所提出的全党坚定道路自信、理论自信、制度自信、文化自信的号召振聋发聩。过去的五年中，大安村的人们在党政机关的领导下越来越重视起了村里的红色历史文化。通过和张老师的交流与实地走访，我看到许多破旧的历史建筑正在修缮，各个文物保护单位也建立了起来，农村淘宝、饮食住宿、自然观光、红色文化、茶产业……各个角度的红色旅游开发都在这个小山村有条不紊地进行着。在党迎来百年华诞的前夕，大安村正在通过以"红色文化"为核心内涵的新型现代化旅游山村的姿态跃然呈现于人们面前。乡村振兴使百姓的经济收入增加了，使原本凹凸不平的山路焕然一新了，使进山授课的校车大巴坐得更舒坦了，使大安村的革命历史更受重视、更加为人所知晓了……谈到此处，张老师欣慰地微笑着。

在与张珍秀老师畅谈一番后，我沉思许久。在难以言表的敬佩背后，我更想知道究竟是什么支撑着张老师的执着，让她永远走在通往远方的路上。2021年3月22日，习近平总书记回到了阔别多年的福建故地进行考察调研，第一站便来到了武夷山。"让乡亲们过上好日子"，是革命前辈与共产党人始于革命战争年代的矢志追求。正如习总书记所言，"加快老区苏区发展是我们永远不能忘记的责任"。我想，对于张珍秀老师而言，正是共产党人心怀民族与百姓的初心与使命、喝水不忘挖井人的赤诚信念以及为共产主义奋斗终生的崇高信仰支撑着她的执着，激励着她不断走向远方。而这份对信仰的执着，曾激励过千千万万的革命先烈为民族的独立与人民的解放抛洒着热血，曾激励数不胜数的有志青年投入祖国现代化建设和改革开放的蓝图描绘与建功立业中。在当下、在未来，这份执着更将激励着中华儿女坚定地走在实现中华民族伟大复兴的中国梦的道路上。张珍秀老师或许正是共产党人的一个缩影，她的执着亦将影响着我不断前往远方。

游遍天下,你在我心中最美

首都师范大学　李晴

小时候,有一双粗糙的手抚摸我的头,低沉的声音从头顶传来,他说:待你长大游遍四方,你会发觉脚下这片土地最好。

我出生于千禧之年,是祖辈父辈口中的世纪宝宝。奶奶告诉我,我们这一代最幸福,没有战争苦难,没有饥荒困苦;有吃有穿,有文化可学,不只为中华崛起而读书,更为中华繁荣而读书。随着时光变迁,随着自我身心的成长,我逐渐对祖辈饱含沧桑的人生感悟有了些体会。

未经世事的我通过爷爷的讲述初识2000年之前的祖国的人情风貌。

爷爷说:你爸爸小时候,一吃完饭就跑到你姑爷家去抢电视看。你得知道,那年月,不是谁都有钱买电视,也不是谁有钱就能买到电视的。虽说光景过得不富裕,但那时候人们的快乐高兴都是打心里边出来的。十多个孩子围着一个小黑白电视,大家吵吵嚷嚷,一起笑,一起叫……一派热闹。

"1978年,改革开放了。丫头,知道啥是改革开放不?算了,爷爷也说不清楚,就是一个让咱逐渐富起来,能吃饱穿暖的政策。咱家就是那年月买的电视。嘿,你不知道,咱家买完电视之后,你爸可显摆了,叫了一堆小孩儿来咱家,可闹了。咱家挣了点钱,打了家具,添了家电,可算是一点一点从原来那破烂的光景里跑了出来。想想,也挺不容易的。"年幼的我听不懂政策,但明白穷富有差;读不懂爷爷回忆时脸上的复杂表情,但能感受到家境变化的不易。

"1990年,你爸十八,他当兵去了,去的武汉。那是他第一次离家去那么远的地方。你奶奶哭了一路,直到火车走得看不见。你爹倒是新鲜,就想着可算离开家了,再也不用听你奶奶唠叨,一道上都还挺高兴的。那时候的他肯定把自己想象成离开老家大院在外闯荡江湖的侠客了。这期间,你爸来过几通电话,聊了几句他不咸不淡的境况,他说他就在那儿当教官,没啥生命危险,我们也一直这么认为。直到有一次,正说着话,我听见有人叫你爸,说'出任务了,快!'我才知道他当了武警。我没敢跟你奶奶说,她指定瞎想、担心。你爷爷虽然没啥文化,但也是经历过抗日战争的,战

场上这点事儿还是知道的,爷们就得保家卫国。那时候,我才觉得,你爸长大了。"我没想到,平日里看起来精瘦的父亲,曾经是一名热血少年,为祖国燃烧过青春。

爷爷眯着眼,沉浸在回忆里。"1997年,是咱家的喜日子,也是国家的喜日子——你爸离家服役七年,退伍回家了;香港也回到了祖国怀抱。饭桌上你爸说'还是家好'。是啊,还是家好,香港漂泊了那么久可算回家了。我现在都记得那天的景象——学校处处挂起了香港回归的旗帜,广播的声响遍布大街小巷每一个角落,人人都咧着嘴笑,跟过年似的,哦不,比过年还热闹。国强了,没人敢欺负了,真好啊……"

"2000年,千禧之年,你出生了。你知道吗,2000年开启了咱们家的新生活,也开启了祖国发展的新篇章。一切都不一样了……"爷爷咂摸了一口茶,"就到这儿吧,我遛会儿弯去了。"他的大手摸了摸我的头,提着鸟笼子走了,留给我一个有些佝偻的背影。现在回想起,那背影透着一个老兵的坚韧,披着一位祖国历史见证者的荣光。

2008年,是不平凡的一年。在这一年中,我们有悲,有喜。悲是五月份的汶川地震,喜是八月份的北京奥运。当我看到这片神州大地都在为汶川之伤而心痛祈福时,当我看到全国上下众志成城投入这场自然灾害的战争中时,我内心被撼动了,捐款或许是当时八岁的我唯一能做的事。当我从电视中看到鸟巢上方的火炬燃起熊熊火苗时,当我看到来自五洲的友人踩出一条五彩之路时,我内心被感动了,不由得在电视机前跟着音乐摇摆。是什么能让这座拥有千年历史、饱经风霜的邦国渡过难关、欣欣向荣?是祖辈留下的风骨。这风骨从古至今从未被奴役,从未被埋没,也从未被抛弃;这风骨在不同的时代,彰显出不同的光彩。

2018年,这一年我踏上了大学之路,祖国迎来改革开放的四十周年。中华民族走进新时代,曾经街坊口中津津乐道的世纪宝宝长成一代新青年,肩负起时代赋予我们的使命。祖国硬实力越来越强大,软实力也日益增强,国民心中愈发为自己生为炎黄子孙而感到庆幸与自豪。

2021年,中国共产党迎来百年华诞。百年历史长河,历经了无数风风雨雨的中国共产党带领全国各族人民进行伟大的建设,迎来了中华民族从站起来、富起来到强起来的伟大飞跃,书写了令世界瞩目、赞叹的壮丽诗篇。

曾经那个坐在板凳上听老头讲故事的小丫头长大了,她追随着祖辈父辈的脚步成为一名光荣的中共党员。随着身份的转变,我愈加感受到了身上的责任和使命,逐渐探索出了自己的成长方向——成长为一名温暖、温柔的党员。我要用心照顾脚下这片土地的一草一木、一砖一瓦、一人一物,此般方不负党员的初心与宗旨。

"待你长大游遍四方,你会发觉脚下这片土地最好。"爷爷的声音还在。"待我长大修炼沉淀,脚下这片土地会更好。"我说。

— 213 —

传承盐湖精神　致敬光辉岁月

北京建筑大学　王艳

　　1998年3月8日我出生在青海省格尔木市。格尔木这座城市留给大家的印象一直是偏远、落后、寸草不生……但这座城市留给我最大的印象就是每个人身上都有一种不服输的劲，后来我才知道这个"劲"是格尔木这座盐湖城独有的盐湖精神。新中国成立以来，格尔木发生了翻天覆地的变化，从地图上不为人知的戈壁荒滩变成了如今富"钾"一方的高原重镇。

　　格尔木的沧桑巨变离不开一代代盐湖人的顽强拼搏。1954年，我国"一五计划"重大建设成就——青藏公路建成通车，格尔木因路而生、因盐湖精神而兴。我的小叔就是万千盐湖人中的一个。小叔出生于1976年，1988年跟随我的奶奶来到了格尔木。1994年，小叔参加工作，投入盐湖事业中。我从小就敬佩我的小叔。在我小时候，他就常常不在家，一下湖区就要待个把月，回来的时候总是灰头土脸。我问小叔为什么总是去那么久，小叔总说盐湖需要他，他是党员，要起到带头作用。

　　小叔喜欢给我讲述格尔木这座盐湖城的故事。他总说我们格尔木人一定要牢记穆生忠将军。新中国成立后，穆生忠将军任西北铁路干线工程局政治部主任，两次进藏的艰难经历让穆生忠将军萌生了建青藏公路的想法。他率领两千多名官兵切断25座横亘的雪山，用7个月零4天建成了世界上最高的公路。穆生忠将军是青藏公路的缔造者，同时也是格尔木的奠基人，因为青藏公路的起点就在格尔木。小叔说，没有穆生忠将军，格尔木就不会存在，穆生忠将军带领的十多名工作人员成为第一代格尔木人。小叔说他在盐湖能坚持下来，正是因为穆生忠将军的精神激励着他。穆生忠将军1994年去世那年，也正是小叔入党与工作那年。穆生忠将军长眠在昆仑山上，他鼓舞着像我小叔一样一代又一代的格尔木人、盐湖人砥砺前行。

　　小叔说，他们盐湖人经过几代人的努力，最初只能从盐湖中提取钠盐，后来可以提取钾盐，格尔木盐湖成为我国最大的钾肥基地，再后来可以提取镁化合物，广泛用于锂电池等领域，格尔木盐湖地区在未来的几十年里会建成重要的循环产业基地。小叔刚工作那段时间，湖区条件不好，所有的生产开发基本都靠人力，所有的测量计算也是用草稿本完成，但是每一位盐湖人都没有放弃，他们始终迎难而上，才有了格尔木这座盐湖城的今天。

老一辈盐湖人的事迹感人至深，小叔作为传承盐湖精神的优秀盐湖人，始终积极践行劳动精神、劳模精神、工匠精神和新青海精神，唱响了劳动最光荣、劳动最崇高、劳动最伟大、劳动最美丽的时代主旋律，聚集了正能量，做无愧于时代、无愧于盐湖的劳动模范。小叔生动地讲述了格尔木与祖国同发展共奋进的精彩故事，我也感动于一代又一代盐湖人的光辉岁月，关于这座盐湖城的故事使我动容。作为新时代的学生，作为土生土长的格尔木人，作为一名积极分子，我要始终传承"扎根盐湖、艰苦奋斗、顽强拼搏、无私分享"的盐湖精神。作为一名社会工作专业的学生，我更应该积极参加社会服务，使"盐湖精神"传播到每一个角落。

后浪

首都体育学院　高宇

　　1948年6月,吉林省九台县的一个村落里,晨光熹微,山林中隐隐流出几缕雾气,不远处的村落里只有袅袅的炊烟借着微风顺房檐飘散,不时传来的几声狗吠似乎在询问外出的主人何时而归。

　　与村中的寂静不同,村口大路的岭上三三两两地站满了人,扶老携幼地来送新兵们入伍。当部队准备集合出发时人群中传来了几声低声的啜泣:一位20岁左右的女子抱着一岁多的孩子看着年轻的丈夫不知所措。她没什么文化——说不出什么家国天下来,遇事只会哭。但在那一天她告诉自己的丈夫"去吧,等赢了就都好了"。部队已经走了,她抱着孩子站在岭上;部队走得都看不见影子了,她还抱着孩子站在岭上。那天,她抱着年幼的孩子在岭上徘徊着流了一天的眼泪。

　　多年以后,80多岁的老妇人和她最小的孙女提起过那一天,说起在她漫长的人生中那段被眼泪、困苦、担忧、迷茫和未知充斥着的艰难却又充满希望的日子。

　　我时常在想:当年的年轻人有没有回头望一望他的妻子和年幼的孩子?是的,当年那位在岭上抱着年幼的孩子用眼泪送丈夫出征的女子是我的奶奶,而那个年轻人是我的爷爷高凌俊。他出生于1921年——中国共产党成立的那一年。1948年,27岁的他为了响应党的号召,加强二线兵团建设,早日解放东北全境、解放全中国,加入了中国人民解放军当时的第四野战军,并在入伍不到三个月时在辽沈战役的一线阵地上火线入党。当时,他所在的纵队被指派到侧面战场佯攻打支援。为了不延误战机,部队只能急行军,一夜下来不知道行进了多少公里,部队新发的纳底布鞋早就磨掉了底。

　　爷爷很少提及过往,但他不止一次地和我的父亲还有叔伯们提起自己在平原打阵地战时敌机俯冲过来扫射战壕的情景。那是他第一次看见战斗机:当敌机俯冲过来时,风带来的冲击力把尚未来得及隐蔽的战友推出了战壕,子弹像冰雹一样密密麻麻地扫射过来,敌人密集的火力压制让人抬不起头,战士们根本来不及瞄准,只能凭借着丰富的作战经验把拉了栓的枪朝着敌人的方向放过去。

　　一场仗下来,两米多深的战壕早已被夷为平地,到处是枯木焦土还有人的残肢和内脏……偶尔爷爷会提起他的那些战友，那些大都牺牲在冲锋路上的前辈……

20世纪50年代国家建设时期，党内急需人才——尤其是有文化的干部。爷爷复员分配到湖南长沙某劳改队任看守所所长。因为文化水平不高，爷爷总觉得自己在岗位上发挥的作用有限，于是向组织辞去了职务选择回老家务农。曾有人和他玩笑说他"傻"有官不当，但他却很认真地同我的父辈们说："连年凌汉志，继世振家声（家族字辈排行），一代人有一代人的事，我这辈人不行的你们这一代要做得好才行，我的这点知识是党给的、军队教的，你们要好好念书不要拖党的后腿。"而我的叔伯们也没有辜负爷爷的期望，相继在恢复高考制度后的几年里考入了大学。

在爷爷参军后的第二十个年头，他的长子也入了伍。他叫高汉昆，是我的大伯，也就是当年爷爷出征时被奶奶抱在怀里的孩子。

行文至此，寥寥数笔千余字，一代人的故事就这样以又一代人的开始结束了。

在我大伯参军后的第五十多个年头后，我又以共青团员的身份在逐渐向党组织靠近，为早日成为一名光荣的中国共产党党员而努力奋斗着。的确，一代人有一代人的使命，一代人有一代人的担当，一代人更要有一代人的作为。如果说先辈们的使命是让这个国家旧貌换新颜，那我们的使命就是继往开来，续写新的篇章。生命或会老去，但记忆不会消逝。一代又一代的中国人将永远记得：记得1921年那艘漂荡在浙江嘉兴南湖上让千疮百孔、充满苦难的中国重获新生的红船；记得1949年那个让世界瞩目、国人振奋、民族崛起的10月1日；记得1978年那场让中国发展从此扬帆的重要会议！

习近平总书记说："我们的国家，我们的民族，从积贫积弱一步一步走到今天的发展繁荣，靠的就是一代又一代人的顽强拼搏，靠的就是中华民族自强不息的奋斗精神。"先辈们已于狂澜既倒、大厦将倾之时向历史递交了一份完美的答卷，我们虽生于锦绣盛世，但我们不会忘记党和这个国家所经历过的苦难。百年前的那代人为了国家和人民不惧枪林弹雨，我们这代人更不会屈服于有心人的流言和非议。

我们会像激流一样奔涌向前，像太阳一样照亮前路，像旗帜一样出现在一切号角响起的地方！

我们是中国青年，我们是后浪！

我听外公讲"四史"

首都体育学院　王丹

2020年1月8日,在"不忘初心、牢记使命"主题教育总结大会上,习近平总书记提出要把学习贯彻党的创新理论同学习党史、新中国史、改革开放史、社会主义发展史结合起来,在社会上引起了强烈反响,也让我感悟颇多。知史爱党,知史爱国。对于新一代青年来说,历史就是最好的教科书,所以学习"四史"是我们当代青年的人生必修课,也是我们坚定共产主义信仰的源泉。今天,我就和大家分享一下我从外公口中听到过的有关"四史"的故事。

外公经历过残酷的战争年代,也经历过新中国成立后的"文化大革命",他每次给我讲故事的时候我都会观察他的表情,我理解外公当时的苦,但是我的确做不到感同身受。今年外公已经八十多岁了,在我的记忆中,他是一个让我非常敬佩的人。外公年轻时是一名教师,他会经常教我读书写字,还会给我讲很多历史故事。在外公的熏陶下,我喜欢上了历史。身为"90后",我听过太多革命先烈的故事,其中,刘胡兰的故事最让我印象深刻。前几天,我给外公打电话,又让他给我讲述了一遍刘胡兰的故事。刘胡兰,算得上解放战争时期最为著名的女性英雄代表了。她被害时,年仅15岁。 1947年1月12日,国民党军队突袭山西省文水县云周西村,年轻的共产党员刘胡兰因为叛徒的告密被捕。面对敌人的威胁,她坚贞不屈,大义凛然地说:"怕死不当共产党!"敌人没有办法,将同时被捕的6位革命群众当场杀害。刘胡兰毫不畏惧,从容地走向了铡刀,壮烈牺牲,她的年纪永远定格在了如花季的15岁。后来,毛主席听说了刘胡兰的事迹,十分动容,当即挥笔为其题写"生的伟大,死的光荣"八个大字。这是对刘胡兰烈士的最高褒奖,也让她成为几代人眼中经典的红色偶像。这个故事听外公讲了很多次,但每一次外公讲的时候都能明显感觉到他的无比悲痛。外公说,当时仅是一名学生的他,听说了小女孩英勇赴死的过程后,哭成了泪人。

我也是山西人。记得几年前,山西大同大学附属小学一名小男生因朗读《刘胡兰》课文时读哭的视频在网上走红,让人看了都不自觉地眼眶湿润。在我看来,这是一件非常值得欣慰的事情。仔细想想,小时候第一次听外公讲这个故事的时候,就在想自己的 15 岁会是什么样子。时隔多年，回想自己 15 岁的时候也就只是个毛头小孩。这次借助"四史"这个红色活动，我又再一次地重新回顾了这个故事。让我至今记忆犹新的是，当年听了外公的讲述后，我还看了以刘胡兰故事翻拍的电影，看时从头到尾眼角都是湿润的，看着屏幕中她毫无畏惧地与敌人理论，走至铡刀，鲜血洒满一地的那一刻，我浑身一震，身上都不自觉出了冷汗。我很难想象假如自己当时在场，又会是什么样子，我太敬佩她的勇敢和无畏了。现在看来，我属于幸运的一代，从小生活在父母的呵护与庇佑下，命运眷顾我们，生活在和平年代，从未受过战争的纷扰。我也很感谢我的外公，对我从小的教育锤炼了我坚韧的性格，现在的我早已成长为一名别人口中顽强乐观的"女汉子"。

特殊的 2020 年已经过去了，崭新的 2021 年已经到来，抗疫阻击战的成功，为国人提供了坚不可摧的信念定力和持久不息的精神动力。红色精神也在一件件感人肺腑的事件中得到了发扬与传承。但能够了解到的是，现在绝大多数高校的学生都是"90后"和"00后"，他们都是家里宠爱的孩子，没经历过生活的苦，容易在生活学习的压力下迷失自我。所以，我认为作为大学生，更要进一步坚定理想信念，从"四史"的活教材中感受中国共产党人的强大精神力量，锤炼意志品质，时刻抱有感恩之心，爱国家、爱家人、爱自己，努力学习，艰苦奋斗，才是对那些革命先辈的最好的祭奠，才是对像刘胡兰一样逝去的年轻生命的最好的告慰。

在以前的革命年代，像刘胡兰这样的英雄真的太多了，我们现在的美好生活就是他们用自己的血肉为我们一步步筑起来的，我们要感谢他们，感谢每一位英雄，替我们承受了苦难，给我们创造了美好的今天。同时，作为一名入党积极分子，更要时刻铭记历史，以实际行动全心全意为人民服务，脚踏实地向党组织靠拢，从内心深处筑牢作为一名党员的初心和使命，培育对党的坚定信念与信仰，以史为鉴，传承革命精神，担负起建设祖国的重任，时刻以积极的姿态投身于新时代的伟大建设中，学习"四史"，传承红色精神，争做英雄大无畏精神的传承人！

永远的恩情

北京农学院　安楠

"二十四，扫房子……"腊月二十四这一天人们总是格外地忙碌，大家忙着扫房梁、刷墙面。我家也不例外，但我家还多一项工作——擦拭挂在墙上的毛泽东主席和周恩来总理的画像。这两幅画像挂在我家最显眼的地方，一进门就可以看到，虽然纸边已经泛黄，但还是掩盖不了画像散发的光亮。腊月二十四这天擦拭画像是我家一直以来的传统，奶奶这一天都会最先擦拭这两幅画像，亲自站在椅子上用干净的布轻轻地擦拭着表面。边擦还边用手抚摸着相框，那种神情我在平时从未见过，眼神中好像带着思念又好像带着崇敬又好像满怀深情。

小的时候，我十分不理解奶奶的行为。不明白奶奶面对这两幅画像为什么会有这么多情感。直到长大后我听说了奶奶小时候的故事，我才理解了奶奶的深情。奶奶像往常一样给我讲起了故事，但这次的主人公却是奶奶自己，我听得格外认真。奶奶说她出生的年代，新中国还没有成立，还是打仗的时候。当时的北京兵荒马乱的，随时可能有炸弹炸过来，所以她们一家就从城里逃出来躲在山里。奶奶讲到这里时陷入深深的回忆之中。"那时候你太奶奶背着我，你太爷爷拿着全部家当领着我们从城里往山里逃，到处躲来躲去地走了整整两天，才逃到了山里。一路上饿了就啃两口干粮。跟现在根本不敢比，哪有现在的好生活。慢慢地我们就在山里安家了。哦，对了，你太爷爷还给解放军偷偷传过信呢，当时连你太奶奶都不知道，保密工作可好了，谁都不知道。等解放了你太爷爷才说起，那满脸的神气给我讲了好几遍还依旧那么兴奋。解放了，新中国成立了，我们的好日子也来了。有今天的好日子可都得感谢共产党的领导、毛主席的领导，我们一辈子也不能忘啊。"奶奶说到这儿，情绪明显地激动了起来，脸都涨得微红。一遍遍地拍着我的手说："不能忘啊，不能忘，要一辈子记得党对我们的恩情，没有共产党就没有我们现在的好生活啊……"听到这儿，看到奶奶的神情，我好像有点明白了奶奶对那两幅画像的情感。我也从老一辈的故事里理解了"没有共产党，就没有新中国"这句歌词，在那个时代甚至时至今日，这些受过共产党恩情的人民对共产党的感情还是那么地浓烈炙热，终身不忘。

我抬起头呆呆地望着挂在墙上的两幅画像，感觉画像好像洒下来一束暖光，安静又温暖地照耀着我。感觉整个世界变得平静安逸，我的眼神里好像也带着和奶奶一样的思念和深情。这不由得让我一愣，好像大梦初醒一般，一下把我点醒。原来以为过去的日子离我们很远，不太明白老一辈们对党的情感，可其实我们现在就是生活在党的光辉照耀下，享受着共产党带给我们平静而又美好的生活，享受着这些实实在在的恩惠。原以为这么远却是这么近，想想我们如今高效便利的生活。出门就能坐车，外卖、快递如此地方便，我们的外交国防如此地强大，我们可以安全地走遍世界去游历去学习。原来我们无时无刻不在享受着党的恩惠，没有共产党就没有我们如今的美好生活！

我明白了奶奶的深情，而现在新时代的交接棒已经交到了我的手上。

明年的画像，就由我来擦吧。

此星

北京青年政治学院　曹琳泉

煌煌此星，照耀我心。
——题记

浩瀚长河之广阔壮大，滔滔流水之汹涌不断，是伟大祖国成长的银河轨迹。回看上下五千多年的悠久，那些历史留在路边的无数珍宝与教训，都成为今日岁月静好的铺垫与地基，连接世世代代与家家户户，光耀至今。

随着"四史"学习的大力提倡与推广，作为当代学生的我也了解到祖国当下发展的美好，如一颗明亮的星星，闪闪发光，耀眼且永不消逝。同样，利用这次美好漫长的新年假期，我走亲访客，坐下来与亲人朋友们一起，谈论我们眼中的"四史"，谈论我们的家国与梦想，颇有感悟。

站起来的英雄时代

若说起过去时光里国家的种种发展，在我家最有发言资格的人是我尊敬的爷爷。爷爷于1960年加入中国人民解放军空军，十八年光荣兵旅，留给他的不光是一副硬朗的身骨，更多的是对国家那炽灼热爱之心。现在，每每饭后聊起家常提到部队生活的话题时，老人家便话多起来，眼中也依旧满是光亮。

"那个时候，部队里每一个人从前线到后勤都要学会，每一个人都是珍贵的兵。"相比当下拥有优良设施的部队，老一辈人所生活的环境更加艰苦。恰逢三年自然灾害，老百姓们的生活十分困苦，但爷爷毕业后依然选择参军入伍，为国家出力。爷爷分配加入沈阳航空兵第四师这支参与抗美援朝的先锋英雄师，恐怕也是他这辈子最骄傲的事情了。

从军十八年中，无数次奔赴与支援前线，走遍祖国的大江南北，使得老人晓得国家已经和自己儿时的模样大有不同，从"小米加步枪"到飞机上天打仗，国家正在一

步步站起来。退伍转业后,爷爷回地方武装部工作,负责民兵训练以及地方治安工作。他相信,中国会在共产党的领导下越来越好,越来越美丽。

爷爷是个低调也不爱说话的人,唯有当年当兵时候的军装和徽章保存得完完整整。对他来说,漫漫人生路上,从军,是如同璀璨明星一般的辉煌,是一段永远灿烂的记忆、一段刻骨铭心的经历。无论何时讲起,那都是一段令人骄傲的英雄时代。

富起来的奋斗时代

相比爷爷那一辈的艰苦但辉煌的岁月,父辈们的生活就好了一些。上世纪八九十年代的中国正值改革开放时期,家家户户日益富起来,而我的叔叔也在这个时刻做出了自己的决定——当兵入伍。

1990年,一腔热血的叔叔加入中国人民解放军陆军部队,这一去便是十三年。"虽然是年轻气盛,但我也从未后悔过。"叔叔也总是笑眯眯地说起这段日子,"为保卫国家当兵,有什么不可以呢。"

"我们当兵那时候就好多了,环境也好,待遇也好,还不是因为国家复兴强大了。"与老一辈当兵"一兵多职"不同,父辈时代的兵们开启了"一兵一职"的时期,专业技能也精准学习起来,武装机械也逐渐增多,部队的各项设施也开始改良了……后来叔叔退伍转业选择了武警部门,选择与一身军装并肩同行,心中仍饱含对国家的热爱与热血。

听闻当下国家提倡学生了解、学习"四史",叔叔非常赞同这种做法。"不做落伍于时代的人,不做被时代淘汰的人,未来都是奋斗出来的。"我想,在那个富起来的奋斗时代里,一定有着更多像叔叔一样,努力为国家出力、争光发亮,汇成一片只属于中国的璀璨星空,那我们又为何不继续奋斗下去呢?

强起来的新生时代

时间过得飞快,眨眼间已经到了21世纪,还是"00后"的我们已经成为国家的新鲜血液。青春最好时,新生力量累积,向着前方一步步征服星辰大海。虽然家中没有当兵的小辈,但也有同样优秀的孩子在用自己的方式描绘不同的爱国情怀。

2021年1月21日至25日,政协北京市第十三届委员会第四次会议在京隆重举行。而作为在第六届北京青少年"模拟政协"评选中脱颖而出的闪亮星星,我的妹妹受到市政协与北京青少年科技创新学院的邀约,作为北京市优秀学生代表,在线观摩了长

达五天的六场会议。虽然也有些遗憾，但通过这次来之不易的参与机会，妹妹也收获颇多。

"总觉得政协这些离我们学生还很远，可当自己真正去做去写时才发现，原来这些就在我们身边。"虽然活动已经结束有一个月了，但每当我们随口提到，妹妹也会深深叹一口气，像个小大人一样发表自己的言论。一个多月的准备工作又撞上学校的期末考试，让她本就压力很大的高二生活更加紧张。"会有遗憾吧，但也不会后悔，毕竟机会不等人。"成长故事里的一篇一页都要绚烂每一天，为了国家明亮的未来而努力奋斗，作为姐姐，我为她感到骄傲无比。

我很喜欢妹妹发言稿中的一句话：千人同心，则得千人之力。生活在全新世纪的和平时代是我们每一个人的幸运，而未来是什么模样，还需要你我携手共进。相信未来的中国会在我们每一个人的掌心中更加精彩纷呈。学习"四史"，继承"四史"，成为国家永远强盛的新生力量吧。

国泰民安，万家和睦。在追梦路上，眼前已经是巍峨华丽、温暖人心的中国，是大气磅礴之秀丽江山，是灯火阑珊之青春婀娜。沿着过去伟人留下的道路前行，这便是我们要做的。

煌煌此星，照耀我心。你我同为一颗星，愿奋进时代里你我并肩前行，展望未来，共建星海般的中国梦！

我听爷爷讲"四史"

北京青年政治学院　钟蔚

元宵佳节是一个团圆的大日子。晚上,家人们聚在一起吃汤圆,聊家常,每家每户洋溢着温馨祥和的氛围。吃过团圆饭,我们一家人一边看电视一边聊天。新闻联播正好在播放脱贫攻坚表彰大会的新闻,勾起了我们一家人的回忆,话题围绕着"四史"而展开。

爷爷是一个老共产党员,出生于1949年7月,是一个真正的"解放牌"。爷爷伴随着新中国一起成长,见证着社会主义制度在新中国一步步走向成功,感受到了几代伟人的英明决策。作为一个共产党员和国家干部,也亲身参与了社会主义的伟大建设事业。

爷爷说,72年来,在中国共产党的带领下,中国人民的生活水平得到了翻天覆地的改变。新中国刚刚成立的时候,饱受侵略与战争的中国百废待兴,老一辈的共产党人,带领中国人民白手起家,艰苦奋斗,开始描绘新中国的发展宏图。落后就会挨打,这是硬道理,只有发展才有出路。谁也不能靠,只能靠自己。经过艰苦奋斗,我们有了原子弹、氢弹、卫星。从那一刻起,中国人的腰板开始挺立起来了,再不是任人宰割的牛羊了。

国家强大起来了,可是人民的生活水平还是很低,经常是吃不饱、穿不暖。爷爷说他读高中的时候,家里的条件还是很差,上学每天要走十几公里的山路,那时候他只有一双布鞋,上学的路上他舍不得穿,就赤脚走这十几公里的山路。到了学校附近,就在河里把脚洗干净穿上鞋进入学校。下午放学又是赤脚走路回家,日复一日!党中央英明地提出了改革开放。只有共产党才能救中国,只有改革开放才能发展中国!中国共产党人又带领中国人民开始了社会主义建设的新征程。那时候爷爷已经参加工作,并且光荣地加入了中国共产党,成为一个默默无名的带头人。他在乡政府工作,每天都是扎根于农村,心系农民。

我的奶奶是一个地道的农民,家里的农活都是奶奶在打理。那时候家里还是很穷,买不起牛来耕田,为了不让爷爷分心,耽误工作,奶奶就带着年幼的大伯和爸爸用锄

头去挖田、耕种，用自己的双手为爷爷撑起了半边天！

随着改革开放的不断深入，中国发生了翻天覆地的变化。高楼大厦、手机、电脑、小轿车，这些在以前人看来遥不可及的奢侈品，现在都普及到了千家万户。高速公路、地铁、高铁、北斗导航……这一切的一切，都是这些撸起袖子的中国共产党人带领着中国人民一步一步干出来的！这其中饱含了多少共产党人的汗水、鲜血甚至是生命啊！

在脱贫攻坚表彰大会上，被表彰的每一个人、每一个集体，不正是共产党全心全意为人民服务的最高使命的最好体现吗？正是这一个个优秀的党员干部在脱贫攻坚的道路上扎根于人民，不抛弃，不放弃，不落下每一个中国人民，我们才能过上现在这样幸福的生活。

今天我们听爷爷讲这些故事的时候，似乎他们那一代人的生活离我们很远很远。可是屈指一数，却是那么地接近。改革开放四十年弹指一挥间，四十年的风雨历程让中国变得如此强大！爷爷退休了，现在每个月有足以让他衣食无忧的退休工资和医疗保障。奶奶是农民，现在老了，退休了，党和政府也没有忘记她们默默地付出，现在也有老年津贴拿了。在他们口中说得最多的就是感谢毛主席，感谢共产党！

在我这个"00后"看来，作为世界人口最多的国家，只有中国共产党才有这种能力让人口众多的中国站起来并强起来！汶川地震，海外撤侨，抗击新冠肺炎疫情……只有中国共产党才能有如此的责任与担当！我深深地为我是中国人而骄傲与自豪！

脱贫攻坚的战斗已经吹响了胜利的凯歌，以习近平同志为核心的党中央又吹响了为中华民族伟大复兴而奋斗的新的冲锋号，每一位中国共产党人又将带领中国人民由胜利走向更大的胜利！

作为一个新时代的大学生，我整装待发，时刻准备着接上爷爷他们这些老一辈党员的接力棒大步向前，为新时代的新中国添砖加瓦！让中华民族复兴的大道越走越宽，让中国共产党的印记永远镌刻！

爷爷亲历的改革开放 40 年

北京联合大学 高翔

电影《我和我的家乡》用一个又一个普通中国人生活的片段串联起改革开放以来新中国的社会变化。改革开放 40 多年以来,新中国实现了从赶上时代到引领时代的伟大跨越。

我的爷爷是改革开放的亲历者。自我记事起,爷爷平时很忙,是村里的党支部书记,也是村民心里德高望重的人。在我们家,爷爷一直是主心骨,从小到大,爷爷用他的一言一行影响着我们,教给我做人做事的道理。爷爷是个土生土长的通州人,出生于 1947 年,1971 年光荣地加入了中国共产党,至今已经是有着 50 年党龄的老党员了。

今年疫情在家时间多一些,无意中看到爷爷的许多"红本本",还有年轻时写的记录本。工工整整的小楷字瞬间让我想起,在我小的时候,爷爷每天晚上临睡前都要戴着老花镜,坐在木凳子上,把一个小本放在床沿,趴在本上记录当天村里发生的事情。我家订阅着很多报纸,村里有外面回来的叔叔伯伯们,总要到家里看望爷爷。如今 74 岁的爷爷思想并不封闭,看新闻、看报纸,他能和人们攀谈新时代的进步,这些都让我们做子孙的引以为豪。

我时常听爷爷讲我们祖辈吃苦耐劳的故事。1978 年 11 月 24 日,安徽省小岗村 18 户农民以敢为天下先的胆识,按下了 18 个手印,秘密签下一份把集体土地承包到农户的契约,实行农业"大包干",搞起生产责任制,揭开了中国农村改革的序幕。1978 年 12 月 18 日,党的十一届三中全会在北京隆重开幕,中国开启了改革开放的历史征程。邓小平同志指出:"改革首先是从农村做起的。"小岗村从而成为中国农村改革的发源地。年轻时的爷爷是当时生产队的队长。在 20 世纪 70 年代,生产队长的职责很大。爷爷说当年他是我们村三队的队长,队长的职责就是要安排全队一年的规划,如生产、种植、收割和粮食分配等工作,每天要分派社员的活儿,还要处理队里发生的大小矛盾纠纷,真所谓"大管天文地理小管鸡毛蒜皮",一个生产队二三十户人家百来口人的生活吃饭与生产队长当得好坏有着直接关系。1982 年中国共产党第十二次全国代表大会,正式提出了"建设有中国特色的社会主义"的新命题,标志着党成功地实现了具

有重大历史性意义的伟大转变，也开启了农村改革致富的大门。

我国以经济建设为中心的改革开放事业从农村的改革起步。1988年，爷爷当时担任通县蔬菜公司的党总支书记兼总经理。作为当时农村改革的带头人，爷爷落实中央的从计划经济向市场经济转型的方针，尊重市场的调节作用，以市场促进农业发展，使农民获得了生产和经营的自主权，极大地调动了农民群众的生产积极性，解放了农村生产力，推动农业发展。当时爷爷一直扑在改革的第一线，帮助指导各个村建立蔬菜大棚，培养反季节蔬菜，提高蔬菜产量，极大地丰富了当时人们的餐桌，更让当地村民的腰包渐渐地鼓了起来。

到了20世纪90年代末，中共十五届三中全会通过的《中共中央关于农业和农村工作若干重大问题的决定》指出，"菜篮子"产品生产要推广优新品种，降低成本，提高效益，实现均衡供给。爷爷一直在为当时的农业生产而奔走四方。当时北京市的发展日新月异，大部分耕地都变成了住宅区，本地的蔬菜产量已经满足不了本地人的需求，就只能通过去外地采购来满足本地居民的需要。听爷爷说当时基本上每个月都要出差，一去一两个星期，去外地谈农业方面的合作和蔬菜品种的引进，保障了当时全县居民的吃菜问题。

2004年爷爷光荣地从单位退休，不过刚退休就被村里返聘为村支书。自从我有记忆开始，我们家的大门前总是比别人家多一块牌子：共产党员，黄色底子红色字，再加上棕色的边框，格外耀眼。一直以来，我以这块牌匾为自豪。爷爷兢兢业业，为了村子的发展尽心尽力。在他的带领下，村民从以前的砖瓦房搬到漂亮的楼房，村里的道路也从以前的沙子路变成后来的柏油路。村子的点滴变化都凝聚着爷爷的心血，正如改革开放40多年来，我国翻天覆地的变化。

2021年是改革开放43周年。我国不断深化改革开放，综合国力明显增强，各个领域取得了巨大成就。正是通过党中央的正确领导和像爷爷这样的万千党员和劳动者的努力，人民的生活才发生了翻天覆地的变化。习总书记曾指出："改革开放只有进行时，没有完成时。"这43年的成就告诉我们，只要中国不停止改革开放，只要中国的步伐更加坚定和从容，中国将取得更大的成就。

我的青春属于党

北京联合大学　彭梦婷

我软磨硬泡缠着外婆拿出外公五十年党龄的纪念章,金灿灿的徽章上印着"永远跟党走"。这枚纪念章让外公回忆起了1956年参军的美好记忆。

参军那年他23岁,告别了家中父母和兄弟,踏上了北去的列车。当时的外公分在了天津。他说:"天津的桥北京的门,那就是当时的站点。"外公说他去的时候刚好是抗美援朝战争的老兵们回国,因此他们会和参加抗美援朝的老兵们一起进行家园重建。在初去的那年,他们在军事训练的闲暇之时就会帮着老百姓修建水库、建造房屋、下地劳作。虽说对于一个南方人来说,每周只能吃一顿米饭是特别难受的事情,但外公从来没有动过打道回府的念头,他说能看到当地的老百姓对修建的水库房屋感到满意就是他最开心的事情,哪怕背井离乡、哪怕食之无味。外公说他当时是他们班里唯一一个没有受过任何惩罚的兵,哪怕惩罚只是做俯卧撑或者是站军姿,他也没有经历过。三年的时间里,他从一个默默无闻的小兵升到了班长。我问他有没有觉得止步于班长而不甘心,他说他很满足,他说他从穿上军装的第一刻起,他就把为人民服务这五个字刻在了心里,而所谓军衔他并不在乎。外公在兵营的时间不长,三年之后由于家中哥哥患病需要治病,他向组织提出了退伍的想法。爷爷退伍后去了当时的第一重型机器厂工作,也是在那里,他正式成为一名共产党员。

或许是他心中对于二十多岁的自己仍有执念,或许是他对于三年的部队经历难以忘怀,他对北京、对入党、对纪律有着属于他的独特执念。他总是对我们这些孙辈说:"不管怎样,有机会一定要入党,就算没有入党,也要时刻以共产党员的标准严格要求你们自己。如果可以,都该去兵营里磨炼自己。"所以,我在大一就递交了入党申请,并且在每一次的思想汇报里都会有那一句"以党员的标准严格要求自己"。这是我对党的表态,也是我对外公的敬意。他老人家还总说,作为一个党员,就应该把无私奉献永远地刻在心里,要让自己时刻为社会发展、为党的进步出力。这是他对于他的子孙的要求。

现在的我们,或许很难有人像外公一样把无私奉献刻在自己的骨子里。但当我们

产生入党的想法，在递交入党申请书的那一刻起，我们就应该把自己当成共产党的一分子。"为人民服务"这五个字并不是一句口号，它是对于每一个想要加入和已经加入的人的行为要求。它要求我们在做任何决定，在进行任何行动的时候，都要把人民放在第一位，要真正把自己当成人民群众的公仆。今年是建党一百周年，这一百年来党的发展也都围绕着人民。作为新时代党的新兴力量的我们，更要围绕着人民。中国的发展离不开中国共产党的领导和影响，正是有无数个和外公一样把党的精神和要求刻在心中并且坚持贯彻的前辈，才能有现在的中国共产党，才能有现在的中国。

现在的外公已经 88 岁了，他说他把整个青春献给了党，他说他何其有幸能够看到党的一百周年，他说他仍然铭记当时的入党宣言。这就是党的魅力吧，他能够让每一个加入的人深深地崇拜、爱戴和心生向往之情。

在阳光下，外公将纪念章放于心口，对着阳光行了一个军礼，那是他对于青春的怀念和对于中国共产党无声的祝福。

学"四史" 勇担当

北京财贸职业学院　江雪莹

2020年6月27日，习近平总书记在给复旦大学《共产党宣言》展示馆党员志愿服务队全体队员的回信中，明确提出了学习党史、新中国史、改革开放史、社会主义发展史（以下简称"四史"）的要求。这一要求对于广大党员特别是青年党员坚定理想信念、增强历史担当、践行初心使命具有重要指导意义。寒假期间我的长辈经常给我讲"四史"。

我听爸爸讲党史，筑牢初心意识。我和爸爸经常去我家旁边的公园散步，公园深处有几座"二七"大罢工烈士的坟墓。我爸爸借机就给我讲中国共产党领导"二七"大罢工的历史，给我讲中国共产党的历史，从五四运动到中共一大、从南湖红船到井冈山、从石库门到天安门、从毛泽东到习近平……爸爸娓娓道来，让我了解了中国共产党的艰难发展史。中国共产党团结带领人民浴血奋战28年，历经千难万险，付出巨大牺牲，才赢得了新民主主义革命的伟大胜利，建立了人民当家作主的新中国，使"占世界人口总数四分之一的中国人从此站起来了"！历史不止一次证明，没有共产党就没有新中国，只有共产党才能领导中国走上复兴之路。所以我们青年学生一定要筑牢初心意识，知来路方能有归路。

我听爷爷讲新中国史，夯实爱国意识。我爷爷生在旧社会长在新中国，跨越了新旧两个时代。我爷爷经常和我讲起两次生病的经历。第一次是在解放前，连续几天高烧不退，家里人把爷爷送到德州的大医院看病，一支盘尼西林就要一块大洋，家里根本出不起钱，只能把爷爷拉回家硬扛着。第二次生病是在解放后，同样是持续高烧不退，学校老师把爷爷送到县医院，住了几天院，烧退了，合作医疗报销了大部分费用。爷爷说，新旧社会两重天，好日子不是大风刮来的，是中国共产党领导全国人民奋斗出来的。

爷爷说，新中国成立之初，我国面临的国内外形势异常严峻。由于多年战争，赤地千里，经济凋敝，民不聊生。国民党残部、敌特分子、土匪伺机破坏。有的边远地区还没解放，很多基层还未建立政权。西方敌对势力在政治上孤立我们、在经济上封

锁我们、在军事上威胁我们。不久又爆发了朝鲜战争。"打得一拳开，免得百拳来。"党中央和毛泽东主席作出了"抗美援朝，保家卫国"的战略决策。抗美援朝打出了新中国的国威军威，提高了中国共产党在全国人民心中的威望，提高了中国人民的民族自信心和民族自豪感，新中国站稳了脚跟。通过爷爷的讲述，我了解了新中国是无数先烈用鲜血换来的，增强了家国情怀，夯实了爱国意识。

我听姥爷讲改革开放史、社会主义发展史，坚信道路正确。姥爷说改革开放让我们富起来了，没有改革开放就没有我们今天的好日子。姥爷说，改革开放前吃大锅饭，一亩地产200斤粮食就算大丰收了；改革开放后包产到户，最大限度地调动了农民的积极性、主动性，亩产1000斤很平常！改革开放40多年来，我们国家发生了翻天覆地的变化，取得了举世瞩目的成就，新中国迎来了从站起来到富起来、强起来的飞跃。

实践证明，没有改革开放，就没有中国的今天；离开改革开放，也没有中国的明天。只有社会主义道路才能使中国走上康庄大道，我们必须坚信道路正确。

学好"四史"，坚定理想信念、补足精神之钙；学好"四史"，牢记初心使命、推进自我革命；学好"四史"，坚定文化自信、激发精神动力；学好"四史"，弘扬革命精神、传承红色基因。今年是中国共产党诞生一百周年，一百年筚路蓝缕、一百年艰苦卓绝、一百年高歌猛进、一百年荡气回肠。我们青年学子应该行动起来，学好"四史"向党的百年华诞献礼！

让"四史"永流传

北京财贸职业学院　王瑜珩

"东方红，太阳升，中国出了个毛泽东……"

"姥姥，姥姥，毛泽东是谁呀？"

"丫头，你别急，接着往下听。"

"他为人民谋幸福，呼儿嗨哟，他是人民大救星。"

那天的朝阳，是那么的耀眼，几乎是升起的一瞬间，就将黎明前的黑暗全部驱散。姥姥的歌声，充满了希望，此时她不像是六十多岁的老人，仿佛回到了曾经的激情岁月。姥姥的歌声将红色的种子在我心中悄然埋下，它也在不知不觉中带我掀开了"四史"的篇章。

在长辈们的讲述中，我深刻地认识到，在那个年代，毛主席和共产党是真正一心一意为人民谋福利、为人民谋幸福的人。内有反动派的迫害和不作为，外有帝国主义的侵略和压迫。在这种困境下，我们的党没有放弃，更没有妥协、屈服；而是用无数的热血和不屈的精神，书写着波澜壮阔的党史，带领着中华民族走向胜利和希望。

我听长辈们讲，舍生取义的刘胡兰、宁死不屈的杨靖宇、舍身炸碉堡的董存瑞、用血肉之躯堵住枪眼的黄继光……一个又一个的勇士，一个个的牺牲，才换来新中国。正如闻一多先生在最后一次演讲中说的那样："你们杀死一个李公朴，会有千千万万个李公朴站起来。"儿时的我，对他们是崇拜的，敬仰的。后来随着年龄的增长，我也会有不解和疑惑：究竟是什么支撑着他们站起来的？我去问父亲，父亲笑了笑，打开了一本书，让我看了其中一行字："正义是杀不完的，因为真理永远存在。"当时的我被这短短的一行字震撼到了，是正义，是真理，是民族大义。当我仔细看时，我看到篇名：《心之力》，作者毛泽东。

太平本是烈士定，从无烈士享太平。他们用血和泪开启了新中国史，他们死在了祖国胜利的前夜，带着一腔热血长眠于祖国的大地。

而新中国成立后，党为人民谋幸福的步伐并没有停下。饱受战乱的中国一穷二白，百废待兴，党带领人民开始有计划地建设社会主义，并取得了巨大成就，但不免存在一些失误。大跃进又遇上了自然灾害，听奶奶说那时候农村甚至有人饿死。我问奶奶为什么，是种不出来，还是买不到。奶奶打开一个陈旧的小匣子，里面是一些花花绿绿的小卡片，奶奶告诉我，这是粮票，那时候粮食是拿粮票换的，粮食产量少，所以要实行分配制。不过，后来国家建设越来越好，社会主义步入正轨，人民生活水平也慢慢提高上去了。

在后来的学习生活中我逐渐了解到了那一段历史。在建设新中国时，涌现了一大批人才。以两弹元勋邓稼先为代表的军事科技研究者，为我国奠定了强大的军事基础，使我国不再受核威胁。以袁隆平为代表的生产科技研究者，大大提高了我国的生产力，让人民吃饱穿暖。周总理提出的和平共处五项原则和求同存异方针，使我国的外交在新中国成立初期便打开了新局面，从而提高了我国的国际地位。

再到后来，我国开始实行改革开放政策。改革开放不仅是中国的基本国策、强国之路，更是社会主义发展的强大动力。这段时期，我们的父辈，也就是千千万万的劳动人民，他们响应国家号召，紧跟党的步伐，大家齐心协力，解放和发展生产力，让中国人民富裕起来，开启了中华民族伟大复兴的历史新纪元。中国的改革开放，在社会主义发展史中画上了浓墨重彩的一笔。

习近平总书记说："历史是最好的教科书，也是最好的清醒剂。"我们当代青年，应该学习历史，以史为镜，并把党的精神付诸实践。在此次疫情中，我和其他大学生响应国家号召，积极参加志愿活动，为国家的抗疫行动出智出力。正是在亲人讲述"四史"的熏陶，和在学校学习"四史"的过程中，让我有了继承党的精神的觉悟。愿当代大学生一心向党，让"四史"永流传！

诉说·倾听

北京经济管理职业学院　苗文越

2020年伊始，我们的国家饱受新冠病毒的侵害，她诉说着"大家要团结互助、共克时艰、共同战胜疫情"，全国的人民倾听着，大家便自觉居家隔离，无数的白衣天使、志愿者一同前往一线救援，用自己的血肉之躯为我们抵挡病魔的进攻。这一年我们学到了，哪有什么岁月静好，只不过是有人替我们负重前行。2021年是中国共产党的百年华诞，她向我们诉说"冬去春来，岁月荏苒；百年风雨，成就辉煌"，我们倾听着，并向我们伟大的党献上我们最真挚的祝福。这一年我们不忘初心、牢记使命、继续前行。诉说与倾听一直就在我们的身边，它们没有可触碰的光鲜亮丽，却每分每秒陪伴在了我们身边；时间流逝，它们诉说着成长，我们倾听着希望。让我们打开回忆，倾听从前时光记忆里的诉说。

妈妈心中的党

8岁时上小学的我拿着小板凳，坐在树荫下倾听妈妈的故事。她看着我向我诉说着："2008年，那一年我成为一名党员，一下子感觉自己的身上多了一份责任。责任来之不易，承担也不是易事。成为党员之后，我一直跟随着党的脚步，一步一步地跟随党走向光明。我们的小房子翻盖成大房子，生活上由拮据变得有富余。在党的带领下我们才有今天的好日子！"是啊，中国共产党是中国工人阶级的先锋队，是中国特色社会主义事业的领导核心，永远为人民服务，为人民排忧解难。2021年，喜迎党的百年华诞，我们更应该贯彻学习十九大精神，用心体验党的精神，学习党的精神；用自己的能力、才干为人民谋幸福，不忘初心，牢记使命，紧跟党的步伐，夺取新时代中国特色社会主义伟大胜利，为实现中华民族伟大复兴的中国梦不懈奋斗。

变化的新中国

12岁时上初中的我坐在藤椅的旁边,倾听76岁老姥姥年轻时的故事。她向我平静地诉说着:"那时的新中国人们还吃不饱、穿不暖呢,日子啊真是苦死啦!当时的我们啊都是在地里忙忙碌碌的,哪里能像现在这样啊过着吃着饱、穿着暖的舒服日子呢!"还记得当时老姥姥戳着我的额头说:"现在啊你们就该享福啦,老一辈都替你们受过苦啦。"猛然回想,如果没有老一辈人替我们付出,怎么会有今天我们幸福的生活呢?在祖国繁荣昌盛的今天,国家和人民都在走向更好。

成长的深圳

18岁时上高中的我,偶然倾听到一位坐在轮椅上的深圳老爷爷的故事。他向我诉说着:"20岁,我正年轻力壮呢,深圳同样的也很'年轻',当时它还是一个小渔村呢,现在都成现代化的大城市了,我也成了一位老爷爷,都成长啦!深圳的成长在于党和国家改革开放这一重大举措啊!过去深圳只有三件宝:苍蝇、蚊子、沙井蚝。有人说:'十室九空人离去,村里只剩老人和小孩。'"这首民谣是对改革开放前的深圳的真实写照。今天的深圳成为一个经济繁荣、法制健全、环境优美、生态优良、文明和谐的现代化城市,它的成长也是改革开放以来中国现实历史性变革和取得伟大成就的生动反映啊。改革开放40多年来,我们的国家创造和积累了众多的实践经验,取得了举世瞩目的成就。我们的党和国家用时间证明了改革开放符合当今时代的特色和世界发展的大势,是一项必须长期坚持的基本国策。作为新时代的大学生,我们坚信好的制度可以造就国家和我们更美好的未来。

我们的未来

正在大学的21岁的我坐在课桌的前面,倾听着国家对大学生的号召:"青年一代是怎样的蓬勃朝气、应以怎样的人为榜样、应为国家怎样奋斗。"在这场新冠肺炎疫情防控斗争中,我们同奋战在一线的疫情防控人员一起抵御病魔,我们出现在各个社区的疫情防控卡口贡献我们的力量,我们通过我们的行动向国家交出了一份合格答卷,展现出了我们年轻一代的蓬勃朝气。习近平总书记曾说过:"青年一代有理想、有本领、有担当,国家就有前途,民族就有希望。"我们会在奋斗中磨炼品质,在实践中增长本领,不惧风雨、勇挑重担,并为实现中华民族的伟大复兴而奋斗终生。

诉说与倾听永远相依存。人也许会变老，但是话语却永远流传。一代接着一代的传承，这才是前辈们留给我们最珍贵的宝藏。未来属于我们！毛主席曾经说过："青年人朝气蓬勃，正在兴旺时期，好像早晨八九点钟的太阳，希望寄托在你们身上。"我们有时间更有精力去向全世界证明繁荣富强的中国正在成为现实！

爱国心·报国情·强国志

北京经济管理职业学院　李洋

每一次站在庄严的五星红旗下，听着雄壮的国歌声，我都会无比自豪和骄傲！因为我是中国人，每一个人都和我一样无限热爱我们的祖国！我们向国旗行礼，我们高唱国歌，这是发自内心的浓浓爱国情。

我是一名退伍军人，祖国对我来说不仅仅是挂在嘴边的一句话，更是我要用生命去捍卫的领土。2003年"非典"，我3岁，"非典"留给人们的痛我没有太多记忆。2008年奥运会，我8岁，心中的欢乐和祖国的强大已经印在我的心里。当然，也忘不了汶川地震带来的悲痛。2018年，我18岁，长大成人，我做的第一件事就是穿上军装走进军营，用我的满腔热血参军报国。2020年突如其来的新冠肺炎疫情更是激发了我的爱国之情。一首《胜利召唤》传递着中华儿女万众一心战胜疫情的信心。

如今身处和平年代的我们根本不懂战争爆发会带来什么。服役期间我参加了中部战区"中部盾牌2019联合战役"演习，才让我明白了战争有多么地残酷。演习期间，在朱日和训练基地，战斗的时候我们在零下三十多摄氏度的环境下进攻。在这样恶劣的环境下，我们忍着饥饿和寒冷坚持进攻了两天两夜，直至最后胜利。虽然到最后我方进攻胜利，但也仅剩5人存活，其余的战友全部"牺牲"。演习让我感觉就像经历了一次实战的洗礼，更让我明白了和平来之不易。

"能战方能止战，准备打才可能不必打，越不能打越可能挨打"，这是习近平主席关于战争与和平的辩证法。虽然和平与发展已成为时代主题，但我们仍要有忧患意识，做到居安思危，这也是我们党治理国家的重大原则。强国必须强军，强军才能卫国，中国人民必须汲取历史教训，牢固树立随时准备打仗的思想，中国共产党绝不容许历史重现！

如今我已经复学，但是我心中的火焰并没有熄灭，退伍不褪色，我将用一名当代大学生的身份继续书写我的报国强国新篇章。现在我作为班长又能为老师和同学们做些什么呢？我虽然刚刚入学，对班里其他同学还不是非常地了解，但是我充分利用服役期间学到的组织管理经验，积极协助班主任与班代统计班内29名同学的个人基本信息，并迅速协助学院做好人口普查与同学们的"一老一小"保险工作以及完成班主任安排的班内各项工作。虽然时间紧任务重，但是我并没有退缩，我加快工作速度，通过电话、微信语音在最短时间内搜集完所有信息，并及时向班主任汇报。今后我也会认真履行班长的职责，为班级服务，成为班主任的得力助手，成为同学们的贴心班长，把班级逐步带入正轨。

真正的爱国，不是每天张嘴大喊，高调宣扬，而是将爱国之情藏于心中，将它转化为无穷的力量，从一点一滴的小事做起，用行动来表达对国家的热爱之心，用行动默默地付出。国之兴亡，匹夫有责。国家需要无数有志向、有梦想的人共同为之努力。一砖一瓦是增强国家的力量，一举一动是提高国民的素质，一朝一夕是强壮国家的灵魂。

落实到每个人身上，那就是做好本职工作，把个人前途命运同祖国发展繁荣结合起来，在自己的岗位上创造属于自己的价值，而这些价值综合起来就是国家的价值，是国家发展的资本。而对于我们学生来说，当下最实际的也是最重要的就是好好学习，成为祖国的可用之才。著名诗人歌德这样说过"你若喜爱自己的价值，你就得给这世界创造价值"。我们要体现自己的价值，唯有经过辛勤的努力，实实在在地增强本领，才能得以实现，要将爱国之情转化为动力，时刻保持着十足的冲劲，不懈奋斗。

藏于心，现于行，汇聚爱国之大力量。让爱国，成为推动国家前进、创造国家价值的行动；让爱国，成为推动自我进步、创造自我价值的动力！

我听奶奶讲"四史"

北京城市学院　安丹妮

　　这个冬天,奶奶去世了,就在春节的前一个月走的。她是在我童年时期陪伴我一起长大、我最亲近的一位长辈。奶奶生于 1936 年。和很多中国家庭里的长辈一样,她在我小时候在父母工作时,陪伴我玩耍、成长;在我年龄和年级逐渐升高,没有多余的时间陪伴她时,她也没有任何怨言,只是在周末和假日家人团聚的时候拉着我聊天、问我的近况,给我蒸她最拿手的红豆饭。奶奶最喜欢的就是和我讲述她小时候的故事,这也是我最感兴趣的。

　　奶奶在世时的最后那段日子里,我曾去看她,她在精神状态好的时候同我聊天,聊起她童年时的经历。她说那个时候,人们还会用粮票、布票换取生活必需品,科技也不像现在这样发达,她的大部分娱乐活动都是和妹妹以及邻居家的小伙伴一同玩游戏,像什么拔根、跳房子、翻花绳、欻羊拐、抖空竹、玩跳棋等,都是她们那个时候最流行的。或许是回忆起童年时的乐趣,奶奶在病床上同我说着不过瘾,便叫我把家里的跳棋拿出来,又将爷爷也一并叫来,说是想要重新体会游戏的乐趣。我告诉奶奶说,自己出生于一个科技时代,小时候只知道守在电视机前看动画片,从未玩过跳棋,奶奶便一边指挥爷爷摆好跳棋盘,一边耐心地同我讲述游戏规则。见我对跳棋了解得一知半解,奶奶干脆下令,让我和爷爷来一盘,她给我当军师。第一局开始,我完全不知道要在哪里落棋,奶奶说一句,我走一步。爷爷见状开始逗我,说我是奶奶的小助手,我和奶奶相视一笑,说两个人联手的力量当然非常强大。逐渐地,我也掌握了下跳棋的要领,很快便能在奶奶开口之前落棋,也能让爷爷感叹说我是个"强力对手"。那一局游戏结束后,奶奶和我赢了,她说自己好像又回到了小时候,重新体验了和妹妹一同打败老爸的激动与快乐。

　　我收拾好跳棋后,在奶奶的床边坐下,她拉着我的手,对我说,她自己不是党员,但她培养抚育的两个孩子都是。她说,中国革命之所以能取得成功,社会主义之所以能在中国生根发芽,都是靠着中国共产党的领导发展起来的。这些年来她看着中国的经济飞速发展,中国社会奔向小康,这些都是她小时候从未想过的事情。奶奶告诉我,

要学习党史，学习中国历史，理解中国共产党走过的非凡的百年历史，要接着为实现民族伟大复兴而奋斗，为实现"两个一百年"目标而奋斗。

在我那次看望她后不久，奶奶便去世了。至今我仍不敢相信再也无法见到最疼爱我的奶奶，无法拉着她的手下跳棋，无法听她讲述历史。但我会牢记奶奶对我说过的话，认真学习党史、新中国史、改革开放史、社会主义发展史，坚定不移地走中国特色社会主义道路。

学"四史" 展精神

北京城市学院 赵赛儿

又迎来一个小长假,我认为这也是提升自己的一个重要时机。在学校有幸成为中国共产党预备党员的我对党组织有了更深的向往之情,我想要更加了解我们伟大的中国共产党这个组织,从而更好地展示我们新一代青年人的精神与力量。

假期我为了能够更深地了解"四史",我询问家人并采访了家长的朋友,我希望通过他们的经历全方面地学习"四史",从而充实自己,让自己有能力、有担当、有勇气,以我的实际行动来迎接党的百年华诞。

我首先采访了一位党员爷爷,向爷爷简单介绍了一下我采访的目的与想法,爷爷也很欣慰并耐心地给我进行讲解,从中我学到了很多我所不了解的内容。爷爷是中华人民共和国的同龄人,一直很向往中国共产党,年轻时就成为其中一员,因为爷爷觉得中国共产党真的为大家做了很多事,很伟大。爷爷告诉我很多关于"四史"的内容,给我讲了很多党的历史,还给我讲了改革开放史和新中国史。他越说越激动,而且滔滔不绝。从他的口中我也感受到了老一辈的党员身上的那种正能量,以及全心全意为人民服务的那种心情和做法,同时为自己是一名中国人而感到骄傲。在讲解很多关于中国共产党的事迹后,爷爷很认真地对我说,学习"四史"是每个党员的必修课,这样才能有助于我们弄清楚中国共产党,以及中国特色社会主义的好,了解历史的脉络与事实,才能让我们每个人心中更加坚守初心,牢记我们的使命。作为新一代青年的我们更应该自觉投身于国家的建设中,不断增强中国特色社会主义的道路自信、理论自信、制度自信和文化自信。作为新一代的青年,只有我们守初心、展精神、干实事,我们的祖国才会越来越好。

习近平总书记指出,历史是最好的教科书,也是最好的清醒剂。以史为鉴,资政育人。只有加深对历史规律性的认识和历史必然性的把握,从历史中汲取经验和智慧,增强开拓前进的勇气和力量,我们才能更好地战胜前进征程中的困难和挑战。我现在也更加理解这句话了,我们真的应该不忘初心、牢记使命,让我们新一代的年轻人更加了解党的历史,知道我们国家是怎么一步步过来的。我认为我更应该修身养性,不

断钻研自己的专业，认真学好自己的专业，有时间也要多学些其他技能，从而让自己的能力变得更强，还要将自己的发展融入时代发展的潮流之中。

我的妈妈也是一名党员，从小就很向往中国共产党，所以她在大学的时候就很光荣地成为中国共产党的一员。与妈妈的交谈，让我更加了解新中国史和社会主义发展史，因为妈妈亲身经历很多重大事件。交谈中，我也知道了很多妈妈这一辈人所经历的事件，更加觉得中国共产党是个非常伟大的组织，引领着我们国家向着更好的未来前进。虽然在这过程中经历了很多困难，但是一直不放弃而且团结一致，这也让我有了很多想法。就像我所经历的这次疫情一样，我认为没有一个国家敢像我们国家一样，在发现疫情不到一个月的时候进行了封城，这是需要顶着很大的压力才能做到的。这次疫情也更加让我感受到了国家的强大，党员勇于奉献，舍小己，利大家。因为疫情刚开始的时候，每个人都害怕，每个人都有自己的家庭，但是在一线的人们没有一个说"不"的，而且2020年的疫情防控中，冲在一线的大多是党员，他们的精神震撼到我。当然，还有每一个中国人都能够听党指挥，尽量不出门，为我们能够顺利打赢这场攻坚战贡献了一份力量。虽然可能暂时不能消除疫情，但是我们每个人也都尽自己的力量做好防控，让我们国家变得更好。我也在疫情期间受到鼓舞参加到志愿者的工作中，也体会了其中的不容易与开心。

假期通过采访交流，我更加了解了"四史"。爷爷、妈妈的讲述对我来说不再是一个个故事，而是一种精神和力量。作为新一代的青年，我会在未来的日子里更加认真学习，提升自己的综合能力，以实际行动回报国家。我认为每一代都有每一代的发展潮流，所以我们在不忘初心这条路上，要将老一辈的精神与新一代的精神融合起来，努力奋斗，让我们的国家能够发展得更好。